重庆工商大学学术著作出版基金资助

水包油乳状液电破乳方法与机理

任博平　张贤明　陈　凌　欧阳平　龚海峰◎著

西南交通大学出版社
·成　都·

图书在版编目（C I P）数据

水包油乳状液电破乳方法与机理 / 任博平等著.
成都：西南交通大学出版社，2024.6. -- ISBN 978-7
-5643-9858-3

Ⅰ. TE357.46

中国国家版本馆 CIP 数据核字第 20242TT282 号

Shuibaoyou Ruzhuangye Dianporu Fangfa yu Jili

水包油乳状液电破乳方法与机理

任博平　张贤明　陈　凌　欧阳平　龚海峰　**著**

策划编辑　李芳芳
责任编辑　牛　君
封面设计　墨创文化
出版发行　西南交通大学出版社
（四川省成都市金牛区二环路北一段 111 号
西南交通大学创新大厦 21 楼）
营销部电话　028-87600564　028-87600533
邮政编码　610031
网　　址　http://www.xnjdcbs.com
印　　刷　郫县犀浦印刷厂
成品尺寸　185 mm × 260 mm
印　　张　13.75
字　　数　326 千
版　　次　2024 年 6 月第 1 版
印　　次　2024 年 6 月第 1 次
书　　号　ISBN 978-7-5643-9858-3
定　　价　69.00 元

前言

石油作为工业的“血液”，是极其重要的战略资源，能保障国家能源的安全，维持社会生活的安定。随着我国工业和经济的持续发展，对化石能源的需求量也稳步增长，伴随而来的是在石油开采、加工运输、化工精馏、废油再生等操作过程中产生了大量的含油废水。这些含油废水一旦进入水体会带来严重的污染，如果不及时、有效地进行处理，将会给生态环境和人类健康带来不可估量的影响。除此以外，突发的原油泄漏等事故也会造成严重的水资源污染。而此类含油废水中油相物质大多数以乳化的形式存在，形成水包油型乳状液。因此，发展绿色、环保、高效的水包油乳液破乳技术来治理这些含油废水，不仅可以保护生态环境，而且还可以回收珍贵的油类资源加以循环利用，对保护环境和节约资源具有重要的意义和价值。电场作为一种新兴的水包油乳液破乳手段，单纯利用物理电能来驱动油水分离，具有不添加药剂、无二次污染、工艺设备简单、占地面积小、能耗低等优势，受到了大量的关注和研发投入。

作为未来最具前景和先进破乳手段之一的电场破乳法，目前仍然处于效果研究阶段。很多学者将各形式的电场应用到水包油乳液的破乳中，发现了一些破乳现象。但是鲜有研究能够系统、全面地讲述水包油乳液电场破乳的表象与其内涵机理之间的关系，更加重要的是水包油乳液电场破乳机理的研究严重匮乏，因而其研究内容没有明确的指导方向，也没有清晰的理论依据，各个研究内容之间不能相互融合、相互促进，为水包油乳液电场破乳技术的深入发展带来了阻碍，更妨碍了电场进一步在含油废水破乳中的应用研究。

因此，为了解决这一迫切问题，本书全面、系统地阐述了水包油乳液电破乳的各种方法，并进一步探索其破乳的内在机理，将宏观的破乳现象与微观的作用机理相结合，不仅明确了水包油乳液电破乳的研究方向，而且进一步丰富和发展了水包油乳液的电破乳理论，为未来更好地扩展水包油乳液电破乳技术、促进水包油乳液电破乳走向实际应用给出了方向，并提供了理论指导和基础。

本书共分 8 章，所有章节均由重庆工商大学任博平独自撰写，张贤明、陈凌、欧阳平、龚海峰四位教授给予了一定指导；在撰写过程中得到了众多同行的支持和帮助，在此表示衷心的感谢；成书过程中参考了大量的相关著作和文献资料，在此向有关作者表示感谢。

由于作者水平有限，书中难免出现一些疏漏和不妥之处，恳请广大读者批评指正。

作 者

2024 年 1 月

目录

1

水包油乳状液概况

我国是一个干旱缺水的国家，尤其是人均淡水资源拥有量是低于世界平均水平的。水体的污染无疑会给水资源短缺的问题带来更加严重的后果，因此保护水资源就成为我国发展道路上的一个战略性议题。根据生态环境部提供的数据，2022 年我国的废水排放总量（包括工业源、生活源和集中式）就已经达到了 638.97 亿立方米。改革开放以来，我们国家的工业化程度逐步上升，从一个工业弱国成长为工业大国，再到现在的工业强国，各种工业过程中的油性污水排放量一直保持着相当大的基数，同样来自生态环境部的数据，在 2022 年时全国工业废水中石油类的排放量达到了 16.5 万吨。随着全球经济增长和工业化的持续发展，对以石油为代表的化石能源及其他能源的需求量也在不断增加，随之而来的是工业含油废水排放量的不断增大。据联合国统计，2021 年仅中东和欧盟国家每年油田含油废水的排放量就达到 20 亿吨，全球每年排入地表水体中的油类物质超过 1000 万吨，而我国每年油田含油废水的产生量就超过 8000 万吨。

因此，如何高效、快速地处理大量的油性污水就成了一个重要的研究课题，为此大批的研究人员和团队都在广泛地开展工作，争取最大限度地避免油性污染，保护好水资源，始终贯彻“绿水青山就是金山银山”的发展理念。我们知道，撇取、离心、空气浮选、吸附、重力沉降和生物处理等传统分离法在 20 世纪受到青睐，但随着低碳、环保、高效的可持续发展理念深入人心后，这些耗能高、效率低的方法开始受到一定程度的弃用，取之而来的是高效、环保的电场破乳方法。自从提出了各种新型和先进的破乳法后，这也大大加快了油水分离领域的发展速度，为未来的发展带来了更多的可能性，并且为保护环境和节约能源、资源做出了巨大的贡献。但是，虽然新兴的破乳方法及其技术性能出色，但其应用和机理仍然处于起步阶段，因此，不断丰富、拓展和探究各种新型高效破乳方法的破乳应用和机理，并能保证高效、快速的分离能力，在油水分离领域显得尤为重要，并且对我国乃至全人类的污水治理工作都具有重要的意义和价值。

1.1　水包油乳状液的形成

首先，乳状液是一类由两种互不相溶的液体组成的分散体系。其中一相由液滴（分散相）组成，另一相为分散介质（连续相）。最常见的乳状液就是油分散在水中的体系，称为水包油乳状液（Oil-in-water Emulsion，O/W emulsion）；以及水分散在油中的体系，称为油包水乳状液（Water-in-oil Emulsion，W/O emulsion）。通常，由于油水性质差异，两相很难自发的分散到另一相中去，因而为了将一种液体分散到另一种互不相溶的液体中并稳定存在，必须加入所谓的乳化剂或者其他表面分散物质作为第三组分。当水多油少时，连续相是水，分散相是油，又可以称为水包油型乳液。在制备时，通常是将水相与油相以一定的体积比混合到一起，然后再加入乳化剂（又称表面活性剂），在高速的机械/磁力搅拌下混合均匀，能长时间保持稳定[1]。

最常见的含油废水中的油相通常以四种状态存在，依次分类为：

（1）浮油：通常指粒径＞100 μm 的油滴，这类油与水不混溶，往往以连续自由相的形式存在于水中，是含油废水里最常见的类型。密度小于水时在水面上方形成（轻）油层，密度大于水时在水面下方形成（重）油层，也被称为分层油。

（2）分散油：通常指粒径在 10~100 μm 的油滴，这类油以悬浮态的形式存在于水中，体系的热力学不稳定，容易受到多种因素的影响，在一定条件下可以转化成粒径更大的浮油，也可以转化成粒径更小的乳化油。

（3）乳化油：油滴粒径通常＜10 μm，这类油以乳化态的形式分散于水中，体系较稳定，尤其是有表面活性剂的加入，使得油水两相间存在着一层稳定的界面膜，很难自发聚结成大油滴。根据连续相的差异又可以分为乳化水包油（水是连续相）和乳化油包水（油是连续相）。

（4）溶解油：油滴粒径非常小，甚至只有几纳米，这类油以分子的形式溶解在水中，形成了稳定的油水均相体系，难以除去。受油在水中溶解度小的影响，溶解油在水中的含量相当低。

在这四种状态的油相中，又以分散油和乳化油的存在最为广泛。分散油的尺寸较大，在水中又呈现游离态，与水混合后由于两相密度、极性的差异而常常出现分层现象。当油的密度比水小时，分散油位于水层上方，称为轻油-水混合物；当油的密度比水大时，分散油位于水层下方，称为重油-水混合物。因此，这种油水体系又常被称为不混溶的油水混合物体系。从不混溶油水混合物中将油相移除相对简单。

水相、油相、乳化剂是油水乳液最基本的组分，根据三种组分的存在状态可以对乳化液进行如下分类：

（1）根据内外相不同可分为水包油型乳化液（O/W）和油包水型乳化液（W/O）。O/W 型乳液中水为连续的外相，油为内相，通常水相占据乳液总量的 75%~90%，油相占据乳液总量的 10%~25%；W/O 型乳液成分含量则相反。两相的界定范围又比较广泛，易溶于水的物质都可以成为水相，例如水、甘油、丙酮等；不易溶于水的物质则可以成为油相，又称有机相，主要包括油脂、烷烃类等。

（2）根据乳化剂是否存在可以分为乳化剂稳定的油水乳液和普通油水乳液。乳化剂能一定程度上改善水相与油相之间的表面张力，促进乳化液的形成，一般来说乳化剂稳定的乳液具有更稳定的性质以及更小的粒径。相比于无乳化剂稳定的乳液容易自发破乳以及较大的内相粒径（＞10 μm），乳化剂稳定的乳液可长期存在且内相粒径可达纳米级，往往更难处理[2]。

① 乳化剂根据所带电荷的差异可以分为阳离子、非离子、阴离子乳化剂，因此所制备的乳液也可分为阳离子、非离子、阴离子型乳化液。阴离子型乳化剂主要包括十二烷基硫酸钠以及十二烷基磺酸钠等，此类乳化剂需在中性或碱性环境中才能很好地发挥作用；非离子型乳化剂主要包括聚氧乙烯醚、沥青等，此类乳化剂在水中不电离；阳离子型乳化剂主要包括十六烷基三甲基溴化铵、季铵盐等，需在酸性环境中才能更好地发挥作用，根据乳化剂的不同属性，其稳定的乳化液也具有了不同的性质。

② 然而实际环境中的乳化液可能更为复杂，其油相、水相、乳化剂三个组分可能也都由多种物质组成，仅根据单一物质的性质进行处理可能难以达到理想的处理效果。

乳化油，也就是水包油乳状液的去除则更为复杂，这是一种非均相的分散体系，它不仅在表面活性剂的存在下呈现出极其稳定的状态，而且油滴粒径很小，对分离方法提出了极高的要求，除了要具备经济性能以外，破乳能力（即将乳化油水转化为自由浮油的能力）也十分关键，对油滴破乳程度越高，最终的分离效率也越高。在实际分离时，油水两相常以乳液的形式存在，也就是以水包油乳液的形式存在，因此掌握水包油乳液的微观体系、高效破乳方法及其破乳机理非常重要。

对于不同形态油分所形成的含油废水，实际中所采取的处理方法也互不相同。含浮油和分散油的废水可通过重力沉降法直接进行油水分离，其设备、工艺和操作相对简单但是效率较低。含溶解油的废水需通过化学、生物、吸附过滤、溶剂萃取或膜分离等方法来进行处理，但因其含量少，通常仅在深度处理阶段加以分离去除。含乳化油废水，即水包油乳状液（O/W 乳液），由于其油含量相对较高、油分稳定和处理工艺复杂等特点，成为含油废水处理中的重点和难点。国内外相关研究人员也是将大量人力和物力投入了 O/W 乳液的破乳技术研究中。因此，加强含油废水治理技术的研究，尤其是 O/W 乳液破乳技术的开发和应用，对环境保护和资源回收再利用具有重要的意义和价值。

水包油乳状液是一类胶体分散体，由分散在连续水相的油滴组成。乳状液在热力学上具有不稳定性，因此随着时间的推移，由于重力分离、絮凝、聚结、颗粒聚集、奥斯瓦尔德成熟和相分离等各种物理化学机制会导致乳液体系的分解。为了获得长期稳定的乳状液将乳化剂加入乳液的配方。乳化剂除了稳定乳液，所用的乳化剂的性质也决定了乳液形成的难易程度和最终产品的功能属性。因此，选择合适的乳化剂配制乳液产品时非常最重要[3]。乳化剂通常是亲水亲油性分子，在同一分子上具有亲水和疏水基团，如小分子表面活性剂、磷脂、蛋白质、多糖和其他表面活性聚合物。

亲水亲油性组分（乳化剂）可以促进乳状液的形成并能够提高乳液的稳定性，通过使用乳化剂可形成动态稳定的乳状液。液滴形成后，乳化剂在油滴周围形成一层薄薄的涂层并通过产生排斥力来防止它们聚集。乳化剂特性（类型和浓度），体相性质（界面张力和黏度）和剪切条件（压力、数量通道和仪表类型）影响产生的油滴的性质（大小、电荷、相互作用和组织）以及乳状液整体的物理化学性质（流变学、外观、风味和物理性质、化学稳定性等）。

乳状液制备后会形成分散相、连续相和界面层等。乳状液的性质和组织结构在决定乳状液物理化学性质方面起着重要的作用。

（1）阴离子表面活性剂：在水中电离后会产生阴离子基团，因而起表面活性作用的部分会带有负电荷。常见的阴离子表面活性剂有磷酸盐、硫酸盐、羧酸盐和磺酸盐等之类的物质[4]。目前，在油水分离领域常用的阴离子表面活性剂有十二烷基硫酸钠（SDS）、十二烷基苯磺酸钠（SDBS）、十二烷基磺酸钠（SLS）以及硬脂酸钠（SS）等。

（2）阳离子表面活性剂：在水中电离后会产生阳离子基团，因而起表面活性作用的部分会带正电荷，通常是含氮的有机胺衍生物，由于其中的氮原子存在孤对电子，因此可以通过氢键与氢相结合，使氨基带上正电荷。常见的阳离子表面活性剂有铵盐、季铵盐、杂环、啰盐等。目前，在油水分离领域常用的阳离子表面活性剂有十二烷基三甲基溴化铵（DTAB）、十二烷基三甲基氯化铵（DTAC）和十六烷基三甲基溴化铵（CTAB）等。

（3）非离子表面活性剂：在水中不会发生电离，起表面活性作用的是中性分子，亲水基主要是不离解的醚基（例如聚氧乙烯醚和聚氧丙烯醚等），而亲油基（烷基或芳基）可以与氧乙烯醚键相结合。常见的非离子表面活性剂有聚氧乙烯、多元醇、烷醇酰胺、聚醚、氧化胺等。目前，在油水分离领域常用的阴离子表面活性剂有吐温 20（Tween 20）、吐温 80（Tween 80）和司盘 80（Span 80）等。

HLB 值（Hydrophile-lipophile Balance），在药剂学中是指表面活性剂分子中亲水和亲油基团对油和水的综合亲和力。根据经验，将表面活性剂的 HLB 值范围限定在 0~20。亲水性表面活性剂有较高的 HLB 值，亲油性表面活性剂有较低的 HLB 值。完全由疏水碳氢基团组成的石蜡分子的 HLB 值为 0，完全由亲水性的氧乙烯基组成的聚氧乙烯 HLB 值为 20。十二烷基硫酸钠（SDS）的 HLB 值为 40。不同 HLB 值的表面活性剂有不同的作用，如 1~3 做消泡剂，3~6 做 W/O 型乳化剂，7~9 做润湿剂，8~18 做 O/W 型乳化剂，13~18 做增溶剂。

不同类型的表面活性剂，HLB 值可能不同。因此，根据应用的需要，可通过改变表面活性剂的分子结构得到不同 HLB 值和不同功能的产品。对于离子型表面活性剂，可通过增减亲油基碳数或改变亲水基的类型来调节 HLB 值；对于非离子表面活性剂，则可以采用在一定亲油基上连接的乙氧基链长或羟基数目的增减来调节其 HLB 值[5]。

1.2 水包油乳状液的来源

含油废水不仅存在于石油工业中，而且还产生于煤炭转化、冶金、化工、机械制造、食品加工等生产过程以及人类活动产生的生活污水中。煤炭转化排出的含油废水来自洗涤、冷凝、分馏等工段以及各种贮罐的冲洗排水等。冶金工业中产生的含油废水主要包括管道冷却水、矿物酸洗废水、煤气和烟气洗涤废水、冲渣废水以及生产工艺中的分离溢出水等。此外，含油废水还包括化工精馏萃取单元过程中的含有机溶剂废水、机械制造中的废冷却液和食品加工中的含油脂废水等。随着这些行业的持续发展，含油废水的排放量也在逐年增大，废水的成分和性质也愈加复杂。

比如在油田开采过程中产生的采油污水和钻井污水等废水，在石油炼化过程 中产生的含油废水，在纺织加工过程中产生的含天然杂质、脂肪的废水，在机械制造过程中产生的含润滑油的含油废水，以及冶金工业中产生的冷却水、冲渣废水和炼焦废水等。这些废水成分通常比较复杂，除了油类以外还含有各种芳烃、酚类、氰化物、硫化物等其他有害化学物质，如果不使用科学手段进行有效处理就直接排放，将会对生态环境、人类健康和动植物生存造成可估量的危害，甚至会有失去家园的风险。除此之外，还有一些原油泄漏、油罐爆炸和人为排放等事故所造成的油污污染也需使用科学、有的方法进行及时补救，比如 2021 年 10 月 4 日发生在美国加州奥兰治县海域的原油泄漏事故，2006 年泸州电厂近 17 t 柴油泄漏混进冷却水排入长江导致水体污染，2010 年大连输油管道爆炸事件导致至少 50 km^2 的海面被污染等。受污染的海面或水面由于形成了致密的油膜而使得水体缺氧，造成水生生物大量死亡，严重时还会波及水域附近的动植物，比如鸟类一旦接触到油污就会被黏住而无法脱身，各种触目惊心的场景都在提醒着我们保护环境的重要性[6]。

自然界环境的复杂变化以及人类活动的不断干预，导致大量的油水乳液不断形成。油田开采是油水乳液产生的重要源头之一，注水井设置的目的是增强油层驱动力继而提升油田的开采效率。然而，强制性的油水混合加之天然乳化剂的促进作用就会导致乳液的生成。油田开采中首先出现的油包水型乳化液（W/O），水包油型乳化液（O/W）则出现在油田油量下降，含水量提升时，目前大多数油田都处于开采中后期，含油量不足，因此水包油型乳化液是目前油田开采过程中产量更大的污染物。乳化液另一个主要的产生源头是金属切削液的大量使用，工业生产过程中的金属加工需要大量的切削液来保证制造过程的顺利进行，如润滑、冷却、清洗、防锈等。1915 年后水基切削液由于更好的切削性能以及安全性能逐渐代替油基切削液成为金属加工过程的主要辅助物质。然而在使用过程中，外界污染物（灰尘、杂质、摩擦热、微生物等）的介入很容易让切削液变质发臭并失去功效，定期更换下来的水包油型废切削液则成为乳液污染物，且复杂的组分、稳定的性质使其成为当下工业中最难处理的废水之一。除此之外，石油副产物加工、食品加工、纺织加工、化妆品加工等工业活动以及日常洗护、烹饪等生活活动都会源源不断地产生乳化液，成为不可忽视的源头[7]。

水包油乳液对生态环境以及人类健康都存在着巨大的危害。未经处理的乳化液排入环境中，会通过径流进入地表水循环，或者进入土壤生态系统，并通过渗透、挥发等途径进入地下水或者大气环境中，污染整个生态系统，损害生物健康，并最终危害人类自身。主要的危害体现在以下几个方面：

（1）对水生态环境的危害：未经处理的乳化液，尤其是废切削液中含有大量的油类有机物，BOD/COD 指标往往＞10 000 mg/L。研究表明，水体中含油量达到 300×10^{-6} 就会造成淡水鱼类死亡，且乳化液中的一些添加剂（短链氯化石蜡）也会严重危害水中的微生物、贝类生物；此外，乳化液中的有害物质会随着径流污染饮用水源，或通过下渗污染地下水源，对区域内的水资源都会产生严重的威胁。

（2）对土壤生态环境的危害：乳化液中的油污染物会使土壤油质化，影响土壤的渗透性，使土质恶化，危害土壤生物以及微生物；此外，乳液中的污染物会黏附在植物的根茎部位，破坏其组织并影响其呼吸。

（3）对人体健康的危害：乳液中含有大量的油类，长期接触会损害人体皮肤，造成干燥、红疹等，挥发到空气中的有害物质会引发呼吸系统疾病；此外通过食物链进入人体的污染物也会使人体的神经系统、血液系统、内脏器官等发生病变[8]。

1.3 水包油乳状液的性质

1.3.1 水包油乳液的稳定性

1.3.1.1 水包油乳液的静态稳定性

静态稳定性是指稠油乳状液在静置的条件下，不会絮凝、不会分层以及不发生油水分离的性质。水包油型乳状液的静态稳定性主要以分水率来表征，随着时间的变化分水率较小，则说明水包油型乳状液的稳定性相对较好；若分水率较大，则说明稳定性差。与此同时，影响水包油型乳状液静态稳定性的因素还包括：界面张力、粒径大小、温度以及表面活性剂等。

油水界面膜性质：油水界面膜的强弱对于水包油型乳状液的稳定性有着至关重要的影响。油滴与油滴之间是否发生聚并与油水界面膜的结构以及强度息息相关。水包油型乳状液的界面膜达到一定的强度时，会伴随着稳定性的升高[9]。倘若界面膜的强度过低，则会导致水包油型乳状液发生失稳。导致水包油型乳状液的失稳分为两个过程，首先是油珠之间排水量达到一定程度时，会引起水包油乳状液发生失稳。其次是水包油型乳状液体系中液膜与界面膜的破坏将会导致水包油乳状液发生失稳或转相。

在对稠油进行乳化降黏过程中，界面上有序排列的表面活性剂分子会形成界面膜。当高分子聚合物或表面活性剂分子紧密而有序的吸附于油水分界面时，对于形成具有一定强度与黏弹性的界面膜结构十分有利，不但能够有效地防止油滴与油滴之间的聚并，而且还能提升水包油型乳状液的整体稳定性。刘萌等认为在水包油型乳状液体系下，连续相中的表面活性剂分子以胶束的形式存在。随着表面活性剂分子在水相中浓度的逐渐升高，胶束含量也会随之增加，形成网状结构，从而产生了一定的空间阻力，使得液膜的强度和稳定性有所提升。研究人员对水包油型乳状液稳定性进行研究时，主要探究了油水界面膜强度和 Zeta 电位的影响。实验结果表明：Zeta 电位的绝对值和油水界面膜强度较大时，水包油型乳状液的稳定性较高。通常情况下，双电层的存在使油滴之间的聚并变得困难，水包油型乳状液将趋于稳定[10]。

综上可见，油水界面膜的紧密程度和强度是决定 O/W 型乳状液是否稳定的关键因素，倘若油水界面膜不具备足够的强度，O/W 型乳状液则会发生絮凝和聚并，从而造成 O/W 型乳状液发生失稳或转相。界面剪切黏度在一定程度上反映了界面膜的强度，界面剪切黏度较小，则说明 O/W 型乳状液的稳定性相对较差，界面剪切黏度较大，则说明 O/W 型乳状液的稳定性相对较好。

1.3.1.2 水包油乳液的动态稳定性

稠油乳状液处于流动或受到剪切的作用下，所具备的稳定性称为动态稳定性。倘若水包油型乳状液具备良好的稳定性，在受到剪切的情况下宏观表现为：随着时间的变化，水包油型乳状液的黏度变化幅度较小，并且不会发生转相。在实际的管输送过程中，稠油乳状液时常处于层流或紊流状态，因此稠油乳状液在一定程度上将会受到连续剪切作用。在适当的剪切作用下，水包油型乳状液会处于运动的环境，从而降低了油滴的聚并。与此同时，适当的剪切作用能使油水混合更加均匀，液滴与液滴之间不会产生较大的密度差，所以液膜排水相对较慢。即便少量的水被排出，由于剪切的作用又会将其均匀分散。因此，在适当的剪切作用下水包油型乳状液的稳定性相对于静态条件下更稳定，但较强的剪切作用力会使得水包油型乳状液的膜结构遭到破坏，从而致使乳状液黏度升高甚至造成管道堵塞。

当水包油型乳状液所受到的剪切作用较小时，油滴分布比较均匀（图 1-1 中第 1 部分），水包油型乳状液处于稳定状态。随着剪切作用的增强，油滴逐渐被拉长（图 1-1 中第 2 部分），液膜排水增加，油水界面膜强度降低，倘若界面膜强度不足以抵抗剪切强度，则会引起水包油乳状液的膜结构发生破坏。油滴与油滴之间将会发生聚并，从而形成以油为连续相，水为分散相的油包水型乳状液（图 1-1 中第 3 部分）。水的黏度相对而言比较小，因此当水受到剪切作用时不会发生被拉长的情况。但是水会进一步被破碎，所以水包油型乳状液转相形成油包水型乳状液的液滴分散更加均匀（图 1-1 中第 4 部分），同时稳定性也更强。但乳状液黏度会大幅度上升[11]。

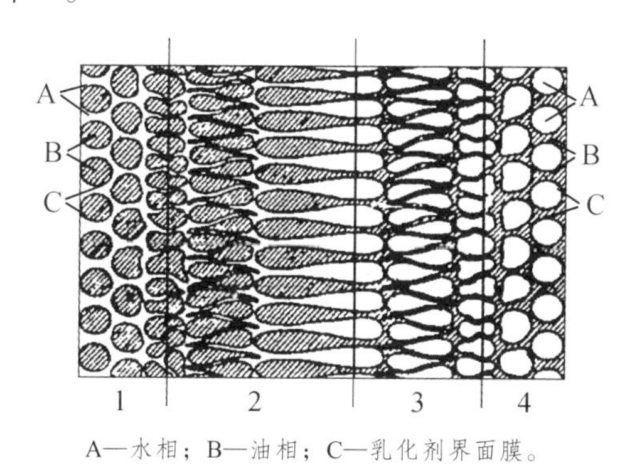

A—水相；B—油相；C—乳化剂界面膜。

图 1-1　O/W 型乳状液转相图

水包油型乳状液具备良好的动态稳定性，不但能有效防止稠油黏度高所造成管道堵塞问题，而且有利于提高管输效率和经济性。由于管输过程中水包油型乳状液时常受到剪切作用的影响，通常研究人员采用模拟搅拌法、环道水包油型乳状液具备良好的动态稳定性不但能有效防止稠油黏度高所造成管道堵塞问题，而且有利于提高管输效率和经济性。由于管输过程中水包油型乳状液时常受到剪切作用的影响，通常研究人员采用模拟搅拌法、环道模拟法以及流变仪法对水包油型乳状液的动态稳定性进行研究，通过模拟水包油型乳状液在剪切作用下的变化规律，进而分析水包油型乳状液的液滴粒径分布情况和流变性。

针对模拟搅拌法、环道模拟法以及流变仪法而言，其中环道模拟法比较接近于管道输送的实际工况，并且能够较好地模拟 O/W 型乳状液在管输过程中的流动情况，对于动态稳定性的研究十分有利。模拟搅拌法所具备的优点是稠油乳状液在管道中的湍流与在搅拌器中的流场较为相似。稠油乳状液在管道输送过程中，接近管道中心位置的流动速度分布较为均匀，所受到的剪切作用比较小，但与管道内壁接近的稠油乳状液（层流）受到的剪切作用相对较大。在搅拌器中，接近旋转轴的稠油乳状液所受到的剪切作用比较小，距离旋转轴较远的稠油乳状液所受到的剪切作用比较大，因此模拟搅拌法与实际的管道输送存在一定的相似之处[12]。流变仪法主要是通过不同剪切速率下旋转部件所受到的阻力（剪切应力）来反映 O/W 型乳状液体系下的流变性，例如 O/W 型稠油乳状液的黏度随着乳化温度以及剪切速率的变化情况，流变仪法对剪切应力的大小控制较为精确，操作过程简便，并且测量结果较为准确，但缺点是与稠油乳状液实际的管道输送存在一定的差异。

1.3.2 影响水包油乳液稳定性的因素

1.3.2.1 界面张力

乳状液体系拥有较高的界面能，并且界面面积比较大，因此乳状液液珠会自发地聚并。由于液珠的聚并会使得乳状液界面面积减小，从而降低乳状液体系的总界面能，使乳状液的热力学稳定性得到提升，但液滴自发的聚并会导致乳状液体系动力学的不稳定增加。在不改变界面面积的情况下，降低油水界面张力能够有效降低乳状液体系的界面能。换言之，降低油水界面张力不但能够有效地降低界面能，提升热力学稳定性，而且在一定程度上维持了乳状液体系的动力学稳定性。通常情况下表面活性剂能够有效降低油水界面张力，根据国内外的研究不难发现，采用适合的表面活性剂进行复配，能使油水界面张力降至超低级别。

利用碱剂、表面活性剂以及聚合物进行了复配，探究在该体系下与大庆原油间的界面张力特性，研究结果表明：表面活性剂与碱剂之间存在相互协同的功效[13]。表面活性剂与聚合物以及碱剂与聚合物之间并无明显的相互协同效应。一些科研人员将两亲性型表面活性剂 ASB 与不同类型的表面活性剂进行复配，探究 ASB 复配对其界面张力的影响。研究结果表明：ASB 与阳离子表面活性剂之间不存在正向协同的功效，其原因是两种表面活性剂会发生竞争吸附。ASB 与阴离子表面活性剂之间会有协同作用，能够将油水界面张力降至超低级别。其他人则通过温度、pH 以及水相中的盐浓度对油水界面张力的影响进行了实验研究。结果表明：不同原油之间油的水界面张力存在着较大的差异。界面张力受到 pH 的影响比较大。同时水相中的盐浓度以及温度都对界面张力有着一定的影响规律。

界面张力是由于液-液界面两侧的分子之间存在着不同的吸引力而产生，同时也直观地反映了界面能的大小。降低界面张力有利于 O/W 型乳状液的形成，有的表面活性剂虽然能够降低油水界面张力，但形成的 O/W 型乳状液稳定性较差，因此降低界面张力对 O/W 型乳状液的稳定性是一个比较有利的因素，但并非对 O/W 型乳状液的稳定性起到决定性作用。

1.3.2.2 乳化温度

利用乳化剂制备 O/W 型乳状液时，乳状液的稳定性受温度的影响比较大。随着乳化温度的变化，油珠在水中的分散情况会受到不同程度的影响。另外，表面活性剂分子在油水界面上的吸附能力也会发生一定程度改变。科研工作者利用 OP-10、SDBS 以及氢氧化钠作为复合乳化剂，探究了乳化温度对 O/W 型乳状液流变性和稳定性的影响。实验结果表明[14]：当温度为 10 ℃以及 20 ℃时，稠油乳化的效果相对较差、分水率较高，并且稠油乳状液的黏度下降趋势不大，宏观表现为降黏效果不佳以及乳状液的稳定性差。这主要是由于乳化温度较低时，稠油中的沥青质以及胶质间的分子作用力还处于较大的阶段，表面活性剂在低温状态下溶解程度比较小，未能较多地吸附于油水界面上。随着温度继续升高（30 ℃），乳状液的黏度下降明显并伴随着稳定性的提升，其原因是温度的升高使得乳化更加彻底，有利于更多的表面活性剂分子吸附于油水界面上，从而提升了界面膜强度，降低了乳状液的黏度。当乳化温度过高时，乳状液的稳定性会降低，过高的温度会导致布朗运动的加剧，从而加快了油珠的絮凝和上浮速度。对于O/W型乳状液的稳定性有着不利的影响。

乳化温度变化会导致较多因素发生改变，例如O/W型乳状液的界面膜强度、界面张力、乳滴粒径、界面膜黏度以及乳化剂溶解度等，从而间接影响O/W型乳状液的黏度和稳定性。对于乳化降黏而言，温度较低不利于O/W型乳状液的形成，过高的温度则会导致O/W型乳状液发生失稳，甚至造成乳化剂失效。大多数情况下，高温导致O/W型乳状液稳定性变差主要有三个因素：① 过高的温度会导致布朗运动增强，油滴与油滴之间产生相互碰撞的频率会急剧上升，使得O/W型乳状液的结构遭到破坏，从而增加了O/W型乳状液体系的絮凝和聚并[15]。② 由于高温的影响，乳化剂在连续相和分散相之间的溶解度会增加，导致部分乳化剂不能较好的吸附于油水界面，使得界面膜强度降低，乳状液的稳定性变差。③ 稠油的密度会受到温度的影响，高温会使得油相和水相之间的密度差增大，加剧油相与水相之间的分离速度，从而使得O/W型乳状液的整体稳定性受到影响。针对不同稠油进行乳化，其最佳乳化温度存在差异，当采用最佳乳化温度时，有利于增强乳化剂的乳化性能和降低乳状液的黏度，并且能够较好地兼顾O/W型乳状液的黏度和稳定性。

1.3.2.3　化学添加剂

乳化剂的选用是乳化降黏技术的关键所在，虽然乳化降黏剂的配制方式众多，但是迄今为止还未研发出一种适用于任何稠油的乳化降黏剂。在利用乳化剂对稠油进行降黏时，不但需要考虑乳化剂对稠油的降黏效果，而且还应考虑乳状液的稳定性。通常情况下，单一的表面活性剂不能很好地兼顾降黏性和稳定性。为提升乳状液的稳定性，必要时可加入适量的碱剂或聚合物。

相关科研人员采用ASP（聚合物-碱剂-表面活性剂）与大庆原油进行乳化。实验结果表明[16]：碱剂对乳状液的稳定性起着至关重要的作用。与此同时，聚合物的存在使得乳状液体系中油膜或水膜的强度增加，从而提升了乳状液的稳定性。通过研究了ASP（聚合物-碱剂-表面活性剂）复配体系对O/W型乳状液的稳定性影响。结果表明当表面活性剂与聚合物的浓度上升时，水包油乳状液的稳定性会有所增加。其原因是碱剂会与油中的酸性物质发生反应生成活性物质，活性物质会与添加的表面活性剂共同吸附于油水界面，使得油水界面膜的强度得到有效的提升。此外，聚合物有利于增加油水界面膜的弹性，进而提升O/W型乳状液的稳定性。对两亲聚合物进行了研究，分别对单支疏水基团两亲性聚合物和多支疏水基团两亲性聚合物的稳定机理做了对比研究。实验发现，通过设计两亲聚合物的分子结构来改变其疏水性，从而使得稠油乳状液的稳定性达到一个较为理想的效果。国外科技工作者对聚合物和表面活性剂进行了研究，通过研究发现，实验所采用的聚合物和阳离子表面活性剂间存在着相互作用。聚合物与表面活性剂共同作用下性能提升明显，降黏效果更佳。采用掺入轻质原油对稠油进行降黏研究。在特定的实验条件下发现，将轻质原油掺入稠油中后（25 ℃的条件下），稠油的黏度有所下降。还有人研究了一种新型有机碱与原油进行乳化，在一定范围内随着有机碱浓度的增加乳状液界面张力降低。随着表面活性剂的加入，碱剂与表面活性剂具有协同作用，从而使得乳状液界面张力降至超低值，提升了乳状液的稳定性。通过综合分析不难发现，化学添加剂对O/W型乳状液的流变性和稳定性起着很大程度的影响，选取合适的乳化剂不但能够有效降低稠油乳状液黏度，而且还能提升O/W型乳状液的稳定性。表面活性剂分子吸附于油水界面，有利于O/W型乳状液的形成。少量的碱剂能够提高O/W型乳状液的稳定性，其原因是稠油中的石油酸会与碱剂发生反应，所生成的石油羧酸盐（活性物质）不但能够与表面活性剂产生协同效应，而且还能降低界面张力[17]。聚合物的加入能够使表面活性剂分子形成的膜结构更加稳定，与此同时，部分水解聚丙烯酰胺能够增强界面膜之间的排斥力，从而使得空间阻力增大。

1.3.2.4 矿化度

油藏地层中含有较多的盐离子，采用表面活性剂进行驱油时，水中的盐离子对乳化效果有很大的影响。实验人员采用表面活性剂SDBS与稠油制备水包油型乳状液，研究了13种不同浓度的无机盐对O/W型乳状液稳定性的影响。通过实验发现，当采用最佳浓度钾盐和钠盐时，对于O/W型乳状液的稳定性有所提升，其原因是一价的钾离子和钠离子对于SDBS的亲水亲油能力具有调节作用，使得表面活性剂SDBS的亲水性和亲油性达到平衡，有利于更多的活性分子能够较好地吸附于油水界面膜上，提升了油水界面膜的强度。因此，O/W型乳状液的稳定性得到了提升。通过探究了两性/非表面活性剂、碱剂以及阴阳离子对水包油型乳状液（新疆稠油）稳定性的影响。实验结果表明：在一定范围内随着碱剂复配浓度的增加，分水率呈先降低后上升的变化趋势，一价阳离子对O/W型乳状液稳定性的影响顺序为KCl＞NaCl＞LiCl，其次$MgCl_2$对O/W型乳状液稳定性的影响程度大于$CaCl_2$。邹剑等利用阴-非离子表面活性剂与稠油制备O/W型乳状液，实验结果表明：矿化度以及pH对O/W型乳状液稳定性的影响十分显著，当矿化度为55 g/L的时候，在该体系下表面张力达到最低，乳状液的稳定性最佳[18]。

对于O/W型乳状液而言，盐离子的存在会使双电层间的排斥力减弱。此外，活性分子在油水界面上的分布在一定程度上也会受到某些盐离子的影响，从而导致O/W型乳状液的稳定性受到影响。非离子表面活性剂在O/W型乳状液体系中不带电荷，必要时可选择合适的非离子表面活性剂作为乳化剂，降低盐离子对O/W型乳状液稳定性影响。

在乳液食品中液滴的电荷类型由乳化剂和溶液所处条件（pH、离子强度和聚电解质）所决定。油滴的电学特性通常由pH和Zeta电位曲线表征决定。乳液液滴电荷属性对于液滴间的相互作用有着主要的影响。例如，两个带相同电荷（都带相同的正电荷或负电荷）的液滴间受到相互排斥作用，两个带相反电荷的液滴会相互吸引。总体而言，油滴上的电荷属性以及由此产生的与周围液滴和其他成分的相互作用显著影响了食品乳液系统的物理和化学性质。

液滴之间的相互作用：乳液中的液滴可以与不同的分子和胶体进行相互作用，这些相互作用包括范德华力、静电、空间位阻、损耗效应、氢键、疏水性作用等。这些相互作用受到液滴特征的影响，如粒径、介电常数、折射率，受到乳液界面特性的影响，如电荷、厚度、极性、填充等，也受到连续相的介电常数、折射率、pH和离子强度等的影响。在吸引和排斥这两种相互作用下油滴可以合并在一起（聚结），并且相互结合（絮凝）或者保持平衡存在于连续相中。液滴间的相互作用对乳状液的流变性质和稳定性具有重要影响[19]。液滴也可能与矿物质、蛋白质和多糖等存在于乳状液中的成分发生互相作用。

1.3.2.5 粒径分布

在 O/W 型乳状液体系中，粒子的数量以及粒径的大小与稳定性息息相关。传统的显微镜成像法以及激光散射法等，可实现液滴粒径分布的测量，但相比于采用聚焦光束反射测量仪而言，有着明显的不足。传统的测量方法往往需要进行取样和稀释，在取样和稀释的过程中将导致活性组分的吸附数量减少。因此，所测量的结果往往与实际之间存在一定的误差。聚焦光束反射测量仪对粒径进行动态监测时，不需要取样和稀释，同时能够计算出粒径大小以及时刻监控液滴的分布情况。国内科技工作者制备了 O/W 型乳状液，通过实验研究了活性剂的质量分数以及聚合物的浓度对乳状液粒径分布的影响情况。实验结果表明：活性剂的质量分数为 0.1%~0.3%时，水包油型乳状液粒度的分布十分均匀，随着聚合物浓度的变化乳状液的粒径分布也会随之发生变化。其中，有人采用聚焦光束测量仪对油包水乳状液的破乳过程进行了研究，从而更加清晰地了解了乳状液的破乳过程[20]。其他人则采用 X-100 与稠油制备了 O/W 型乳状液，随着 X-100 质量分数的变化，黏度也会随之发生改变。采用聚焦光束反射测量仪对不同质量分数的曲拉通 X-100 与稠油所形成的水包油型乳状液进行了测量，实验结果表明：当黏度为上升趋势时，液体中平均粒径呈下降趋势。当黏度下降趋势时，乳液中的平均粒径呈上升趋势。

聚焦光束反射测量仪（FBRM）不但能够有效测出不同时刻 O/W 型乳状液液滴粒径未加权中间弦长、平方加权平均弦长，而且还能测得任意时刻不同弦长粒径分布的粒径数量、体积分数等。从动态剪切角度测量出 O/W 型乳状液的实时数据，能够更加精确地反映 O/W 型乳状液内部变化情况，为研究乳状液的动态稳定性提供了有力的测量工具。

乳状液中液滴的大小（粒径分布）可以决定乳状液的物理化学性质。乳液的平均粒径和粒径分布（PSD）可以通过均质器类型、均质压力、均质持续时间和温度等条件进行控制，不同的配方如加入石油、乳化剂、盐、糖、助溶剂和其他溶质等也可以达到相同效果。目前可以通过动态光散射、静态光散射或电脉冲技术等手段测量乳状液的粒径分布，同时也可使用不同的显微手段（光学和电子显微镜等）对乳液的微观结构和粒径进行测量表征[21]。

O/W 乳状液的稳定性主要分为动态稳定性与静态稳定性。油水界面膜的强度在很大程度上决定了水包油型乳状液的稳定性，表面活性剂分子能够吸附于油水界面，形成致密的膜结构，使得乳状液的稳定性得到提升。通常情况下，降低界面张力有利于 O/W 型乳状液的形成。在制备 O/W 型乳状液时，适宜的温度会使稠油更加充分地分散于水中，乳化温度过高，则会导致油珠产生上浮或者絮凝。对于部分乳化剂而言，高温度会导致表面活性剂分子的化学性质发生改变，不利于形成稳定的水包油型乳状液。当稠油含水率较高时，对其进行乳化会形成较多的 W/O/W 型乳状液，从而造成乳状液稳定性变差。因此，对高含水率稠油进行乳化时，可以考虑先对其进行脱水处理。大部分盐离子的存在不利于形成稳定的 O/W 型乳状液，若水相中盐离子含量较高，可选取耐盐性较好的乳化剂（非离子表面活性剂）。在对水包油型乳状液动态稳定性进行研究时，可采用聚焦光束反射测量仪（FBRM）对水包油型乳状液的粒径分布进行实时监控，通过测量剪切条件下 O/W 型乳状液液滴粒径变化，从动态角度研究乳状液的稳定性。

重力分离、絮凝、聚结、奥斯特瓦尔德熟化等不稳定机制受到乳状液分散相结构和物理化学特性的影响。分散相的密度影响着重力分离的趋势。乳状液中液滴的浓度也会影响其重力分离的稳定相，液滴的浓度越高，乳化速度越慢。在大多数水包油乳液中增加油滴浓度不能阻止重力分离，但可以通过类似的机制引入其他水固体颗粒等。液滴的大小在重力分离过程中起着重要作用，随着颗粒半径平方增大乳化速率增大。因此可通过两种方式阻止重力分离，首先是提高均质强度和时间等来改变均质条件，其次是改变乳化剂类型和浓度等进行水包油乳液稳定性上的优化。在水包油乳液的乳化剂选用方面，不但需要考虑 O/W 乳状液的流变性和稳定性，而且还应考虑后期破乳以及其他工艺[22]。可以结合 O/W 组分和乳化剂的性质进行综合研究，满足管道输送要求的同时，能够较好地兼顾后期工艺。

1.3.3 水包油乳液的流变性质

水包油乳液液滴间胶体的相互作用对乳液流变学和质地具有重要影响。这些相互作用对乳液中分散相的体积分数产生影响，从而影响整体黏度和质构特性。液滴间的相互作用导致乳液絮凝，絮凝后絮凝区域包含更多的连续相从而提高分散相中有效的体积分数。增加乳状液黏度的方法可以总结为如下几种，调整溶液 pH 或离子强度，减小静电斥力。另外，可以添加生物聚合物以增加损耗并加热以增加在球状蛋白包裹的液滴之间的疏水吸引力。

分散相体积分数的增加可导致非絮凝乳液黏度的增加，因为液滴的存在增加了与流体流动相关的能量耗散。在低液滴浓度下，黏度随体积的增大呈线性增长，但在高液滴浓度下，黏度增大幅度更大。液滴在一定浓度以上，乳液的黏度急剧增加，乳液具有凝胶性质，如弹性、黏弹性、可塑性。黏度对体积分数依赖性主要是由液滴间相互作用的性质所决定[23]。例如，当液滴之间存在较强的斥力或引力时，其有效体积分数可能远远大于其实际体积分数，从而导致乳液黏度大幅度增加。在实践中，由于原料成本、营养属性、风味或货架期的限制，这几乎是不可行的。因此，食品制造商通常使用其他方法来改变乳液的流变性。

液滴粒径和粒径分布对乳液流变特性的影响取决于分散相体积分数和胶体相互作用的性质。在没有明显的胶体相互作用的情况下，由于液滴大小对布朗运动和剪切应力效应的影响，会改变乳状液的流变性能。研究表明在相同剪切应力下，直径为 0.53 μm 的水包油乳液的表观黏度明显大于直径为 1.08 μm 的水包油乳液；而在较高的剪切应力下，液滴尺寸对乳状液黏度的影响变得不那么重要，因为剪切力主导了布朗运动效应。在接近或高于有效填料参数时，平均液滴大小和多分散性程度对高度浓缩乳液的流变特性具有显著影响[24]。

乳液中液滴之间的胶体相互作用的性质也是决定其流变行为的最重要因素之一。当相互作用为长程排斥力时，分散相的有效体积分数可能显著大于其实际体积分数，从而使乳液黏度增大。当液滴相互间作用具有足够吸引力时，因液滴的絮凝作用，分散相的有效体积分数增加，这也会导致乳状液黏度增加。因此，乳液的流变特性依赖于液滴间的相互吸引（主要是范德华力、疏水作用力和损耗）和排斥（主要是静电作用力、空间和热波动）。因此，操纵胶体液滴之间的相互作用可以用来有效地控制食品乳状液的流变特性。

由于离子表面活性剂、蛋白质或多糖等可电离的表面活性成分的吸附，许多乳液形成带电荷的液滴。液滴所带电荷可通过多种方式来影响乳液的流变特性。首先，由于主要的电黏性效应，液滴电荷可影响乳液流变性能。当有条纹的液滴穿过流体时，它周围的负离子云就会变形。这就在液滴上的电荷和稍微滞后于液滴的负离子云之间产生了吸引力，进而影响乳液的流变参数。其次，液滴电荷可通过二次电黏性效应来影响乳液流变性能，这解释了带电的乳液液滴由于静电排斥不能像不带电的液滴那样相互靠近。第三，液滴电荷通过三级电黏性效应影响乳液的流变性，这说明了吸附层的厚度会随着离子环境（pH、离子强度）的变化而变化。这种影响对由较厚的带电荷的生物性聚合物（如一些蛋白质和多糖）所稳定的乳液的流变学影响最大。最后，应该指出的是，液滴电荷对乳液流变学的最显著影响之一发生在静电稳定体系中[25]。

乳液组成成分不仅通过影响乳滴的长期稳定，还通过影响存在整体界面结构的乳滴的界面相互作用的方式在其流变行为中扮演着重要角色对水包油乳液来说，表面活性剂和电解质的种类和浓度可以强烈影响这种交互作用。这些因素反过来又会影响乳液的流变性能。例如，离子表面活性剂，如十二烷基硫酸钠可吸附在液滴界面上提供短程屏蔽静电排斥（产生优异的抗聚结稳定性），是一类非常重要的稳定剂。与相同重荷下的硬相互作用相比，这些静电排斥不仅导致渗透压的增加，还可以导致乳液中液滴界面的变形。可以在乳液中加入添加剂（如盐）以改变静电相互作用势能，从而引起显著的液滴间吸引力。胶体粒子做乳化剂，其尺寸大小及界面性质对乳液的流变学特性也具有重要影响。添加其他添加剂（如聚合物）或表面活性剂分子则可通过耗损吸引力而形成水滴团簇或凝胶。由于小的乳滴会通过耗竭效应引起引力，液滴的大小分布本身也值得关注。这已在理想的二元乳液体系中得到证明，说明了熵耗竭引力最初由 Asakura 和 Oosawa 预测的。当二次引力（如静电或耗损效应）显著大于 k_BT（k_B 为玻尔兹曼常数，T 为温度）时，乳滴可以絮凝甚至凝胶但不聚结。这种凝胶作用可以显著改变乳液的流变性能总而言之，乳液的组成成分可以影响其不同的性质，包括乳化后的液滴粒径分布和液滴间的相互作用，进而影响乳液稳定性和界面结构特性。这些反过来又可能改变乳液的流变性能[26]。

1.4 水包油乳状液的破乳

对于水包油乳状液，其油滴周围界面区域的性质在乳液稳定性方面往往起着至关重要的作用。其中最重要的影响是对液滴间胶体相互作用的影响，即调节吸引或排斥相互作用的能力。界面层的厚度决定脂肪液滴粒径的大小和液滴间空间排斥的范围。如果在空间位阻效应内可以抑制液滴的絮凝，则说明排斥作用比任何吸引力相互作用都强，如范德华力和疏水性相互作用等。界面区电荷能够确定油滴之间静电斥力的大小，以及任何增加电荷的因素并倾向于提高乳状液的稳定性。界面区域的极性也会影响乳状液的稳定性，界面层亲水性越强（疏水性作用越弱）聚集稳定性越好。

界面层的厚度决定粒径的大小以及液滴间的空间排斥范围。如果空间位阻效应比范德华力和疏水性相互作用强，这时空间位阻效应也可以抑制液滴的絮凝。油滴间的静电斥力由界面区电荷决定，任何可以增加电荷的因素都可以提高乳液的稳定性。界面区域的极性同样会影响乳液的稳定性，亲水性越强界面层越弱，聚合的稳定性就越好。

在大多数情况下，含有乳液的食品在食用前的破乳是我们所不希望出现的，因为它对产品质量产生负面影响，如不理想的外观、质地或味道。例如，在饭菜准备后出现相分离的酱料（两种不同的液相）通常会降低消费者对该餐的接受程度和整体喜好度。因此，开发成功的乳液的一个重要目标是在产品的整个货架期和消费者使用期内保持乳液的稳定性[27]。这里，我们着重于大多数乳剂的不稳定机制，尤其是，特定于冷冻和融化过程中的不稳定机制。如果乳液的整体外观没有明显变化，则通常认为它是稳定的。稳定的乳液通常是分散相均匀分布在整个连续相中。一般来说，促进水包油乳液物理不稳定性的机制主要包括：重力分离、絮凝、聚并、部分聚并、相转化和奥斯特瓦尔德熟化（图 1-2）。

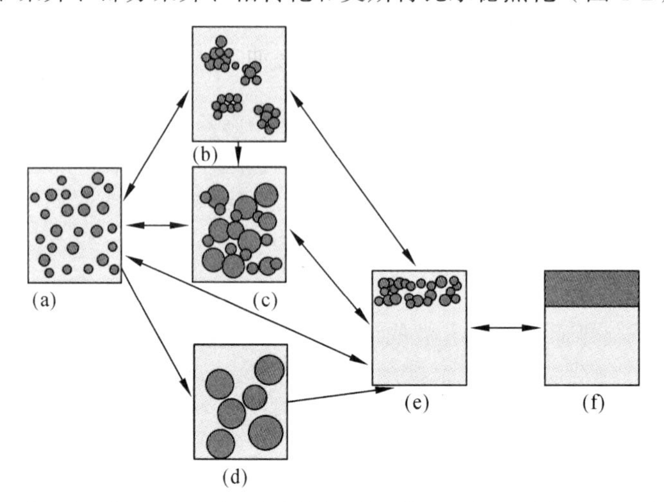

注：大多数乳状液是亚稳态的，并以油滴（a）在水中均匀分散开始。主要的不稳定过程包括絮凝（b）、聚并（c）、奥斯特瓦尔德熟化（d）和乳析（或沉降）（e）。最后，两相完全分离（f），体系分离成各个组成部分（“油分离”）。箭头表示可能的路径，并指出在哪个状态可能通过温和的再分散实现可逆。

图 1-2 水包油乳液不稳定机制

1. 乳析和沉降

通常情况下，油滴向上移动（“乳析”），因为它们的密度比水相小，而固体粒子等向下移动（“沉淀物”），因为它们的密度更大。重力分离发生的速率取决于颗粒大小、密度比和水相黏度。乳液中的重力分离脂肪乳滴通常是不可取的，因为它会改变产品的整体外观。可以通过减小乳滴的尺寸或增加水相的黏度来延缓乳析和沉降。

2. 乳滴聚集和相分离

乳液中的乳滴可能以单个形式存在，也可能通过絮凝、聚并或部分聚并而相互聚集（图 1-2）。絮凝是指两个或更多的乳滴通过相互吸引的作用而结合在一起，但保持各自的完整性的过程[图 1-2（b）]。乳滴絮凝对体系的稳定性和流变性有显著影响。在相对稀释的体系中，由于粒径的增大，乳滴的絮凝作用会导致乳析增加。另外，在相对浓缩的体系中，由于聚集的乳滴形成的三维网络的存在，乳滴的絮凝作用会抑制乳析。乳滴絮凝还可能导致乳化产品的黏度或凝胶强度增大，这可能是期望的，也可能是非期望的，具体取决于产品的感官特性。

3. 聚　并

聚并过程是指两个或两个以上乳滴合并形成一个较大的乳滴，并最终导致“油分离”和相分离[图 1-2（c）]。聚并的速率和程度取决于吸附在乳滴界面层的活性分子的特性。如果界面层产生强烈的排斥力，并具有抗破裂机械性能，则脂肪液滴在接触时相对稳定。与小分子表面活性剂相比，一些蛋白和多糖等可形成高度抗聚结的界面层。

4. 部分聚并

部分聚并是指两个或两个以上部分结晶脂肪滴聚集形成一个不规则形状的团块。它在很大程度上取决于油滴中脂肪晶体的类型、数量和位置，以及界面层的性质和剪切条件。部分聚并通常会导致乳液黏度的显著增加，甚至还可能导致可见的结块。如果脂肪晶体发生融化，则可能发生相分离，在乳液顶部形成一层油。

5. 奥斯特瓦尔德熟化

奥斯特瓦尔德熟化是一个过程，在此过程中，由于油分子在介入水相中的扩散，大的脂肪滴以牺牲小滴的代价而增长。奥斯特瓦尔德熟化在分散相（油相）为固态半固态的乳液体系中通常并不重要。

6. 破　乳

破乳是使乳状液的油水两相完全分离，破乳过程一般分两步实现，第一步是絮凝，分散相的液珠聚集成团。第二步是聚结，在团中各液滴相互合并成大液珠，最后聚沉分离。在乳状液的内相浓度较低时以絮凝为主，浓度较高时以聚沉为主。

根据 Stocks 公式，对乳状液增大油和水密度差异或减小分散介质的黏度都有利于水滴的沉降，而沉降的速度与水滴的平方呈线性关系。在脱水过程中要努力控制好各个因素，创造条件使微小的水滴聚集变大。加速水滴沉降的油水分离过程。破乳的主要方法有：加热原油热处理、破乳剂化学处理、加电场、电处理等，此外还有一些物理处理方法如混合、震荡、微波、过滤以及最近比较流行的微生物处理等。而为了提高破乳效果而使油水分离，实际过程中原油破乳一般是多种方法同时进行。

参考文献

[1] 田永达，李泽，潘兵涛，等. 乳化油废水处理技术研究进展浅述[J]. 化学工程与装备，2018，1（8）：295-296.

[2] 张文林，李春利，侯凯湖. 含油废水处理技术研究进展[J]. 化工进展，2005，24（11）：1239-1243.

[3] JAMALY S, GIWA A, HASAN W. Recent improvements in oily wastewater treatment: progress, challenges, and future opportunities[J]. Journal of Environmental Sciences, 2015, 37(1): 15-30.

[4] 靳航标. 高浓度乳化废水处理研究[D]. 武汉：江汉大学，2017.

[5] 刘飞，王立强，张程翔. 剪切条件对可逆乳液性能的影响规律研究[J]. 中国石油大学胜利学院学报，2022，36（1）：45-51.

[6] 齐超，孟为，吴玉国，等. 液滴分布对稠油乳状液黏度影响的实验研究[J]. 应用化工，2017，46（6）：1140-1143.

[7] 陈玉明，李小玲，张梦轲，等. 水包油型乳状液乳化和破乳影响因素实验研究[J]. 当代

化工，2023，52（5）：1103-1107.
[8] 于大森，黄延章，陈权. 原油/水乳状液流变形态与机理研究[J]. 油田化学，1992（4）：348-351.
[9] DOSHI B, SILLANPÄÄ M, KALLIOLA S. A review of bio-based materials for oil spill treatment[J]. Water Research, 2018, 135(1): 262-277.
[10] COCA J, GUTIÉRREZ G, BEITO J, et al. Treatment of oily waste water[J]. The water Purification and Management, 2011, 1(1): 1-55.
[11] 张婉莹，李小玲，吴玉国. 乳化条件对稠油乳状液黏度和稳定性的影响[J]. 应用化工，2021，50（3）：660-664.
[12] 康万利，董喜贵. 表面活性剂在油田中的应用[M]. 北京：化学工业出版社，2005.
[13] 徐燕莉. 表面活性剂的功能[M]. 北京：化学工业出版社，2000.
[14] 曹国庆,周娟,王倩. 表面活性剂在油田开发中的应用[J]. 中国石油和化工标准与质量，2013（17）：117-118.
[15] 张三林. 浅述工业废水除油方法[J]. 能源环境保护，2010，24（6）：13-16.
[16] PINTO J, ATHANASSIOU A, FRAGOULI D. Surface modification of polymeric foams for oil spills remediation[J]. Journal of Environmental Management, 2018, 206(1): 872-889.
[17] 张卓见，李小玲，吴玉国. 稠油乳状液稳定性实验研究[J]. 辽宁石油化工大学学报，2021，41（6）：25-29.
[18] 解来宝，吴玉国，宋博，等. 基于聚焦光束反射测量技术监测稠油乳状液破乳过程[J]. 油田化学，2018，35（1）：181-185.
[19] 张鸿郭，周少奇，杨志泉，等. 含油废水处理研究[J]. 环境技术，2004，22（1）：18-22.
[20] 杨永哲，王志盈，王晓昌. 改进型复合碱式氯化铝在处理含油废水中的应用[J]. 给水排水，2001，27（12）：76-78.
[21] 陆斌，陆晓千. 一种含油乳化液废水处理技术的工程应用[J]. 环境工程，2001，19（3）：12-13.
[22] 王震，吴晨炜，王昭玉，等. 超滤法在含乳化油废水处理中的应用研究[J]. 四川化工，2018，21（5）：46-49.
[23] FAKHRU'L-RAZI A, PENDASHTEH A, ABDULLAH C, et al. Review of technologies for oil and gas produced water treatment[J]. Journal of Hazardous Materials, 2009, 170(2): 530-551.
[24] 吴涛，颉慧娣，高敏. 含油废水处理技术研究进展[J]. 河南化工，2013，30（5）：28-31.
[25] 侯士兵,玄雪梅,贾金平,等. 含油废水处理技术的研究与应用现状[J]. 上海化工,2003，1（9）：11-14.
[26] 桑义敏，李发生，何绪文，等. 含油废水性质及其处理技术[J]. 化工环保，2004，24（1）：94-97.
[27] 谢磊，胡勇有，仲海涛. 含油废水处理技术进展[J]. 工业水处理，2003，23（7）：4-7.

2

水包油乳状液的破乳方法

破乳是一个复杂的过程，因为油水乳状液主要是由分散相/内相、连续相/外相和基本存在于油水界面的乳化剂组成的复杂、稳定的液-液胶体悬浮液。因此，有效的破乳化途径必须能够消除/降低目标乳液的稳定性，从而导致不相溶相的分离。在乳液处理时，需根据乳液中水相、油相、乳化剂的不同性质探索更具有针对性的方法。且油水乳液存在形态的差异，使其处理方式以及难度有着较大的差异。破乳化技术一般分为三类，即化学、生物和物理处理。物理破乳包括重力沉降、离心、pH 调节、热处理（常规加热、微波辐照和冷冻/解冻）、浮选、过滤（吸附和凝聚过滤器）、电破乳（电凝聚）、膜分离、超声波、惯性和正动力（剪切流）。然而，乳化液的物理处理通常与其他（物理、化学或生物）分离方法结合使用，以建立混合系统，从而改善乳化液的不稳定性，使其达到令人满意的水平。

2.1 化学破乳法

迄今为止，已有大量文献介绍了化学破乳机理，揭示了破乳过程的复杂性。这种复杂性主要来源于胶体化学、表面活性剂科学和界面现象等多方面的破乳化知识。在本部分中，我们将简要介绍破乳剂法、高级氧化法以及电化学法引起的 O/W 乳状液和含油废水的破乳效果及其机理，并简单分析了各个方法的优缺点和应用场合，最后得出一个适用于相关方法和作用机理的简化应用结论。总体来说，化学法主要通过化学反应来破坏乳化液的稳定性实现破乳。

2.1.1 破乳剂法

破乳剂是基于更高的表面活性，破乳剂会迅速迁移至乳液的油水界面代替原始乳化剂，破坏其界面膜的强度，使水相、油相分别聚集实现破乳。主要应用于极稳定的乳液处理，具有普适性强的优点，在工业上得到了广泛的研究和应用。但针对其循环性较差、消耗量大、剩余污泥污染等问题也需进一步克服。

破乳剂法是目前应用较多的一种 O/W 乳液破乳方法。其原理为向乳液中投加化学破乳剂，破乳剂分子渗入并黏附于油水界面，取代原有的乳化剂使油水界面膜被破坏，油滴相互接触后发生聚并，形成大油滴并上浮，从而实现 O/W 乳液的破乳。一般为增强 O/W 乳液破乳效果，往往将两种及以上破乳剂复配使用。近年来，科研人员致力于开发高效环保的破乳剂。其中，应用较为广泛的是以环氧乙烷和环氧丙烷为单体嵌段聚合物作为主体合成的聚醚型破乳剂。破乳剂法主要针对含油废水中难去除的乳化油分，处理工艺虽然简单，但药剂合成复杂、成本高、投加量大、易受电解质的影响，且添加破乳剂容易引起水体二次污染[1]。

关于破乳剂法的破乳机制研究，早先的一份研究建立了一个基于“重温定向楔理论”的模型，以研究油水-表面活性剂混合物的平衡相行为与大乳液类型和稳定性之间的关系。该理论认为，平衡相行为和乳液稳定性都取决于表面活性剂单层在油水界面上的弯曲弹性。因此，从建立的模型中可以得出以下几点[2]：① 在自发曲率为正值时，油包水型乳液非常稳定，在自发曲率为负值时，水包油型乳液也很稳定，而在表面活性剂膜的平衡状态下（即界面曲率为零），乳液通常会在很大范围内破裂。② 乳状液膜成核孔边缘的单层是深弯曲的，这导致凝聚屏障与单层自发曲率的符号和绝对值密切相关。③ 允许乳液膜的厚度发生变化，以降低成核孔的自由能。

根据上述理论推断，破乳现象一般可由以下因素诱发：通过添加相反相类型的表面活性剂来降低单层自发曲率的绝对值。通过添加短链醇降低单层的弯曲弹性。因此一些国内研究人员采用 Cockbain 和 McRoberts 提出的单液滴方案，研究了树枝状聚醚表面活性剂破乳化 O/W 型乳液的破乳化机理。在这方面，乳状液的破乳分为两个连续的阶段：① 存在于散装油相和天然乳化剂覆盖的油滴之间的破乳化水被排入水相。在这一阶段，油滴尚未分离。这一步称为排水过程，液滴“即将分离”的时间称为排水时间。② 随着油滴与散装油的凝聚，散装油相完全出现，形成完全平坦的油水界面。利用这一机制，研究了三个术语，即排水时间、半衰期（油滴消失一半所需的时间）和油膜破裂率常数。液滴的稳定性是通过其半衰期来测量的，所有这三个项的组合被用来确定界面薄膜强度。

结论是上述所有条件都取决于破乳剂浓度和环氧乙烷含量。排水时间和半衰期都随着破乳剂浓度的增大或环氧乙烷含量的减小而缩短，薄膜破裂率常数则随着破乳性能的提高而增大。然而，发现排水阶段受环氧乙烷含量等变量的影响更为明显。因此，建议将排水阶段作为利用树枝状聚醚进行破乳的速率决定步骤。

迄今为止，对于离子破乳剂的作用机理方面，阳离子破乳剂在解决由阴离子表面活性剂稳定的 O/W 型乳液方面的有效性已通过这两种离子形成离子对，导致其带电头部中和而得到证实[3]。这样，与溶液-空气界面上的离子对吸附机理类似，阳离子-阴离子（也称为阴离子）对主要在盐水中形成，然后吸附在油水界面上，取代阴离子乳化剂。另一种推测可能是阳离子表面活性剂吸附到阴离子表面活性剂之间的空隙中，然后在界面本身形成离子对。无论是哪种可能的机制，都能实现乳液脱稳过程，而且这两种可能性甚至可能同时发生。其结果是，先前吸附的乳化表面活性剂在油滴表面引发的负电荷得到缓解，分散球体之间的静电排斥力因此减弱，导致它们靠近并融合，最终发生相分离。

对于由非离子表面活性剂稳定的油包水型乳液的解决方法，预计与讨论油包水型乳液的破乳化机制相同，但必须在相关乳液中加入足量的有效疏水性非离子破乳化剂，以抵消界面上乳化剂的亲水性。不过，使用有效阳离子破乳剂的阴离子表面活性剂稳定 O/W 型乳液的脱稳机理被假定为界面上的“阴阳离子对吸附/形成”，两者可能同时发生。阳离子-阴离子对的界面吸附基本上是在阴离子乳化剂置换之后发生的[4]。

2.1.2 高级氧化法（AOP）

20 世纪 80 年代，AOP 首次用于处理饮用水。20 世纪末，物理化学和生物方法被认为已经成熟。从那时起，人们不断开发新技术，以克服传统方法中存在的实际问题。据观察，由于人为污染物中存在的复杂分子几乎无法被生物过程中的微生物所攻击，因此迫切需要一种新的工艺。自 80 年代以来，人们对不同的 AOP 工艺技术进行了研究，并将其应用于工业废水和城市污水等不同领域。由于传统处理方法效率低下，AOP 得到了广泛关注。目前，基于 AOP 开发的几种混合机制仍在开发中，以提高性能，但还不能说其已经成熟。工艺规模扩大、商业化以及处理新的污水和污染物也是水处理的未来趋势。文献中对有机污染物的研究最为广泛，尤其是那些难以用传统方法降解的污染物。这些污染物的来源包括城市污水、工业过程和农业活动。与其他基于紫外线的工艺（如紫外线/H_2O_2）相比，使用 H_2O_2 和 O_3 的紫外线-AOP 被证明是最大限度减少苯酚废水的最有效方法[5]。

AOP 是一种基于高活性物种本质的水相氧化方法，众所周知，它能克服物理化学和生物工艺处理能力之间的差距，清除水体中的污染物。应用 AOP 的目的是使污染物完全矿化，并将污染物从环境中去除。异质和同质光催化、臭氧氧化、芬顿（Fenton）过程和电化学过程等 AOP 可与生物过程相结合，改善有毒物质的氧化降解。它们主要应用于制药、纺织、皮革和塑料工业。

另外，对于高浓度的含乳化油废水，可以采用高级氧化法来对其进行破乳。高级氧化技术是在高温高压、光辐照和氧化剂等反应条件下，将 O/W 乳液中的油分子直接降解为低毒或无毒的小分子物质从而达到去除油分的目的。典型的高级氧化技术有超临界水氧化、光催化氧化和芬顿氧化法等。高级氧化法作为含油废水处理的深度氧化技术，具有破乳效率高、速度快、工艺简单等优点；缺点是需要大量化学试剂、成本较高、对反应条件要求高（如 pH、温度和压力要求等）以及催化剂回收困难[6]。

由于单一的处理方法效率不高，因此，在研究和实时应用中，人们强调将多种工艺结合起来。事实证明，将 AOP 与生物技术相结合，不仅有利于污染物的处理，还能获得具有潜在用途的增值产品。两者的结合产生了协同效应，显示出比单独工艺更高的性能。细菌等生物微生物被用作能量来源，从而减小了毒性和有害副产物。这两种技术的结合可以将缺点降到最低，并降解废水中的有毒物质。有毒物质通过生物技术过程转化为有机物，然后通过 AOP 过程降解。AOP 可与植物修复结合使用，以提高修复过程的效率和效果。植物吸收污染物并将其输送到根部，然后在根部使用 AOP 进一步分解污染物[7]。

废水处理中将高级氧化工艺 AOPs 和生物处理相结合，在提高处理过程的整体效率和效果方面具有显著优势。高级氧化工艺涉及使用臭氧、过氧化氢或紫外线（UV）辐射等强力氧化剂，以分解废水中复杂、耐受性强的有机和无机污染物。生物处理利用微生物对有机物进行生物降解。当两者结合使用时，AOPs 可分解难以单独使用生物过程降解的化合物，使其在后续生物处理步骤中更容易被微生物。AOP 产生高活性羟基自由基（—OH），能够快速氧化各种污染物。AOP 产生的副产物比原始化合物更容易生物降解，因此更适合生物处理阶段的微生物使用[8]。AOP 与生物处理之间的这种协同作用可以更有效地去除污染物。废水成分会随着时间的推移而发生显著变化，因此保持稳定的处理性能具有挑战性。组合方法可提供缓冲，以应对变化。在污染程度较高或污染物较为复杂的时期，可以使用 AOP 对废水进行预处理，确保生物处理阶段接收到更易处理的进水。这有助于保持生物处理系统的性能稳定。

AOP 组合生物废水处理法的另一个非常全面的优点是减少污泥的产生。鉴于生物处理会产生过量污泥，而污泥又需要进一步处置，AOP 可将复杂的化合物分解成更容易被微生物消耗的简单化合物，从而减少过量污泥的产生。这可以减少污泥的产生和相关的处置成本。AOP 可以分解持久性有毒污染物，防止有害化合物释放到水体中，从而降低对环境的影响。生物处理可作为补充，进一步降解分解产物，从而使处理后的污水不太可能对生态产生不利影响。

2.1.3 电化学法

电化学方法是最有效的传统处理系统之一，可用于处理不同类型的工业和人类生活中产生的各种形式的含油废水。这种方法分为几种技术，可单独使用或与其他传统方法结合使用，用于处理各种含油废水、消除各种污染物，然后按照淡水源标准进行回用[9]。① 电絮凝的功能取决于电流通过电絮凝池时在池中形成的絮凝剂；② 电氧化法通过矿化污染物来消除污染物，这取决于释放的自由基的效果，并考虑到羟基自由基对污染物的攻击；③ 电浮选法利用产生的微小气泡对轻质有机污染物产生的浮力来处理废水；④ 电渗析根据交换膜的类型（阴离子膜或阳离子膜）消除含油废水中的油相物质；⑤ 电-芬顿工艺用于废水处理，通过电生成活性羟基自由基来氧化污染物。

这些方法具有许多优点，如生态友好性、能源需求、选择性、易操作性、保护性、简便性、成本效益以及产生的污泥量少而无二次污染等，因此具有去除含油废水中污染物的潜力，与之形成鲜明对比的是，这些技术存在电极材料寿命短和电流效率低等缺点，可能会限制其使用[10]。

2.1.3.1 电化学絮凝法（EC）

当电流通过电凝池时，两个电极（即阳极和阴极）释放的离子之间发生反应，形成电凝剂。电极的排列、金属和结构、提供的电流类型（交流电或直流电）、电极与电源的连接类型（单极或双极）、电解质以及运行模式都在电凝反应器（间歇式或连续式）的设计中发挥作用。这种方法结合了电浮选和吸附机制。两个电极都必须释放气泡（氢气和氧气）以实现电浮选机制，这有助于轻质污染物浮到处理过的溶液表面。吸附过程则根据阳极诱导的金属离子与阴极释放的羟基离子相互作用产生的吸附剂（电凝剂）进行。

电化学絮凝法是指采用铁或铝作为阳极电解处理 O/W 乳液的一种方法。可溶性阳极铁或铝在电解作用下失去电子，生成金属阳离子与阴极的氢氧根离子形成具有较高吸附、絮凝活性的氢氧化物如 $Fe(OH)_2$、$Fe(OH)_3$ 和 $Al(OH)_3$ 等。其对含油废水中的乳化油滴产生电中和、桥连以及网捕卷扫等作用，可以有效去除废水中的悬浮油滴。电化学法具有处理效果好、占地面积小、操作简单以及浮渣量少等优点，但阳极金属消耗量大、需要电解质辅助以及耗电量高，因此其处理含油废水的经济实用性较低[11]。

基于电解溶解性的铁、铝电极，生成 Fe^{3+}、Al^{3+}，继而在废水中生成絮凝体，吸附乳化油滴。电子是电化学破乳过程中唯一的化学物质，操作简单，无须添加其他的物质，处理效率高，尤其在难降解废水的处理过程中已逐渐成为不可或缺的步骤。但过高的能耗是限制其应用的主要因素。

2.1.3.2 电化学氧化法（EO）

电化学氧化是另一种减少废水中污染物的技术，通过电化学电池中释放的自由基的作用使污染物矿化，并且羟基自由基攻击污染物。一般来说，电氧化分为直接和间接两类。后者依靠添加化学物质来直接氧化污染物，如氯和铁盐，以及其他被称为介质的金属离子，如 Ag (Ⅱ)、Co (Ⅲ)、Ce (Ⅳ)和 Ni (Ⅱ)离子；但它们会引起二次污染，限制了其使用。与后者相比，前一种电氧化方法直接依靠阳极形成强氧化剂，如羟基自由基（—OH）和/或次氯酸根离子，化学添加量少，无二次排放。

为了提高性能，该技术中使用了多种类型的阳极，包括掺硼金刚石（BDD）、尺寸稳定阳极（DSA）、铂钛氧化物、铁、PbO_2和石墨电极。碳阳极是最不有效的阳极类型，因为它们形成羟基自由基的效率较低。然而，由于活性炭纤维的多孔结构，使用活性炭纤维可以增加阳极的活化面积和污染溶液的传质。由于其多孔结构，活性炭纤维也被称为三维电极。电氧化反应器中的化学反应表明水在阳极表面（M）解离形成—OH 自由基。它们的作用因活性阳极是化学吸附还是非活性而异，这意味着这些自由基是物理吸附的，从而导致污染物的完全氧化。

近年来，一些研究人员试图解决电氧化工艺的缺点，如钝化、极化和电极表面寿命等。有人利用石墨电极，在接触时间（0~60 min）和电流（0.1~0.5 A）的影响下，采用直接和间接间歇电氧化法去除废水中的含胺药物[双氯芬酸（DIC）、对乙酰氨基酚（ACT）和磺胺甲噁唑（SMX）]，并比较了 Na_2SO_4 和 NaCl 的效果。他们发现，在 0.5 A 电流条件下，30 min 后间接系统比直接系统（60 min 后 DIC、ACT 和 SMX 的去除率分别为 90%、74%和 82%）消除了更多毒素（DIC、ACT 和 SMX 的去除率分别为 93%、90%和 99%）。一些科研工作者比较了在批次电氧化处理全氟辛烷磺酸（PFOS）和全氟辛酸（PFOA）的实验期间（0~180 min），作为阳极的综合互联大孔陶瓷材料（Ti_4O_7）与掺杂 Ce 的 PbO_2 和 Ti/BDD 非活性电极的潜力。他们发现，Ti_4O_7 比传统阳极更有效，在 5 mA/cm^2 的条件下可减少 99 %的全氟烷基物质（PFAS）的 TOC[12]。

另一项研究使用掺硼金刚石（BDD）阳极与过硫酸钠（SPS）（1×10^{-4}~5×10^{-4}）和电解质（Na_2SO_4）耦合，在不同电流密度（5~110 mA/cm^2）和反应时间（0~30 min）的作用下去除抗生素氨苄西林（AMP）（0.8×10^{-6}~3×10^{-6}）。他们发现，由于在 110 mA/cm^2 条件下产生了活性氯，散装溶液的去除率（81%）比去除率（14%）提高了 3.5 倍在电氧化反应器中使用石墨阳极剥离对乙酰氨基酚（Acetaminophen），同时控制 pH（4~8）、电流密度（3.1~7.1 mA/cm^2）和电解质浓度（Na_2SO_4）（0.02~0.1 mol/L）。他们认为，由于产生的强介质氧化剂的积极影响，在 5.1 mA/cm^2、pH 为 4、电解质浓度为 0.1 mol/L 的条件下，240 min 后对乙酰氨基酚的最大降解量为 2.0×10^{-5}。通过利用等离子喷涂技术制备了 Ti/Ti_4O_7 阳极和 Ti 阴极，在电流密度为 15 mA/cm^2、阴阳极间距为 10 mm、四环素（TC）浓度为 5×10^{-6}、反应时间为 40 min 的操作变量下，以批处理模式用于四环素（TC）电氧化。他们发现，高去除率（96%）遵循伪一阶动力学。

2.1.3.3 电化学浮选法（EF）

电浮选是一种处理含有各种污染物的废水的重要技术。处理这些污染物（如有机污染物）的方法是，通过产生的微小气泡产生的浮力将其轻质有机污染物带到溶液表面，并撇去过程中产生的污染物层，其效率取决于污染物的类型。在氯化物介质中，由于电流通过电化学电池时会发生溶液电解，阴极和阳极会产生微小气泡，如氧气和氢气。

与产生较大气泡的传统气浮装置相比，中性介质中的氢气泡比相同金属电极下的氧气泡小。由于微小气泡的表面积更大，产生的大量氢气在轻质污染物颗粒的上浮阶段效率更高，从而获得更高的去除性能。然而，气泡的大小和数量在很大程度上取决于多个因素，包括电流密度、用作电极的金属类型及其构造、溶液的 pH 和电解质氢气和氧气分别由还原反应和氧化反应产生。此外，由于电极和/或电解质的金属成分不同，电化学电池中还会产生其他气体。

为了利用油酸钠作为捕集剂去除废水中的超细黄铜矿颗粒，学者们研究了一个由铅板阳极和不锈钢阴极组成、容积为 0.6 L 的机械搅拌式电浮选反应器在溶液 pH（5~12）、电流密度（500~1500 A/m^2）、油酸钠浓度（300~1000 g/t）和矿浆密度（5%~20%固含量）影响下的作用，反应时间为 15 min。在矿浆密度为 5%、pH 为 8、电流密度为 1500 A/m^2 的条件下，该设置可去除 60%的黄铜矿颗粒。一些科研人员使用了一种新型电浮选反应器，其中包含水平排列的不锈钢网电极，用于去除含油废水中的化学需氧量和脂肪酸。操作变量包括电流密度（1.64~6.54 mA/cm^2）、初始浓度（1×10^{-3}~4×10^{-3} COD）、溶液 pH（3~9）、支持电解质（5×10^{-5}~3.5×10^{-4}）和电极距离（1~3 cm）。在 pH 为 7、接触时间为 80 min、电流密度为 4.11 mA/cm^2 的最佳条件下，污染物的减少效率分别为 94.6%和 98%。还有学者研究了三相电浮选反应器在电流质量、粒径、浓度以及气泡直径与颗粒直径之比影响下的流体动力学。研究结果表明，增加电流密度和黏度会减小固体直径，从而导致气泡上升更快、更大。通过使用了四种不同类型的电极（铝、铁、铜和不锈钢），在反应时间（5~15 min）、应用电压（4~10 V）、pH（4~10）和电极间距（2、3 和 4 cm）的影响下，研究了用于收获和浓缩生物质的电浮选反应器。研究结果表明，使用铝电极时，生物质的浓度大于 95%，而使用铜电极时，在 50 V 电压和 25 min 电解时间下，生物质的浓度小于 85%。一些人员将不锈钢海绵电极床用于电浮选池，在间歇和连续模式下处理含油废水，研究条件包括外加电压（0~15 V）、反应时间（0~180 min）、容积流量（50~150 mL/min）、电极床长度（9、18 和 27 cm）和 pH（6~10）。研究结果表明，在电压为 15 V、电极床长度为 18 cm、流速为 50 mL/min 和反应时间为 60 min 的条件下，85%的 COD 被去除，能耗为 8.19 kW·h/m^3[13]。

2.1.3.4 电化学渗析法（ED）

电渗析是一种涉及离子交换膜和电的合作过程。它被归类为膜过滤和电化学技术。根据交换膜是阴离子还是阳离子，它可以处理各种废水，而且无需使用化学洗涤剂。电渗析池中同时存在阳极和阴极电极，但它们被平行的膜隔离开来，这些膜起到缓冲作用，可抑制各种离子或使其瞬时移动。根据电荷的不同，这些膜被电渗析池内的间隔垫片分割成稀释和浓缩两部分，其中包含通过这些分区循环的电解质溶液。由于向电池提供电流，阳极发生氧化反应，从而在阴离子区形成质子，阴离子通过阳离子膜回收。阳离子区阴极还原反应产生的氢氧根离子则穿过阳离子交换膜。稀释液和浓缩液形成，阳离子通过阳离子交换膜迁移到阴极部分，阴离子通过阴离子交换膜迁移到阳极分区，从而达到电平衡。

一般来说，文献中提到的电渗析池的配置和设置包括批量和/或连续模式下的单级和/或多级装置、7~30 V 的电源、两种类型的离子交换膜：阳离子膜和阴离子膜，活性面积在 0.01~1 m^2。阳极和阴极电极由各种金属（如不锈钢或石墨）制成，硅胶垫片的厚度从 0.42~10 mm 不等，垫片密封，以及电渗析堆。已有多项研究利用电渗析技术处理含有各种有机和无机化学物质的废水。该技术本身性能良好，在混合系统中与其他技术相结合也能达到必要的处理能力。

与其他电化学处理方法相比，电渗析在混合系统中的应用较少，但也有研究人员将其用于集成系统中。有研究者将这一技术与真空膜蒸馏（VMD）相结合，处理含有 NO_3^-和 Ce^{4+}的酸性废水。他们通过这一集成系统实现了 99%的 Ce^{4+}去除率，并表明孔内的蒸汽凝结是膜堵塞和通量下降的主要原因。一些科研工作者建议使用螯合剂形成络合物，在电流密度为 250 A/m^2 和电解时间为 180 min 的条件下，利用包含五个隔室和铂钛电极的电渗析池提高电镀废水中锌的回收率。柠檬酸和异质交换膜对在 85%的电流强度下获得较高的锌回收率（87%）最为有效[14]。

有人使用了一种先进的装置，包括磷酸盐沉淀以及阳离子交换膜、钛阴极和石墨阳极在 3.5 V 定电压下的电渗析，从低锂高盐电池工厂废水中提取锂，电流密度达到 184 A/m^2，电流效率为 50%，耗电量为 0.027 kW·h/g Li^+，实现了环境友好型工艺。也有部分人采用了一种由真空膜蒸馏（VMD）和反向电渗析组成的混合系统，该系统有 5 个隔室和钛电极，利用 2.5 A/m^2 的电流密度从废液和废热等有限资源中获得清洁水和电能。通过探索由阴离子膜隔开的双室系统组成的电-电渗析混合装置去除含硫酸钠模拟废水中苯酚的效果，在理想条件下，施加电压为 5~11 V，初始苯酚浓度为 2×10^{-4}~1×10^{-3}，硫酸钠浓度为 5×10^{-4}~2.5×10^{-3}，pH 为 1~14，电解 120 min 内，苯酚去除率达到 90%，在施加电压的最高范围内，能耗为 0.58 kW·h/g。为提高反渗透的成本效益，在海水进入反渗透装置之前的预脱盐阶段将反向电渗析与电渗析相结合。有人探索了利用电渗析-纳滤混合法去除海水中的 $MgSO_4$，结果表明该方法的选择性取决于单价选择性交换膜与电渗析池电位的关系。电渗析池由三个电池对组成，钛电极电流密度分别为 25、100 和 200 A/m^2，能耗为 8.99 kW·h/m^3。系统中的纳滤是使用 10 μm 过滤器进行的。

2.1.3.5 电化学芬顿法（EFN）

芬顿工艺是一种传统的废水处理系统，它依赖于羟基自由基（OH*）的作用，羟基自由基可从过氧化氢（H_2O_2）与铁离子的反应中产生。传统的芬顿法只能在酸性介质中产生活性羟基自由基，因此将其改为电-芬顿法，这是一种依靠电化学电池中的 Fe^{2+}和/或 Fe^{3+}催化电生成 H_2O_2 来产生活性羟基自由基的方法。这种化学产物可在各种操作变量[包括电极材料和配置、Fe(Ⅱ)和 H_2O_2 浓度、pH、电解质和电流密度]的影响下，通过氧化污染物来处理废水。这种方法是一种很有前景的废水处理技术，尤其是含有有机污染物的废水，特别是含油废水。

学者们采用电-芬顿法处理含有有机污染物的废水，在反应时间为 60 min、pH 2~6 内，向电池中添加氟来控制碳结构并加速从铁（Ⅲ）中回收铁（Ⅱ）。他们以 6.38 kW·h/kg 的能耗获得了较高的 COD 去除率。一些人使用生物电-芬顿方法，在 pH 为 2、气流速率为 8 mL/min、Fe（Ⅱ）为 7.5 mmol/L、施加电压为 0.3 V、反应时间为 5 h 的最佳参数值下，从城市污水中提取了 59%~97%的低浓度非甾体抗炎药物。在 pH 为 6.8、最大电流密度为 7 mA/cm^2 的条件下，经过 120 min 的接触，废水中布洛芬（1×10^{-6}~2×10^{-5}）的去除率达到 97%，能耗为 2.65 kW·h/m^3。有人使用电-芬顿池，在施加 60 mA 电流的条件下，经过 180 min 后，去除废水中的萘酚蓝黑色和重氮染料。他们观察到，在 300 mA 和 pH 为 3 的条件下，60 min 后 TOC 的去除率更高。

研究人员继续利用这种技术从各种来源排放的废水中提取相互连接结构中的有机化合物。有人将这一技术与生物方法结合使用，在进入下一阶段之前提高了渗滤液的电-芬顿生物降解性，在 pH 为 2、外加电压为 5 V 的条件下，反应时间为 90 min，COD 去除率达到 97%。一些学者利用电-芬顿和吸附混合系统（使用原位再生活性炭），在不同 pH（3~9）、外加电流（20~110 mA）、流速（1.75~10.5 mL/min）和初始四环素浓度（2×10^{-5}~1.5×10^{-4}）条件下去除四环素。在 80 mA 电流和 7 mL/min 流速的最佳条件下，处理 120 min 后，四环素的去除率达到 90%，耗电量为 48.6 kW·h/kg。还有一些科研人员将阴极电-芬顿和阳极光催化结合起来，在 pH 为 1~7、电流密度为 5~20 mA/cm^2、气流速率为 0~0.6 L/min、初始 COD 浓度为 1×10^{-4}~4×10^{-4} 的条件下，在 pH 为 3、电流密度为 10 mA/cm^2、流速为 0.4 L/min 的 120 min 内，COD 去除率达到 84%，证明了混合系统的成本效益[15]。

本部分内容简要、全面概述了乳化含油废水的电化学破乳降解处理。对于每种技术，无论是单独使用还是在混合系的统中使用（电化学或非电化学）都进行了统计测定。测试表明，EC、EO、EF、ED 和 EFN 在去除污染物方面非常有效和高效。与电渗析等其他技术相比，EC 是处理各种有机和无机污染物最广泛使用的技术。EF 和 EFN 工艺用于消除有机化合物，因此电凝论文的引用率较高。研究人员正在越来越多地测试使用铝和/或铁电极和批量操作模式的处理方法。由于铝和不锈钢电极坚硬且能有效释放气体，因此是 EF 阶段常用的电极。此外，在总结的测试中，有 86%的测试单独使用了环氧乙烷技术，而混合系统仅使用了 14%。一些研究人员单独使用了环氧乙烷，也有研究人员将其反向配置。基于 EFN 的混合系统可以去除少量生物毒素，同时不会释放污泥。此外，混合运行方法还能有效消除污染物。总之，电化学系统成本低廉，在环境方面具有可持续性。在选择任何电化学技术时，都应根据污染物的类型、浓度以及这些系统的配置（即单独配置还是混合配置）做出适当的选择。此外，还应根据文献仔细选择操作参数及其数值[16]。

2.2 生物破乳法

自 20 世纪 80 年代初以来，有关生物破乳剂的研究就已开始。微生物或生物破乳剂被认为是石油工业中常用的化学合成破乳剂的潜在替代品。与化学破乳剂相比，微生物破乳剂有三大优势：① 生物化合物毒性低；② 化合物易于生物降解；③ 天然产品具有合成化学品所不具备的独特性质。

生物法主要通过化学反应来破坏乳化液的稳定性实现破乳，利用微生物的新陈代谢破坏油水界面膜或降解油污染物，最终生成 CO_2 和水，微生物的菌体形态、活性成分以及表面性质具有较大差异，且上述特性对微生物的破乳效果影响较大，因此需要根据乳化液的性质选择适当的菌群，并提前进行驯化。生物破乳法是一种低污染、环保可降解的破乳方法，但生物处理需要较长的水力停留时间以及可生化性较好的水质。微生物破乳的主要优点是，只要乳状液中的碳氢化合物能够维持微生物的生长，微生物的生长和破乳就可以同时进行。同时，生物乳化剂可回收和重复使用，不会明显丧失活性，而且在极端条件下可能非常有效。大多数研究人员主要侧重于通过改变碳源、氮源、pH、盐度和温度等操作变量，最大限度地提高生物乳化剂的产量和生物乳化率，而这两者对介质的依赖性极强。最合格的生物乳化剂是能够在广泛的 pH、温度和盐度范围内保持稳定的生物乳化剂。下文将尝试介绍一些可能对生物乳化剂的生产、W/O 和/或 O/W 系统的破乳化性能或两者都有潜在影响的因素[17]。

细胞浓度的增加对 O/W 乳化液的破乳化有不同的影响。这种差异可通过比较此类乳液的相应半衰期来了解。乳状液的半衰期可用作描述乳状液稳定性的参数，其定义是乳状液体积衰减到初始体积一半的时间。显然，半衰期越短，乳化液的衰减速度就越快。研究发现，煤油洗涤过的分离微球菌细胞浓度的增加对 O/W 乳液的破乳化有直接影响，其半衰期会降低，而细胞含量的同样增加对 W/O 型体系的破乳化有相反的影响，其相关的半衰期时间会延长。随着微生物细胞数量的增加，超过一定值后，W/O 乳化液的分离时间会推迟，这可能是由于在分散的液滴周围形成了一个防御层，而不是帮助它们凝聚。

2.2.1 活性污泥法

活性污泥法是一种传统的 O/W 乳液破乳方法。乳液与活性污泥混合搅拌并曝气，其中的油分被微生物分解，从而实现 O/W 乳液的破乳净化。由于好氧颗粒污泥生物量和处理效率较高，因此其在含油废水处理中被广泛应用。活性污泥法虽然具有能耗低、运行费用低的优点，但其在含乳化油废水的处理中 pH 要求严格，易形成新的二次污染物，菌种针对性强但应用范围窄，处理单元多，操作管理复杂。

活性污泥法涉及多个过程，如去除有机碳、硝化和反硝化、去除生物磷等。一般来说，活性污泥法被认为是一种生化处理过程，废水通过几个池子，在氧气的作用下进行人工搅拌，形成几种硝化生物，这些生物融入污泥并附着在污泥上。这些污泥随后沉淀在池底。在这一过程中形成的活性污泥是一种絮凝剂，上面覆盖着几种好氧生物，可对有机物进行快速硝化和氧化。由此产生的产物随后在重力作用下沉淀在池底。为了降低污水的浊度，开发了一种两相曝气系统，在曝气池中进行分流，而不使用沉淀池；其中一部分回流污泥被泵送到第一个曝气池，其余的被泵送到第二个曝气池。

曝气池是目前工业废水处理领域的一项新兴技术。由于浊度和湍流等因素，在氧化池中使用曝气器会阻碍或消除池中藻类的生长，因此，曝气池开始受到重视。与在氧化池中使用曝气器相比，曝气池能在更短的滞留时间内降低生化需氧量（BOD）。在曝气池中，曝气所需的氧气是从环礁湖表面的空气中转移到池中的。如果需要更多氧气，则通过机械或借助扩散曝气系统来提供。转移到曝气池中的氧气量取决于曝气池的表面积和曝气过程中形成的气泡、表面曝气、机械曝气和扩散曝气的液膜系数、曝气池表面上方的氧气饱和值、曝气池内部气泡的氧气饱和值以及曝气池中溶解氧的平均浓度。由于流体运动，曝气曝气池的表层会产生速度梯度。曝气设备的布置反过来又决定了供气源，即线气源或点气源。表面曝气器通过浮环保持漂浮，内含叶轮叶片[18]。液体通过进水锥和引水管被迫向上流动。向上流动的液体撞击导流板，使液体雾化并获得径向动量。这些水滴向外喷射。这种人工曝气增强了废水的生物氧化作用。

目前，两级曝气曝气池因其高性能而被用于大型污水处理厂。通过数学计算得出的结果证明，与单级好氧池或单级兼氧池相比，双级曝气池（第一级为好氧池，第二级为兼氧池）所需的滞留时间更短。此外，还可以使用水力喷射器。水力喷射器的作用类似于文丘里装置，目的是将气体吞吐量与液体驱动流速之间的比率提高 5 倍之多。因此，可以实现更高的气液转移率。在用于分解污染物的曝气池中，可以进行几个升级步骤。通过促进好氧菌的生长，增加向曝气池输送的空气量，可以促进污染物的分解。曝气池的 pH 应保持在 6.5~8.5 的理想范围内，以最大限度地提高污染物分解的效果[19]。将温度保持在 20 ~ 30 ℃有助于污染物的分解，这是理想的温度范围。为促进消化污染物的微生物增殖，可定期向潟湖中添加氮和磷等营养物质，并定期清理污泥。采用微生物接种剂可有助于将有效分解有机物的菌株引入曝气池。

2.2.2 生物膜法

生物膜法是与活性污泥法并列的一类生物破乳技术，主要用于去除含油废水中的乳化油和其他胶体有机物。废水与生物膜接触，其中油分作为营养物质，为生物膜中的微生物所摄取，废水得到净化，微生物自身也得到繁衍增殖，最终实现了含乳化油废水破乳的目的。利用生物膜法处理 O/W 乳液效果良好，该方法耐负荷能力强，生物膜对水质和水量的波动具有较强的适应性，管理方便，不发生污泥膨胀。但其缺点是有效容积利用率低，需要填料，生物膜易脱落，个别工艺需要增加微滤膜组件替代传统的澄清池，基建投资高[20]。

生物膜与活性污泥结合技术是一种废水处理工艺，它结合了生物膜和活性污泥系统的原理。该技术旨在利用两种系统的优势，提供一种更高效、更稳健的废水处理方法。在这一工艺中，废水首先在活性污泥池中进行处理，废水与细菌和其他微生物的混合物混合在一起。活性污泥中含有悬浮微生物生物量，用于分解废水中的有机物。然后，含有活性污泥的混合液会通过生物膜反应器，微生物会附着在固定的支撑介质（如塑料或陶瓷材料）上生长。生物膜反应器可以形成一个多样化的微生物群落，从而降解多种污染物。当废水通过反应器时，生物膜中的微生物会消耗废水中的有机物和其他污染物。生物膜反应器中的固定支撑介质还为微生物提供了较大的附着表面积，从而提高了处理过程的效率。将活性污泥法和生物膜法相结合，可以带来多种好处。例如，活性污泥法可以去除可溶性有机物，而生物膜法可以去除颗粒物和抗性更强的污染物。两种工艺的结合可以更全面地去除污染物，从而产生高质量的污水。同时进行部分硝化、氨氧化和反硝化的综合固定膜活性污泥法克服了高温和高耗氧量等缺点，从而实现了主流脱氮。

硝化过程分为两步，氨首先转化为亚硝酸盐，然后转化为硝酸盐。滴滤器中的硝化过程取决于几个特定的反应器和生物膜因素。当滴滤式过滤器在零阶 TAN（Total Ammonia Nitrogen，总氨氮）去除动力学条件下运行时，系统容积中的 TAN 较高。大量微粒有机物的存在会降低生物膜的效率，因为有机物会附着在生物膜表面，从而增加生物膜的厚度，进而减少硝化过程[21]。这是因为附着在生物膜表面的有机物会发生降解，从而与硝化过程竞争。这反过来又降低了过滤器的硝化能力，因为这可能导致生物膜堵塞。

2.2.3 生物滤池法

生物滤池法是基于生物膜法的基础上而来，当属曝气生物滤池。曝气生物滤池于 20 世纪 90 年代初被首次提出，其在普通生物滤池的基础上，将污水处理接触氧化法和给水快滤池思路融合其中得来的一种新型处理工艺。曝气生物滤池属于一种新型的污水处理技术，其最早在欧美等地发展，也可以称为淹没式曝气生物滤池，目前已经从最初仅仅用于污水的三级处理直接发展为二级处理。曝气生物滤池在欧美和日本等地应用得更为广泛，其集生物降解、固液分离为一体，在我国污水处理中也得到大范围应用。

生物滤池在 O/W 乳液的破乳中有着较多的应用，其基本原理是微生物附着于载体上形成生物滤床，当含乳化油废水自上而下穿过生物床层时，微生物将废水中包括油分在内的有机物降解，从而达到破乳净化的目的。普通生物滤池处理含乳化油废水的优点是运行稳定、出水效果好以及易于管理，主要缺点是占地面积较大，不适合处理水量较大的含乳化油废水，滤料易堵塞，水力不足时会使生物滤池顶部堵塞过快[22]。

生物滤池净化系统最核心的部分是微生物，微生物的综合质量决定了臭气处理净化效果，研究人员依据臭气成分，并基于微生物菌种分析技术和研究设备来挑选、培育合适的菌种。只有培育出适宜的菌种才能对恶臭物质进行有效治理，保证吸附、降解效果。目前常用的降解 VOCs 的微生物种类有细菌、真菌、藻类及其他变形虫类微生物等，其中细菌类微生物占比最大，常见的细菌类微生物为芽孢杆菌属、红球菌属、葡萄球菌属及假单胞菌属。芽孢杆菌属和假单胞菌属多用于治理恶臭气体及 VOCs，其降解污染物速度快、去除效率高。学者研究发现采用生物滴滤塔等装置，无色杆菌对苯乙烯的去除率为 80%。本项目生物滤池净化装置所采用的微生物菌种包括分别针对不同恶臭气体及 VOCs 的功能性菌类，包括氨氧化细菌、硫化细菌、假单胞菌、芽孢菌等 20 余种，均为项目团队前期通过筛选与培育获得。

填料是微生物生长繁殖的重要载体，对微生物的生长繁殖速率起着重要作用，理想的生物填料应具备以下功能：① 比表面积大，接触面积、吸附容量及单位体积的反应点多；② 孔隙率高，可使气体有较长的停留时间；③ 高水分持留能力，避免填料干燥；④ 优良的机械强度，防止填料压实；⑤ 使用寿命长；⑥ 价格便宜。其中生物滴滤常用的填料有陶瓷材料、活性炭、火山岩及其他合成填料。生物质是生物过滤常用的填料，如木屑、堆肥、泥煤、土壤等。

目前，生物滤池净化装置填料是以火山岩为主的多样级配的无机和有机混合填料及天然植物骸体。火山岩主要参数：密度为 400~800 kg/m^3、孔隙度为 70%~80%、抗压强度为 7~8 MPa，比表面积为 15~25 m^2/g。本项目选用的填料具备以下特点：① 良好的通透性和结构稳定性；② 提供适宜的环境，利于微生物生长及吸附污染物；③ 维护简单、运行费用低；④ 保湿性和透气性好，载体表面为亲水性；⑤ 混合填料不易腐烂；⑥ 适宜处理 5~40 ℃的废气[23]。

为了优化填料性能，可以进行优化填料的组分，添加了少部分无机混合物，其主要作用为：① 可以提高填料的吸水性、通透性，防止板结；② 均衡营养；③ 缓冲酸性、防止酸化。适宜微生物生长的 pH 为 6~8，微生物在吸附、降解致臭物质时会产生酸性物质，随着运行时间的延长，往往出现滤池 pH 下降的情况，pH 下降会影响微生物的生长，降低除臭效果。针对此情况，经过多次优化试验，对填料进行多次改性，使填料实现了自动调节 pH 的功能，可保证生物滤池的 pH 长期维持在 6~8。由于填料本身存在大量可供利用的碳源、木质素、纤维素等，在运行过程中无需添加营养液[24]。其运行的浓度负荷范围较宽，维护相对较容易，尤其是长时间停机后，生物滤池无须特殊操作，再启动到正常运行所需的时间较短。生物滤池可将致臭污染物和 VOCs 降解成二氧化碳、水和无机盐，不产生二次污染。通过使用含有专用微生物的溶液对填料进行了处理，在生物滤池运行过程中不需要添加任何营养液，填料使用寿命不低于 10 年。

生物法是在微生物的新陈代谢过程中，处理废水中的有机物、油类物质，降解有毒物质，从而达到使 O/W 乳液破乳和使废水净化的目的。菌种的选取对于微生物技术非常重要，是否需要氧气，决定是好氧生物处理或厌氧生物处理。生物法对于含油废水初始水质的要求较高，水质须在一定范围内，否则可生化性不好，达不到目标处理效果。生物法一般多与其他方法联合使用，以提高处理的效率。

2.3 物理破乳法

物理法破乳就是通过物理性质相关的原理，例如水油两相的密度不同，将水中的油相物质、悬浮物从水中分离出去。一般用于初步处理，物理法主要包括：离心法、膜分离法、微波法、气浮法、吸附法和电场破乳法等。物理法就是通过物理性质相关的力学、热学、电磁学等原理，通过这些物理作用来破坏 O/W 乳化液的稳定性并实现油水分离。

2.3.1 离心法

离心法是通过将油水混合物放入高速旋转的容器中，利用油相和水相密度差产生不同的离心力使油水混合物分离，常用的设备为水力旋流器，水力旋流器分为立式和卧式两种。水的密度一般比油大，高速旋转时，油相处于内圈并聚集，水相从离心机外层排出，油相从中部抽出。离心法的分离效率主要取决于油相/水相密度差和转速，当油相/水相密度差越大，转速越高，分离效果越好。如果使用超高速离心机，对分离乳化油也有一定的效果。离心法最初是用来对固相/液相的混合物进行分离，将相同的原理应用到油相/水相，由于油相/水相的密度差异比固相/液相小很多，所以分离效果并不是很理想。此外，使用离心法需要较高的能耗，间接造成了能源浪费和二次污染，使用成本高，设备结构复杂。因此，离心法适用于含有少量油的油水混合物和乳化油的分离[25]。

离心分离技术近年来也得到了相应的发展，该技术的主要原理是将含油废水沿着固定的轨迹高速射出，使其在设备内部高速旋转产生离心力，离心力的大小与介质颗粒的密度相关，其中较重的颗粒，被甩到设备器壁收集后流出，实现油水分离，分离成效卓著。这种技术不仅分离效率高，并且还具有设备结构简洁，体量规模小的优点，非常适合应用在海上的复杂环境中。但对设备的控制精度需求较高，同时运行成本高[26]。水利旋流技术是离心分离法的代表之一，国外的油田使用该技术代替了传统隔油方式和气浮方法对采出水进行处理，处理后出水水质能达到被蒸汽锅炉采用的程度。在一定程度上实现了绿色环保，能源循环利用。

我国曾经在黑龙江大庆油田进行现场实验，将这种分离技术应用在对油田采出水的破乳处理上，油水分离的效率超过 90%。表明离心分离技术能显著降低油田采出水水质的污染程度。

2.3.2 膜分离法

自 1973 年以来，人们就开始利用膜分离工艺处理含油废水。与热处理相比，膜处理的主要优点包括：① 渗透液（处理过的水）水质均匀，不受进水变化的影响；② 不含外来化学物质；③ 分离效率高，可用于分离微米级和亚微米级液滴；④ 结构紧凑；⑤ 能源成本低。然而，大容量出水的高资本成本、相当低的渗透通量、功能过程中聚合物膜的堵塞和降解，以及它们对极性和氯化溶液的敏感性，都是限制膜广泛应用的因素。在膜破乳化中，核心重点是优化渗透通量和分离效率，以及最大限度地减少膜污垢。

膜过滤过程涉及膜对溶液中某些成分的排斥。在达到稳定状态之前，这些成分向膜表面的对流比向溶液扩散的回流要大。因此，被排斥的成分会在膜表面聚集。这种公认的现象被认为是浓度极化，给膜操作带来了一些负面影响，如渗透压增加、跨膜通量下降和排斥特性变化。低跨膜压力（TMP）和乳液通过膜的慢流速是形成浓度极化的原因。膜的破乳化机制可以用筛分效应或凝聚来解释。筛分效应是基于乳液液滴大小与膜孔径之间的差异，而凝聚则是由于液滴与膜材料的相互作用而发生在膜表面。一旦液滴在膜表面凝聚，它们可能会在变形后渗入孔隙，或者干脆加入表面形成的凝胶体层，然后在压力作用下通过孔隙迁移。由于液滴尺寸的增大和表面活性剂的去除，膜另一侧的乳液无法稳定，产生了两个分离的液相，随后水相迅速沉降[27]。即使孔隙最初充满了凝聚的液滴，它们也会被先进的连续相完全挤出。在以膜为凝聚介质的情况下，膜表面的亲水性或疏水性决定 O/W 型乳液的分离效果。

因此，有必要通过某种方式增加溶质向溶液的逆向传输，以减少膜表面的积聚。解决这一难题的最常见方法是配置膜组件，使给料溶液的流动与膜表面相切；流动可以是湍流或高剪切应力层流。超滤（UF）和反渗透（RO）被认为是处理可溶性油乳状液的有效方法。除了高油截留能力外，这些类型的膜在截留总有机碳（TOC）以及减少 O/W 乳状液中的化学需氧量（COD）和总表面电荷（TSC）方面也有很好的表现。从外观上看，微过滤（MF）膜更常用于解决油包水型乳状液，而不是水包油型乳状液，而多孔玻璃膜更常用于处理水包油型乳状液，而不是废水。几十年前也有人提出使用离子交换树脂膜进行破乳处理。

基于膜表面对乳液外相的亲和力以及内相的排斥性来破坏乳液的稳定性，结合膜孔的筛分作用实现油水分离。膜分离技术由于分离效率高、易于操作等优势，得到了广泛的应用和发展。然而膜材料由于空间较小，容易被乳液内相污染继而影响通量，尤其对于水包油型乳液，一旦膜在分离过程中被油相污染，其通量会显著下降，甚至可能对膜材料造成不可逆的破坏，因此在应用膜分离技术时需要对其抗污染性进行额外的研究[28]。

膜分离是利用多孔膜材料在一定压差作用下，对 O/W 乳液中的油滴进行截留和聚结，从而达到破乳的目的。分离膜按材质大致可以分为纤维素、聚砜、聚烯烃、聚酯、聚丙烯和陶瓷类等。利用膜分离法处理 O/W 乳液时不产生含油污泥，浓缩液可焚烧处理，出水流速和水质较稳定，不随进水中油分浓度波动而变化，操作简单，无二次污染；膜分离方法的缺点是膜组件成本高、膜容易被水中污染物堵塞、再生困难以及不耐腐蚀等。

近年来，通过材料改性技术制备超亲水/超疏油滤膜成为新的研究热点，大量改性制备的膜材料在水包油乳液的过滤破乳分离中进行了应用，由于其材料的亲水性和粗糙结构可以在膜表面形成水化层，该水化层可以有效地阻止低黏度油滴对膜的浸润，而自身的亲水性可以使水通过，从而达到分离的目的。但是对于高黏度原油/水的混合物，在外部压力的作用下，其较高的黏结性很容易黏附在亲水性不是很强膜表面，对膜造成污染，极大降低了膜的分离性能。因此，提高膜表面的亲水性成为能否高效分离水包原油乳液的关键因素[29]。

2.3.3 微波法

通过微波辐照进行破乳大概是 Wolf 于 1986 年首创的。大量证据表明，微波加热比传统的破乳加热方法更有优势，因为前者分离速度更快，能耗更低，而后者则得益于微波的高穿透力，能够对分散相进行“体积”和“选择性”加热。微波加热技术的优势有助于将其作为一种独立的乳化途径应用于石油工业，从而消除或最大限度地减少化学破乳剂的消耗。微波产生的电磁波波长范围在 1 mm~100 cm，频率在 300 MHz~300 GHz，因此，在无机或有机合成、食品加工、环境化学、分析化学和聚合等多种应用中，微波加热在特定温度甚至较低温度下的反应生产率远远高于传统加热方法。同样，微波加热在用于 W/O 型乳液的破乳化时，也可用作一种工具，将特定的酸性化合物（如对炼油设施具有严重腐蚀性的环烷酸）从原油中迁移（分离）到水相中，前提是现有的操作变量，尤其是温度得到优化。

微波加热具有体积加热效应，可以提供比传统加热技术更快的处理速率。微波能量可以通过与电磁场分子相互作用直接穿透材料。微波加热会导致材料的所有单个元素被单独加热，而材料的导热性限制了传统加热条件下材料的内部温度分布。因此，使用微波的加热时间通常可以减少到使用传统加热技术所需时间的不到 1%。材料与微波场相互作用的行为如下[30]：① 透明（低介电损耗材料）：微波几乎没有吸收地穿过材料；② 不透明（导体）：材料反射微波；③ 吸收（高介电损耗材料）：微波能量是根据电场强度和介电损耗因子吸收的。微波加热的工业应用通常在接近 900 MHz 或 2450 MHz 的频率下进行。微波功率、微波持续时间、表面活性剂、pH、盐和含油污泥的性质（如水油比）等不同因素会影响微波加热对油水乳液破乳的性能。

许多实验室和现场规模的研究表明，微波辐射可用于处理油水乳液的处理。一些研究人员指出，当用微波辐射加热 O/W 乳液时，通常同时发生两种主要机理：① 温度的快速升高，能降低乳液的黏度并破坏液滴的外膜。② 分子旋转。由于水分子周围电荷的重排，导致离子在液滴周围移动，降低了 Zeta 电位后，水和油分子可以在乳液中更自由地移动，从而使水或油滴相互碰撞形成聚结，从而促进了水油分离。有人使用微波化学法进行了水包油乳液的破乳分离实验，发现微波化学法对高含水率原油乳液的分离效果好于低含水率乳液的分离效果，并且在破乳剂含量为 5×10^{-5}、微波辐射时间 10 s、沉降时间 1 min 的情况下，分离效率约为 95%（体积分数）。进一步，学者们研究了 pH、盐度和含水量对微波破乳的影响，发现含水量高的乳液具有更高的破乳效率。实验发现微波加热和重力沉降是分离墨西哥油包水乳液的替代方法。也有人指出仅通过微波加热、化学调节等单一的直接机械分离法很难有效地实现油水分离，并通过实验证明了化学物理复合调理技术的优越性[31]。

微波法破乳主要就是基于微波热效应与非热效应的协同作用。热效应是利用水相油相吸收微波能力的差异，破坏油水界面膜实现破乳。非热效应包括三部分：① 微波辐射形成的电磁场促进极性水分子高速运动，破坏油水界面膜；② 电磁场可以大幅降低乳液的 Zeta 电位，加速液滴聚集实现破乳；③ 非极性油相会发生磁化，衍生出的电场会导致油相黏度下降，破坏乳液的稳定性。该方法可应用于成分更为复杂的乳液，近年来也得到了更多的关注[32]。但微波法破乳往往难以达到理想的处理效果，且各反应机理发挥作用的规律也没有明确的建立，需要进一步的研究论证。

2.3.4 气浮法

气浮法就是在含油污水中通入空气（或天然气）或设法使水中产生气体，有时还需要加入浮选剂或混凝剂，使污水中粒径为 0.25~25 μm 的乳化油和分散或水中悬浮颗粒黏附在气泡上，随气泡一起上浮到水面并加以回收，从而达到从含油污水去除油和悬浮物的目的。气浮法是利用分散于水中的微小气泡捕集油滴上浮至液面从而实现 O/W 乳液破乳的一种方法。气浮法是在待处理乳液中通入大量的、高度分散的微气泡，使之作为载体与杂质絮粒相互黏附，形成整体密度小于水的浮体而上浮到水面，以完成水中固体与固体、固体与液体、液体与液体分离的净水方法。气浮法最早应用于矿冶工业，其方法是先把矿石磨碎成粉粒，加水制成悬浊液。然后加入浮选剂，并通入气泡，使矿石中有用的成分黏附在气泡周围而向上浮起不能黏附在气泡上的杂质则下沉，从而达到富集有用矿石的目的。

气浮理论的研究在 20 世纪 70 年代以前仅是开拓期，主要集中在气浮工艺条件的研究较为深入的一些研究也仅停留在对某些气浮过程表面现象的局部解释或是测定气泡的大小、接触角、表面张力 ζ 电位、颗粒大小与气浮效率的关系，所用实验方法和仪器也较为简单和经典。70 年代后期，气浮理论研究方面深入发展，对于气浮过程的机理、热力学和动力学的研究也日益重视。气浮理论认为：溶气水中释出的微气泡，在其外层包着一层透明的弹性水膜，除排列疏松的外层泡膜在上浮过程中受浮力和阻力的影响而流动外，其内层泡膜与空气一起构成稳定的微气泡而上浮。经过絮凝剂脱稳凝聚、絮凝形成的柔性网络结构絮粒具有一定的过剩自由能和憎水基团。微气泡和絮粒黏附作用的形成机理主要有以下三种：① 微气泡与絮粒间的共聚并；② 絮粒的网捕、包卷和架桥作用；③ 气泡与絮粒碰撞黏附[33]。

气浮法可去除乳化油及粒径较小的分散油。气浮法依据气泡形成原理分为散气气浮法和溶气气浮法，散气气浮法产生的气泡直径大，上升速度快，对水体扰动大，分离效率低于溶气气浮法。溶气气浮法产生的气泡粒径小，上升速度慢，分离效率较高。目前，新型微泡气浮工艺对 O/W 乳液中乳化油滴的去除率要高于普通溶气气浮工艺，絮凝与气浮联合工艺处理含油废水的效果好于单纯气浮时的处理效果；但该方法不适合处理含表面活性剂的 O/W 乳液，应用范围较窄[34]。

2.3.5 吸附法

吸附法是利用固体吸附剂的多孔和比表面积大等特性来吸附 O/W 乳液中的油滴，达到去除油类污染物的目的。目前，广泛用于含乳化油废水处理中的吸附剂有活性炭、聚乙烯、粉煤灰、膨润土、炭石纤维和多孔树脂等。其中，活性炭应用最广，处理效果稳定、出水效果好，但使用后会产生大量废碳，总体处理成本较高。吸附剂虽然能有效地吸附乳化含油废水中的油滴，但吸油容量一般只有 30~80 mg/L，且成本高，故一般只用于含乳化油废水的深度处理。废水处理后被吸附的油分也要进行适当处理，否则容易造成二次污染[35]。

目前，研究人员将吸附剂的研究重点放在材料的修饰改性上，改性方法包括掺杂、插层、嫁接和接枝等，所得到的改性复合材料往往能达到令人满意的效果。例如，通过结晶诱导凝胶作用制备了一系列聚苯乙烯整体式材料，可以有效地吸附散装油和水包油型乳化液。相关对膨润土进行有机改性，探讨了十六烷基三甲基溴化铵（CTMAB）的最佳改性条件，制备了有机膨润土，并用于较低含量含油废水的处理。结果表明，在最佳条件下，对含油废水的吸附效率高达 90.4%。

吸附法具有效率高、成本低、环境友好且不产生二次污染等优点，适合用于海上溢油、有机溶剂泄漏和低含量含油废水的处理。利用吸附法进行油水分离，制备特定场景响应的材料具有便利性、灵活性和多选择性。虽然各种各样的吸附剂如黏土矿物、碳材料、高聚物泡沫、金属有机框架等材料已经被广泛研究[36]。但是目前制备的吸附材料选择性和效率不高，开发新型高效选择性吸附材料仍有很大的需求。不同吸附剂之间吸附性能差异很大，开发具有高选择性的绿色吸附剂在未来仍是重要研究课题。

2.3.6 电场破乳法

2.3.6.1 O/W 乳液电场破乳的提出和发展

早在 1900 年前后，就有学者观察到 W/O 液滴在高压交流电场下会发生规律的聚集行为，而后电场破乳的概念就出现在石油工业领域中，由于那时采出的石油含水率还很低，因此研究学者们与石油公司的目标是利用电场的物理方式将原油中少量的水分脱除，一般应用高压脉冲直流电场较多，而后其破乳机理也被广泛研究讨论，时至今日已逐渐成熟。随着时间的推移与工业和环境的需求增多，电场破乳方法也逐渐被应用在（O/W）乳化液的处理中。与其他破乳技术相比，电场破乳法具有效率高、成本低、操作方便、设备简单、占地面积小以及无二次污染等优点，因此其在 O/W 乳液的破乳中具有广阔的应用前景和研究价值，近年来电场法也不断被用于 O/W 乳液的破乳研究中。

近年来，有许多学者研究了电场对乳液破乳的作用，为处理含油废水开辟了新的方向。从 2004 年开始，学者们研究了在 1~10 V 的直流低压电场中水包油型乳液的破乳现象及机理。发现在直流电场作用下，浓稠的水包油乳液会在两个平板电极之间的整个空间上快速破乳；稀释的水包油乳液在电泳作用下仅在电极附近聚结后破乳，这表明油滴在该条件下的破乳需要通过薄水层相互接触。破乳的机理为：① 施加的电场在水相中感应出离子的稳态电流，进而在水相中产生电场。② 水相中的电场使油滴上的表面电荷重新排列，补偿了每个油滴表面上的电场梯度，由此引起了静电表面电势的极化。③ 极化现象的产生降低了液滴的重叠扩散双电层中的排斥渗透压，导致液滴聚结需要克服的能垒高度降低，加剧了破乳发生。2012 年，又有学者将非均匀的交流电场施加在水包苯乳化液中，发现电流导致液滴彼此接触，能聚并为更大的油滴，在 10 min 的时间内使乳化液发生破乳，将约 80%的苯从原乳液中分离[37]。

继而，国内学者在 2016 年将低压低频振荡电场应用于微米级含有碱液的食品加工含油废水破乳，在光学显微镜下观察到了明显的聚并现象，当条件为 10 Hz 的振荡场时，O/W 乳化会对电场发生响应，液滴最初会分离，但在几分钟后，会缓慢地形成聚集体，聚集速率也并非单调变化，而是在某一电压时达到峰值，这与体系中液滴的动力学相关。接下来，国内学者探究了双向脉冲电场作用下水包油乳化油滴的聚集行为和破乳性能，其发现双向脉冲电场可以实现油水乳状液中油滴的分离，该电场会诱导油滴聚集并形成油滴链、油簇和油簇链三种形态；提出了油滴表面电荷在双向脉冲电场中重新分布的假设，并根据油滴的吸附现象建立了电荷再分布模型。从而证明了双向脉冲电场是一种有效的电场破乳方法。进一步，探究了乳状液在直流电场中的破乳效果及其机理，施加了 20~30 V 的直流电压处理含油乳化液，出水含油量由 3000 mg/L 减少至 60 mg/L。得到的破乳机理的结论是：电破乳过程只有在电流密度超过临界电流时才发生，且分为三个阶段完成破乳；对于稀乳状液来说，首先发生水层形成，接着是水乳状液横向扩散再次发生乳化，最终实现水乳状液上升稳定及分离。以上这些研究成果说明电场作用对于油滴的破乳是行之有效的。

2.3.6.2 O/W 乳液电场破乳的基本原理

利用电场对油包水（W/O）乳液进行破乳脱水的方法已经在石油工业中应用多年，其作用原理是将 W/O 乳液置于电场中，驱使分散相水滴极化迁移，促进水滴接触、聚并最终发生沉降，实现乳液破乳。而 O/W 乳液形成过程中油滴因选择性吸附离子或表面基团离子化而带负电，带电油滴在电场中亦可产生运动，油滴之间发生碰撞、聚并从而上浮与水相分离，达到 O/W 乳液破乳的目的。但目前对 O/W 乳液电破乳的研究尚处于起步阶段，关于 O/W 乳液电破乳的应用相对较少，理论研究也不成熟，因此亟须大力扩展电场在 O/W 乳液破乳中的应用并深入开展 O/W 乳液电破乳的机理研究工作。

要使油水乳状液破乳，可以通过强化液滴的失稳过程实现，油相和水相乳化液滴的失稳伴随着三个过程，即聚集（Aggregation）、聚并（Coalescence）和分层（Creaming）。这三个过程宏观上是同时发生的，但对于某个微观区域的油滴来说，最后形成大油滴后发生分层。在乳液体系中，有两个概念，分别是液膜和界面膜，在一定程度上维持了液滴之间的相对稳定。液膜通常是处在油珠之间的液体，界面膜顾名思义即处在油水两相界面间，可以理解为活性分子层。电场破乳法的原理也就是通过施加电场的作用，加剧液滴的定向扩散，增加了液滴之间聚集的概率，并且外加电场会引起每个油滴上的表面电荷重排，从而引起表面静电势的极化，破坏了油水界面膜的稳定性，有利于油水乳状液的失稳和分离[38]。

与油包水型乳液相反，电破乳法很少被用来破坏水包油型乳液的稳定性。对 O/W 型乳液使用高电场无疑会引发水相和电极的电解，导致乳液中的化学物质受到污染。高于破乳最佳电压的电压也可能引发乳化再乳化。相反，高电场通常被用于破乳 W/O 型乳液，因为事实证明低电场无法有效分离 W/O 型乳液。O/W 型乳液的静电凝聚效率和效果取决于其化学成分（如油、电解质和用作乳化剂的表面活性剂）的类型和浓度以及含水量。研究发现采用低外部电场（1~10 $V\cdot cm^{-1}$）来破乳一些模型 O/W 型乳液，结果发现：① 提高电解质浓度或降低离子表面活性剂浓度可增强电破乳作用；② 由非离子聚合物表面活性剂稳定的 O/W 型乳液不会发生电去乳化，因为它们是由聚合物分子吸附在液滴表面而产生的立体效应稳定的，而不是由乳液液滴表面电荷产生的静电相互作用稳定的；③ 致密的 O/W 型乳液（低含水量）可迅速破乳，而稀释的 O/W 乳液（高含水量）则只能在油滴电泳致密后在电极附近破乳。

关于水包油乳液电破乳的机制问题，研究中大部分学者认为水中带电油滴最基本的稳定力是由相邻油滴的扩散电双层重叠产生的双层力。这种力的强度是由水中的离子浓度和相邻液滴的表面电荷密度来衡量的。由阴离子表面活性剂稳定的 O/W 型乳液的电去乳化，表面离子在外部电场作用下发生迁移，以尽量减小电场带来的静电势梯度。因此，与外加电场方向垂直的最大液滴右侧的表面电荷密度变得最低。由于表面电荷密度降低，势能障的高度降低，表面电荷密度最小的靠近表面的小液滴首先与最大液滴融合，小液滴的融合进一步扩大了最大液滴的体积。因此，最大液滴右侧的电荷密度进一步降低。表面电荷密度的降低减小了势垒，加速了凝聚过程。因此，外加电场会使乳化液破乳[39]。

不同于 W/O 乳液中的水滴，O/W 乳液中油滴为非极性物质，介电常数较小难以极化，外电场主要通过油滴表面所带电荷来驱动油滴迁移运动、接触聚结形成大油滴上浮，从而实现乳液的破乳。不同形式电场作用下油滴发生聚结的方式也不相同，导致 O/W 乳液电破乳的过程机理有所差异。目前已有的并且成熟的水包油乳液破乳电场和机理分别是，O/W 乳液破乳应用的电场主要是直流电场（Direct Current Electric Field，DCEF）和交流电场（Alternating Current Electric Field，ACEF），其破乳过程中油滴的聚结方式分别为电泳聚结和震荡聚结。

1. 电泳聚结

电泳聚结主要发生在 DCEF 对 O/W 乳液的破乳过程中。O/W 乳液中油滴表面带有负电荷，油滴在 DCEF 中迁移至与其荷电极性相反的电极附近。由于油滴粒径、荷电量以及运动时受到的阻力不同，使得油滴在电场中的运动速度不同。油滴间的速度差造成部分油滴发生接触碰撞，油滴表面水化膜强度被削弱、厚度变薄且最终发生破裂，油滴聚并增大。未发生碰撞合并或合并后不足以上浮的油滴将继续运动至与油滴所带电荷极性相反的电极附近。由于油滴在电极附近密集分布堆积，大大增加了油滴碰撞合并的概率。聚集的油滴相互碰撞、挤压使其表面水化膜不断被削弱破坏，最终聚并成大油滴并上浮从水相中分离出来，乳液实现破乳，其破乳原理如图 2-1 所示。由于 DCEF 驱动荷电油滴沿电场方向发生电泳迁移，油滴运动过程中必然受到连续水相的黏滞阻力。因此，DCEF 的强度直接影响着

O/W 乳液中油滴的迁移速度、距离以及极板附近聚集的油滴的数量，进而影响着油滴间碰撞、挤压及合并的效果。

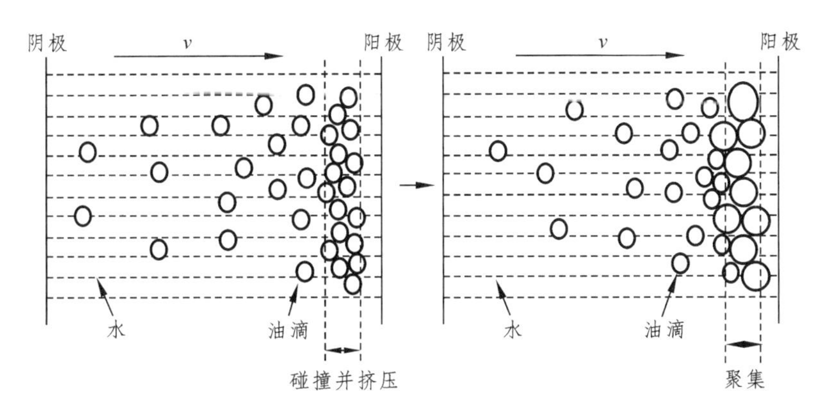

图 2-1　直流电场中水包油乳液破乳原理

2. 震荡聚结

震荡聚结主要产生于 ACEF 中，电场方向随时间发生周期性改变，油滴受力和运动方向也随之周期性变化。由于油滴粒径和荷电量的不同，使得油滴受力大小和运动速度互不相同，运动过程中相邻油滴之间的水化膜被不断挤压直至破裂，油滴合并增大、上浮形成连续油相，乳液最终发生破乳。同时，油滴表面的电荷也随电场进行周期性运动，电荷的迁移使油水两相界面膜不断地受到冲击，导致界面膜强度降低甚至破裂，油滴相互碰撞从而聚并，最终增大的油滴上浮，乳液发生破乳。其破乳过程原理如图 2-2 所示。

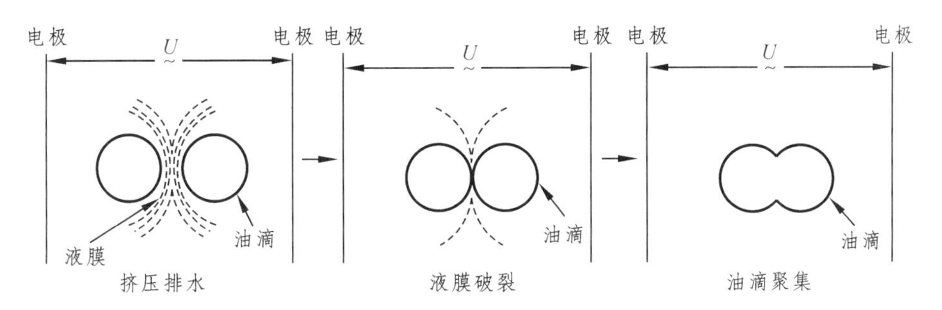

图 2-2　交流电场中水包油乳液破乳原理

参考文献

[1] 冷超群，边文强，董涛，等. 物化法处理废乳化液的实验研究[J]. 煤炭与化工，2017，40（11）：43-48.

[2] 陈和平，徐家业，张群正. 破乳剂发展的新方向[J]. 石油与天然气化工，2001，30（2）：92-95.

[3] 胡徐彦，田宇，周国华，等. 不同结构聚醚破乳剂对涠洲 11-4 油田模拟产出液的破乳作用[J]. 油田化学，2017，34（1）：175-178.

[4] WANG X, ZHU C, HU H, et al. A review on researches and developments of crude oil demulsifiers[J]. Oilfield Chemistry, 2002, 19(4): 379-381.

[5] STASINAKIS S. Use of selected advanced oxidation processes for wastewater treatment: a review[J]. Global Nest Journal, 2008, 10(3): 376-385.

[6] 王亮，王树众，张钦明，等. 超临界水氧化处理含油废水的实验研究[J]. 环境污染与防治，2005，1（7）：77-80.

[7] 郭小熙，张进岭，谢岩，等. Fenton 氧化法处理石化含油废水生化出水[J]. 化工环保，2017，37（2）：207-211.

[8] DROGUI P, BLAIS F, MERCIER G. Review of electrochemical technologies for environmental applications[J]. Recent Patents on Engineering, 2007, 1(3): 257-272.

[9] 周英勃，柴涛，房亚玲. DSA 电化学法及絮凝 Fenton 法联用处理轻油废水的实验研究[J]. 科学技术与工程，2017，17（14）：343-346.

[10] 王兵，李洁，任宏洋，等. 电化学法处理聚驱采油废水的研究[J]. 安全与环境学报，2015，15（6）：245-249.

[11] ANGLADA A, URTIAGA A, ORTIZ I. Contributions of electrochemical oxidation to waste-water treatment: fundamentals and review of applications[J]. Journal of Chemical Technology and Biotechnology, 2009, 84(12): 1747-1755.

[12] CHEN G. Electrochemical technologies in wastewater treatment[J]. Separation and Purification Technology, 2004, 38(1): 11-41.

[13] GUO W, YANG S, XIANG W, et al. Minimization of excess sludge production by in-situ activated sludge treatment processes: a comprehensive review[J]. Biotechnology Advances, 2013, 31(8): 1386-1396.

[14] 穆永亮，李忠杰. 含油污水及含油污泥生化/物化处理技术的应用[J]. 石化技术，2016，23（3）：271-272.

[15] 王硕，于水利，付强，等. 处理含油废水的好氧颗粒污泥形成过程及其特性研究[J]. 环境科学学报，2015，35（6）：1779-1785.

[16] JAFARINEJAD S. Activated sludge combined with powdered activated carbon (PACT process) for the petroleum industry wastewater treatment: a review[J]. Chemistry International, 2017, 3(4): 268-277.

[17] HADI P, XU M, NING C, et al. A critical review on preparation, characterization and utilization of sludge-derived activated carbons for wastewater treatment[J]. Chemical Engineering Journal, 2015, 260(15): 895-906.

[18] LIN H, GAO W, MENG F, et al. Membrane bioreactors for industrial wastewater treatment: a critical review[J]. Critical Reviews in Environmental Science and Technology, 2012, 42(7): 677-740.

[19] MENG F, CHAE R, DREWS A, et al. Recent advances in membrane bioreactors (MBRs): membrane fouling and membrane material[J]. Water Research, 2009, 43(6): 1489-1512.

[20] 袁志宇，刘锋，陆大培. A/O-2/移动床生物膜反应器组合工艺处理炼油废水的中试研究[J]. 现代化工，2009，29（4）：79-81.

[21] JUDD S. A review of fouling of membrane bioreactors in sewage treatment[J]. Water Science and Technology, 2004, 49(2): 229-235.

[22] LE-CLECH P, CHEN V, FANE G. Fouling in membrane bioreactors used in wastewater treatment[J]. Journal of Membrane Science, 2006, 284(1): 17-53.

[23] ZHANG M, WANG J, ZHANG Z, et al. A field pilot-scale study of biological treatment of heavy oil-produced water by biological filter with airlift aeration and hydrolytic acidification system[J]. Environmental Science and Pollution Research, 2016, 23(5): 4919-4930.

[24] HODKINSON B, WILLIAMS B, BUTLER E. Development of biological aerated filters: a review[J]. Water and Environment Journal, 1999, 13(4): 250-254.

[25] FRISING T, NOÏK C, DALMAZZONE C. The liquid/liquid sedimentation process from droplet coalescence to technologically enhanced water/oil emulsion gravity separators: a review[J]. Journal of Dispersion Science and Technology, 2006, 27(7): 1035-1057.

[26] KUMAR A, HARTLAND S. Gravity settling in liquid/liquid dispersions[J]. The Canadian Journal of Chemical Engineering, 1985, 63(3): 368-376.

[27] DRIOLI E, ALI A, LEE M, et al. Membrane operations for produced water treatment[J]. Desalination and Water Treatment, 2016, 57(31): 14317-14335.

[28] 衣丽霞，董景岗. 陶瓷膜分离技术在含油废水处理中的应用研究[J]. 盐业与化工，2013，42（2）：18-21.

[29] 李爱阳，朱志杰. PAC 絮凝-膜分离法处理油田废水的研究[J]. 工业水处理，2008，1（2）：20-22.

[30] 聂士超，周晓吉，刘坤朋，等. 新型改性 PVDF 中空纤维膜直接分离模拟棕榈油废水的研究[J]. 膜科学与技术，2016，36（5）：16-23.

[31] ZHU Y, WANG D, JIANG L, et al. Recent progress in developing advanced membranes for emulsified oil/water separation[J]. NPG Asia Materials, 2014, 6(5): 101-123.

[32] 郝玉芳. 加压气浮法处理含油废水中溶气压力对出水水质的影响与应用研究[J]. 环境工程，2011，29（1）：441-443.

[33] 汪群慧，张健，翟学东，等. 微气泡气浮与溶气气浮预处理餐饮含油废水的研究[J]. 黑龙江大学自然科学学报，2008，25（6）：798-801.

[34] RUBIO J, SOUZA L, SMITH W. Overview of flotation as a wastewater treatment technique[J]. Minerals Engineering, 2002, 15(3): 139-155.

[35] 詹德利. 多孔树脂吸附气液相有机污染物的研究[D]. 杭州：浙江工业大学，2013.

[36] WAHI R, CHUAH A, CHOONG Y, et al. Oil removal from aqueous state by natural fibrous sorbent: an overview[J]. Separation and Purification Technology, 2013, 113(1): 51-63.

[37] YU L, HAN M, HE F. A review of treating oily wastewater[J]. Arabian Journal of Chemistry, 2017, 10(6): 1913-1922.

[38] LEE S, ROBINSON J, CHONG F. A review on application of flocculants in wastewater treatment[J]. Process Safety and Environmental Protection, 2014, 92(6): 489-508.
[39] CANIZARES P, MARTÍNEZ F, JIMÉNEZ C, et al. Coagulation and electrocoagulation of oil-in-water emulsions[J]. Journal of Hazardous Materials, 2008, 151(1): 44-51.

3 水包油乳状液的直流电场破乳

目前，直流电场是实际应用较为普遍的电破乳电场形式之一。Bailes 和 Larkai 通过研究一系列现象表明，乳状液在直流电场的直接作用下，分散相液滴会产生极化现象从而显电性，受到电场力的效果作用，使电泳运动现象增加，进而加大了液滴之间碰撞概率，提高原油的电分水效率。带电液滴在电场力的作用下向电极运动。运动的过程中同相液滴会发生碰撞从而发生聚结形成大水滴，进而使得油水分离。交流电场的电聚结形式和直流电场不同，交流电场中液滴是发生伴随震荡的不规则运动，聚结到一定程度发生破裂，进而形成破乳。脉冲破乳在 1981 年首次进行应用，研究表明高压脉冲电场破乳的效率更高。在进行脉冲电场破乳时，在高压情况脉冲电场效果明显优于直流电场，同时脉冲电场还能避免高压击穿的产生。2004 年，Ichikawa 等人的研究表明，电场作用力可以促进水包油型乳液中油滴的聚并析出，这一研究奠定了电破乳技术在水包油型乳液中应用的可行性。

3.1 直流电场对水包油乳液破乳的现象与效果

在 O/W 乳液中，油滴表面通常带负电。油滴表面电荷的主要来源是离子表面活性剂的吸附，另一部分是通过吸附水分子而被 OH^-离子化的。尽管在油滴表面上的 OH^-吸附机理尚不清楚，但可以确定 O/W 乳液中的油滴带负电，并且当油滴彼此靠近时，它们会产生排斥力。因此，扩散双电层理论也适用于 O/W 乳液。扩散双层的电势分布受无机盐离子、表面活性剂的类型和浓度影响。如果没有表面活性剂，则油滴的表面会吸附 OH^-，并且界面的两侧都会有离子分布。但是，在 O/W 乳液中，油滴表面的离子分布较窄，电位降也不大，因此油滴可能彼此靠近移动，系统非常不稳定，并且存在自动合并的势。如果在油-水界面处存在表面活性剂，则其分子链的极性末端会延伸到水中并吸收相反电荷的离子，从而导致在油滴表面扩散的双电层发生重排。如果油水乳液除表面活性剂外还含有大量的无机电解质，则双电层的厚度将被压缩，同时带相反电荷的离子也会挤入表面的表面活性剂层中，油滴会形成等电位层，容易造成油水乳液不稳定。

3.1.1 直流电场中水包油乳液的破乳现象与效果

在水包油（O/W）乳状液体系中，静电分离的研究比较少。为了实现高含油浓度水包油（O/W）型乳状液的电场破乳分水，对电絮凝技术的工作原理进行借鉴，进行静态电场破乳预分水实验。在油包水的乳状液中，油相和水相的电导率差异很大。在外加电场后，首先通过静电场可以使水滴发生极化，极化后的水滴在电场和相互吸引力的共同作用下发生碰撞聚结。这个过程包括运移聚结和偶极子聚结。在对乳状液理化特性进行量化表征以确保其稳定性的基础上，以预分水率为主要评价指标，对 3∶7 和 2∶3 两种体积比的水包油（O/W）型乳状液静态破乳与分水特性的影响因素进行了研究。

稳定的水包油（O/W）型乳状液的配置需要通过外力将有机相振荡分散为细小液滴，或通过表面活性剂来使乳状液处于相对稳定的状态。配置油水体积比 3∶7 水包油（O/W）型乳状液，取 30 mL 稀油和 70 mL 矿化水，置于 100 mL 具塞比色管中，置于 45 ℃恒温箱中。实验用石油在室温条件下呈固态。待石油呈液态时，按住管塞，通过 5 min 的匀速恒温振荡，形成体系均匀的乳状液。室温条件下静置，待冷却后不发生析水现象则视为乳化完全。2∶3 水包油（O/W）型乳状液的配置过程除油水配比不同外，其他步骤与上述过程一致。配置过程后发现，完成配置的乳状液可放在室温条件下长时间储存不会使乳状液乳化程度降低，并且室温条件下存放 24 h 以上的乳化效果更佳。完成一次电场破乳实验后，重新匀速恒温振荡使其乳化后室温静置 24 h，之后重新加热进行电破乳实验。

乳状液的配置效果直接影响实验结果。如果实验过程中发现，石油乳状液在水浴加热通电后，如果在 5 min 内迅速破乳，并有超过 50%的析水率，则说明实验前乳状液乳化不充分，立即停止实验并重新进行乳状液的振荡。实验过程中选取的均为静置 24 h 的稳定乳状液，避免乳化不充分对实验数据造成波动过大，影响结果判断。将配置好的乳状液放置实验所用的器皿中，放置 45 ℃恒温水浴加热，待石油呈液态时，插入电极，电极插入最深刻度要高于最大析水刻度，减少电解水现象产生。通过盖子严格固定好电极间距。实验采用的器皿盖电极间距为 15 mm。电场强度的改变仅通过改变电压大小来控制。通过实验过程中析水量的大小来判断破乳效果，每隔 10 min 左右记录一次析水量。最后通过析水曲线来判断不同含水率的乳状液的最佳破乳条件。

3.1.1.1 直流电场作用下低浓度水包油乳液的析水量的变化

油水体积比 3∶7 的乳状液在 45 ℃恒温静置的情况下约需要 5 h 时间，析水量将不再发生变化。油水体积比 2∶3 的乳状液静置 1 h 将不再发生析水，但析水量极少。而在通电情况下，认为在 60 V 直流电压下 2.5 h 之后析水量不再增加。实验中乳状液需要置于 45 ℃恒温水浴环境中，并伴随电解水的现象存在。实验结果显示无法达到 100%的析水量。根据实验前后乳状液的总体积进行对比，判断剩余水量的多少，进而判断破乳程度。实验中使用 铜电极进行电破乳实验，发生少量电极电解情况，经查找资料认为，二价铜离子对实验结果不产生影响。实验总结了 3∶7 和 2∶3 的乳状液破乳规律，分别进行 13~60 V 的电破乳实验，并记录析水量和时间的关系曲线。油水体积比 3∶7 的乳状液电破乳规律如表 3-1 所示。

根据表 3-1 的析水时间分析对比，水包油型油水体积比 3∶7 乳状液在低压直流电的过程中，电压越高对破乳效率提高越明显。并且当析水量达到 60 mL 后基本不再发生变化。在电破乳时间大于 70 min 后，乳状液的破乳速率明显下降。对于油水体积比 2∶3 的乳状液，电破乳规律时间分布如表 3-2 所示。

表 3-1 油水体积比 3∶7 乳状液电破乳时间

电压/V	时间/min										
	10	20	30	40	50	60	70	80	90	100	110
13	—	—	18	25	30	32	33	38	39	40	40
20	22	28	30	31	32	40	42	45	45	45	45
30	15	20	25	28	40	42	44	47	50	50	50
40	20	25	40	45	47	49	50	52	57	58	60
50	30	39	40	48	50	55	60	60	60	60	—
60	—	30	40	45	50	55	60	60	60	60	—

表 3-2 油水体积比 2∶3 乳状液电破乳时间

电压/V	时间/min										
	10	20	30	40	50	60	70	80	90	100	110
13	—	—	7	15	18	20	20	21	22	23	23
20	5	7	10	16	16	18	20	28	29	30	30
30	—	5	6	10	15	18	20	20	25	28	29
40	—	—	18	19	21	25	27	28	29	30	30
50	5	12	18	20	28	29	29	30	32	32	32
60	5	8	8	15	20	22	22	25	28	30	30

3.1.1.2 直流电场作用下高浓度水包油乳液的析水量的变化

由表 3-2 的析水时间得出，油水体积比 2∶3 的乳状液在低压直流电场作用下，认为析水量到达 30 mL 将不再析水。对比发现，油水体积比 2∶3 乳状液和油水体积比 3∶7 乳状液，按照原有的水体积相比，前者析水量更少，所需的析水时间更长。

在实验过程中，两种乳状液在析水过程中，析水被石油膜所包裹并附着在油层。由此判断实验过程中，析水量读数体积波动的原因之一为存在已析出的水被石油膜包裹留在石油层。实验过程中，最后一次读数用一次性滴管缓慢搅拌，充分分离油水两相。实验过程中还发现存在石油附着在容器壁的情况，影响析水量读数。后续的实验中，寻找方法或通过在实验所用的烧杯内壁涂抹能够防止石油附着在烧杯壁的物质且不影响电破乳实验效果，可增加实验结果的准确性。在通电过程中，存在乳状液中石油附着在正电极并向上蔓延的趋势。通电过程中，当电压达到 30 V 时，开始出现 0.01 A 微弱电流波动。电压到达 40 V 时，电流稳定在 0.01 A。分析过程，在电压达到 30 V 时，已经存在带电液滴可以排列连接成链的现象，因电压低，电场强度不足，无法形成稳定的链。但电压到达 40 V 后的场强足以支撑形成稳定的链，来促进液滴运动和维持电场不发生畸变。

已经过电破乳的乳状液，在室温条件下静置 24 h 后，继续施加电场，仍有一小部分水析出。根据现象，后续研究采用分段电破乳来提高破乳效率和减少能耗。高含油浓度的水包油（O/W）型乳状液在低压直流电场作用下破乳效果较差。后续实验对高含油浓度的水包油（O/W）型乳状液提高电压，观察高电压等级的析水速率。对于乳状液附着电极并蔓延的现象，后续采取精密测量附着电极的石油含水率，研究是否能通过此现象找到新的石油破乳分水的方法。

3.1.2 直流电场作用下低浓度水包油乳液的静态破乳现象与效果

电场用于分离油包水型乳液已有近一个世纪的历史。直到最近，才有学者（Ichikawa、Dohda 和 Nakajima）对低外加电场下致密水包油型乳液的电聚结进行了实验。DLVO 理论无法解释外加电场下油包水乳液的破乳化现象，因此 Ichikawa、Dohda 和 Nakajima 将 DLVO 模型扩展到了电场作用下的带电液滴。其他学者认为 Ichikawa 理论中关于电场作用下油滴表面电荷重排的假设不合逻辑。因为油滴表面的电荷量并不是恒定的，在吸附了某些功能离子后可能会增加。Hosseini 和 Shahavi 研究了非均匀电场下 O/W 乳液的破乳化，实验结果表明，非均匀电场下油滴的聚结也是由油滴表面电荷的重新分布引起的。最近，Vigo 和 Ristenpart 认为，水中油滴的聚结是由于交变电场产生的 EHD 流造成的。随后，Bhaumik 等人证实，电荷流动是由分散油滴周围的电场畸变引起的。Tucek 等人发现，电场可促进具有表面活性剂梯度的油滴运动。迄今为止，人们尚未研究过稀油/水乳液在电场作用下的分层和过程中的电流变化。本部分内容将说明电场和添加剂对稀油/水乳液破乳过程中分层和电流变化的影响。此外本部分内容还介绍了稀油/水乳液在直流电场中的破乳化效果及其机理。结果表明，稀油/水乳液的破乳化过程分为三个阶段：水层形成、横向扩散再乳化和油/水乳液上浮稳定。稀油/水乳液的电乳化存在一个临界电流。一些证据证实，含有表面活性剂的 O/W 型乳液体系在分层过程中会在高度方向上产生表面张力梯度。临界电流和表面张力梯度会导致不同乳液产生不同的破乳化过程和电流变化。

3.1.2.1 直流电场作用下低浓度水包油乳液的制备及检测

国内常见含油废水的含油量一般在 4%~5%（体积分数），因此采用搅拌桨制备油水乳化液，油水体积比为 1∶19。为了模拟实际含油废水，制备前在去离子水中加入了表面活性剂或电解质。本实验的目的是处理稳定的乳状液。实验开始时，我们让乳状液静置约 150 min，让混合物分离成浓乳状液和稀乳状液。然后，将稀释乳液倒入长方形有机玻璃器皿中进行实验。稀释乳液的含油量通常低于 0.45%（体积分数），即使不添加表面活性剂或电解质，稀释乳液也能稳定数天。实验用油选用美孚 DTE-24（黏度等级为 ISO VG32）液压油。添加剂为十二烷基硫酸钠（SDS）、吐温 80 和氯化钠（分析纯）。仪器方案是由一个长方形有机玻璃器皿（110 mm × 51 mm × 60 mm）组成，其中固定了两个长方形平行钛板作为电极。阳极表面涂有铱。两块板的间距为 50 mm。每次实验的液面稳定在 100 mm。通过测量顶层乳液的位置与时间的关系来确定破乳速率。直流电流来自电流表。制备了不含任何表面活性剂或电解质的纯 O/W 型乳液。

3.1.2.2 直流电场作用下低浓度水包油乳液的破乳过程

直流电场下 O/W 型乳液的破乳化可行性及其过程行为如图 3-1 所示，所施加的电压为 10 V。施加电压后，乳液立即被分为三层。容器底部为透明水层，靠近阳极的透明水层高度高于阴极。中间层的含油量低于顶部乳液层。80 min 时，阴极附近中间层的液滴水平扩散到阳极附近的水层，水层迅速消失。横向扩散结束后，中间层与顶层乳液层的分界线继续上升并最终稳定。大量实验结果表明，稀油/水乳液的完整破乳过程可先后分为三个阶段：水层形成、横向扩散再乳化和上浮-稳定。

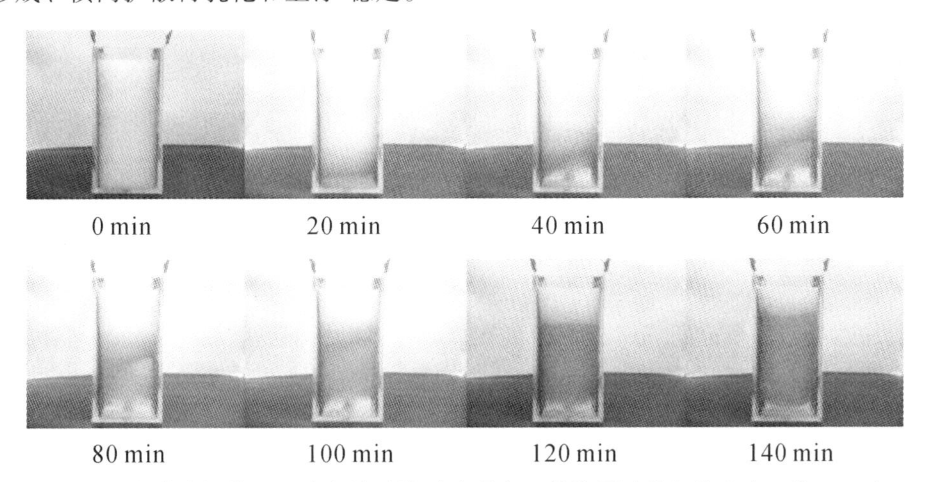

图 3-1　直流电场作用下水包油乳液破乳现象及其作用过程行为（电压为 10 V）

在含盐乳液中加入 0.1 mmol/L 的氯化钠。外加电场对纯乳液和添加 NaCl 的乳液破乳的影响。分层率随着施加电压的增加而上升，即使纯乳液的电压超过 40 V 和含盐乳液的电压超过 30 V，也会导致水明显电解。非常重要的一点是，在破乳化过程中，顶层乳化层不会消失，并在最后保持稳定的一定厚度。显示了外加电场对含表面活性剂乳液破乳的影响。很明显，顶层乳液在破乳化过程中消失了，这与不含表面活性剂的体系不同。

不含任何表面活性剂的乳液在破乳化过程中的电流变化很明显，电流曲线分为上升段和平坦段两部分，不同部分分别指向乳化过程的不同阶段。在水层形成和横向扩散再乳化的破乳化阶段，整个乳化体系的电导率逐渐变大，电流也随之同步增大。在乳化液破乳的上升-稳定阶段，乳化液顶层的高度达到了一个恒定值，通过整个乳化液的电流也达到了一定值。在实验中发现，30 V 时电流的明显下降是由水的电解造成的。

当顶层乳液的高度在破乳化过程结束时保持稳定时，电流也保持稳定。这意味着分层的结果与电流有关。一般来说，乳液的含油量越高，导电率越小。在破乳过程的最后阶段，顶层乳液的厚度变薄，顶层乳液的含油量增加。顶层乳状液的电导率随着含油量的增加而降低，因此通过顶层乳状液的电流变得很小。当顶部乳液区电流产生的电场太弱，无法促进油滴移动和聚结时，分层就会停止。这表明存在一个临界电流，可以破坏一定含油量的乳状液。实验中发现了添加表面活性剂的乳液破乳过程中的电流变化。与破乳时的电流变化相比，含表面活性剂的乳液破乳时的电流变化有一个主要区别。在破乳化的第三阶段，当顶层乳液慢慢变薄时，电流有明显下降的趋势，而纯乳液在同一阶段的电流则比较稳定。在含表面活性剂的乳液破乳时的电流变化中，30 V 时电流的明显下降是由水的电解造成的。

3.1.2.3　直流电场作用下低浓度水包油乳液的破乳行为及其规律

为了验证临界电流的假设，对乳化液施加了 3 V 的电压。在实验中，不含任何表面活性剂的乳液的破乳化过程仅处于水层阶段，水层高度低于 10 mm。对于含有表面活性剂的乳液，在 3 V 电压下没有观察到明显的分层现象，但在 10 V 电压下出现了完全的破乳化过程。在 3V 电压下乳化时的电流变化进行了实验。同样，在实验过程中，不同乳液的电流基本保持一致。根据上述结果，可以确定破乳过程中存在临界电流。在此，我们将能使乳化液破乳的最小电流定义为临界电流。

对于含有表面活性剂的乳液，在分层过程中，表面活性剂在乳液的高度方向上造成了表面张力梯度。表面张力梯度导致乳化液顶层的许多油滴向下移动，从而使通过整个乳化液的电流减小。然而，由于顶层乳状液向下扩散，顶层乳状液含油量的减少增强了通过该层的电流，该电流大于该层的临界电流，导致顶层乳状液持续破乳直至消失。由于在纯乳液和添加氯化钠的乳液中不存在表面张力梯度，因此在实验中顶层乳液没有消失，电流也没有降低。

因此，通过实验研究发现稀油/水乳液在低压直流电场下的破乳化过程通常可分为三个阶段：水层形成、横向扩散再乳化和上浮稳定。并且通过总结规律，可得到乳液分层率随直流电压的升高而增加。稀油/水乳液的电乳化存在一个临界电流。当通过乳液的电流小于临界值时，稀油/水乳液的破乳化将不会发生或停止。在临界电流和表面张力梯度的影响下，乳液会出现不同的分层现象。对于纯乳液或含盐乳液，乳液顶层的最终高度和电流在破乳化末端保持不变，但对于添加了表面活性剂的乳液，乳液顶层消失，电流明显降低。

3.1.3 直流电场作用高浓度水包油乳液的静态破乳现象与规律

尽管乳液系统已广泛应用于许多工业领域，但在化学工业中，乳液的形成并不总是理想的。在溶剂萃取过程中形成乳状液尤其不可取，因为在乳状液被分离成油和水之前，整个过程都会停止。乳状液有两种形式：水包油（O/W）和油包水（W/O）。可通过几种化学和物理方法加速 O/W 型乳状液的破乳化。化学方法包括使用破乳剂或酸或碱。虽然用于反乳化的化学品会影响油滴的界面特性，从而提高油滴的聚结率，但它们不可避免地会污染净化系统。因此，化学方法并非首选。物理方法包括使用热、电场、过滤、膜或织物应用。这些物理方法被认为可以增加油滴的接触频率。从设备和破乳化过程的简便性来看，电破乳化是破坏 O/W 型乳液的最佳方法。

由于从原油中静电分离水是石油工业的关键技术之一，因此人们对高电场下 W/O 型乳液的破乳化进行了广泛的研究。然而，对 O/W 型乳液的电破乳作用的研究还不多。对油/水乳液施加高电场不可避免地会引起水溶液和电极的电解，从而导致化学产品的污染。低电场下 O/W 型乳液的破乳化被认为是一个缓慢的过程，其诱因包括液滴向电极的电泳、通过在电极上电解减少油滴的表面电荷，或通过电解金属电极导致作为破乳化剂的金属离子浓度增大。低电场对油滴界面特性的物理影响尚未得到详细研究[1]。

在部分内容中，用实验证明通过施加低电场可将致密的油包水型乳液分离成水和油。这种现象不是由于油滴的电解或电泳，而是由于静电降低了油滴聚结的能障高度。研究发现，通过施加 1~10 V/cm 的低电场，可诱导致密的水包油（O/W）乳液快速破乳。破乳同时发生在两个电极之间的整个空间。稀释的油包水型乳液只有在靠近电极时才会在液滴电泳凝结后发生破乳，这表明油滴通过薄水层相互接触是快速破乳的必要条件。增大电解质的浓度会加速破乳，而增大离子表面活性剂的浓度则会延缓破乳。使用非离子聚合物表面活性剂稳定的油包水型乳液不会破乳。油包水型（W/O）乳液不会破乳，即使其化学成分与油包水型乳液相同。应用频率高于 10 kHz 的交变电场也不会导致破乳。所有这些证据都有力地表明，施加低电场会导致油滴表面电荷的重新排列，从而降低油滴聚结的能障高度。

3.1.3.1 直流电场作用下高浓度水包油乳液的制备及检测

甲苯（$C_6H_5CH_3$，油类）、十二烷[$CH_3(CH_2)_{10}CH_3$，油类]、四氯化碳（CCl_4，油类）、苄醇（$C_6H_5CH_2OH$，油类）、苄醚[$(C_6H_5CH_2)_2O$，油类]、硫酸钠（Na_2SO_4，电解质）、十二烷基硫酸钠（SDS，离子表面活性剂）和聚氧乙烯山梨醇单月桂酸酯（吐温 20，非离子表面活性剂）。这些化学品的纯度均超过 99%。3(4),8(9)-双(羟甲基丙烯酸酯)-三环[5.2.1.02,6]癸烷（CH_2-$CHCOOCH_2C_{10}H_{14}CH_2OCOCH$-$CH_2$）和甲苯按 45∶55 体积比的混合物。这是一种典型的溶液，在溶剂萃取过程中会产生不理想的 O/W 型乳液。实验中将其命名为甲苯混合物。油中的水溶性杂质用等量的蒸馏水洗涤 5 次后去除。在分离漏斗中振荡油水混合物 100 次以上，即可用于制备乳剂。油水的体积比通常为 4∶1~3∶1。如有必要，可在振荡前向蒸馏水中添加表面活性剂或电解质。然后让混合物静置一段时间，以便将其分离为油层、乳液层和水层。乳液层不仅由 O/W 或 W/O 型乳液颗粒组成，还分别由乳液颗粒包围的大水滴或油滴组成。乳化层被倒入一个矩形玻璃容器中，用于测量破乳过程中的破乳速率。

低电场下，实验仪器由一个矩形玻璃容器组成，容器中固定了两个矩形不锈钢板作为电极。用电压表测量乳化层中内部电场的强度，电压表上有两个插入乳化层的屏蔽铜电极。在破乳化过程中，由于溶液电阻和电极表面状态的变化，内电场在±10%内波动，因此使用时间平均值作为内电场强度。破乳化量是通过用刻度尺测量任何生成的油层高度的增加来确定的。乳剂层的动态变化由传统摄像机或 NaC HSV-1000 高速摄像机拍摄。乳化液液滴的大小用显微镜来进行测量。

3.1.3.2 直流电场作用下高浓度水包油乳液的破乳过程及规律

实验中水和甲苯混合物的体积比为 1∶4，通过振荡制备了甲苯混合物的 O/W 型乳液。乳液中的水含量约为 60%（体积分数），这是由于乳液颗粒周围存在大水滴。假定乳液颗粒具有紧密堆积的结构，乳液中的水含量预计为 20%~30%。图 3-2 显示了在两个相距 2 cm 的电极上施加 30 V 电压后乳液的动态行为。内部电场强度约为 13 V/cm。施加电场后，立即观察到破乳化现象。破乳现象不是发生在其中一个电极附近，而是发生在电极之间的整个空间。乳化液液滴聚结产生的大油滴猛烈地上升到油层中，因此乳化液层在破乳化过程中看起来就像沸腾的水。破乳过程在 30 s 内完成，留下透明的下水层、未施加电场的白色乳液层和透明的上油层。电场诱导的破乳化也发生在含水量为 30%（体积分数）的水包油型乳液上，该乳液是通过以 1∶10 的体积比摇动水和甲苯混合物制备的。摇动 1∶1 的水和甲苯混合物得到的水包油型乳液即使施加超过 20 V/cm 的电场也不会破乳。

使用导电碳片作为电极也能观察到 O/W 型乳液的快速破乳现象。因此，破乳不是由金属电极的电解引起的。快速破乳并非由于乳液液滴的电解，因为用滤纸将乳液层与电极分离并不影响破乳速度。实验中，拍摄了甲苯混合物的 O/W 型乳液的高速视频，试图获得有关破乳过程的信息，但视频并不有用，因为乳液液滴的运动过于剧烈，无法获得任何有关破乳初始阶段的信息。进一步，在图 3-3 显示了在两个相距 2 cm 的电极上施加 30 V 电压之前和期间从高速视频中捕获的 $C_6H_5CH_2OH$ 的 O/W 型乳液帧（上图），以及它们的示意图（下图）。使用 $C_6H_5CH_2OH$ 的 O/W 乳状液代替甲苯混合物，是因为乳状液液滴在破乳化过程中的运动比甲苯混合物慢得多，这可能是由于 $C_6H_5CH_2OH$（1.04）和水的比重相差很小[2]。对 $C_6H_5CH_2OH$ 的 O/W 乳化液施加电场会导致油滴聚结，在图 3-3 中可以看到白色的线。水平白线的出现表明，聚结是由相邻油滴之间的电场差引起的。甲苯混合物和 $C_6H_5CH_2OH$ 的 O/W 型乳液的动态行为强烈表明，破乳化是由电场诱导的油滴聚结引起的。

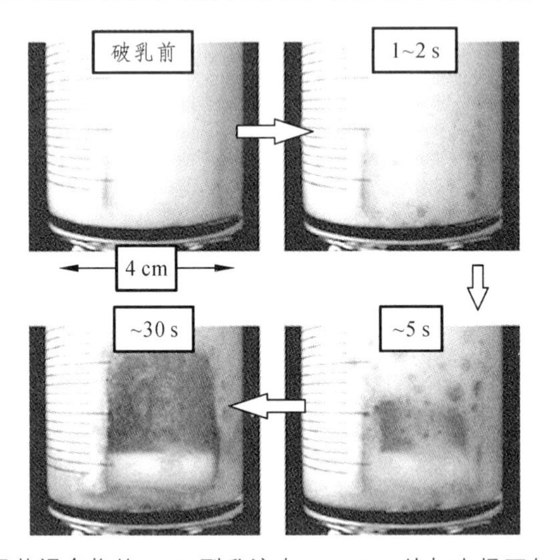

图 3-2　甲苯混合物的 O/W 型乳液在 13 V/cm 外加电场下的动态行为

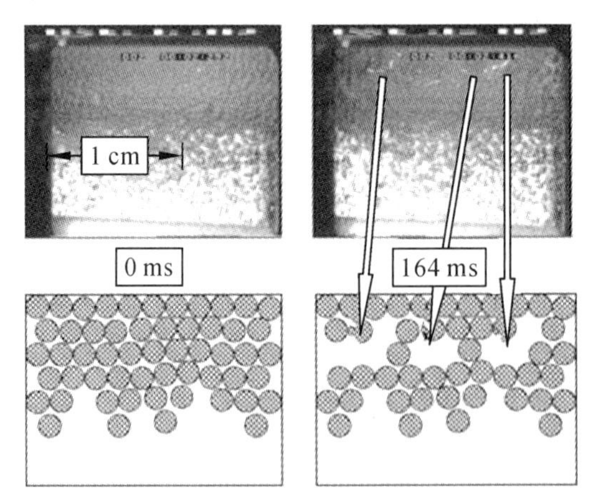

图 3-3　在 13 V/cm 的外加电场下，$C_6H_5CH_2OH$ 的 O/W 型乳液的动态行为（上图）及其示意图（下图）

研究发现，体积比为 2∶1 的 $C_6H_5CH_2OH$ 和苯的混合物是最好的 O/W 型乳液体系之一，可以在任何实验室中演示外部电场对破乳化的巨大影响。对图 3-2 所示容器中的 O/W 型乳液施加 10 V 的外部电场可立即导致破乳，乳液在无电场条件下的寿命只有几分钟，时间太短，无法获得任何有关外部电场影响的定量信息。通过对 $(C_6H_5CH_2)_2O$ 的稀油/水乳液施加电场，观察到了油滴的电泳现象。以 1∶2 的体积比摇动油水混合物制备的$(C_6H_5CH_2)_2O$ 的 O/W 乳液产生的乳液液滴没有形成乳液层，而是分散在水层中。对稀释乳状液施加低电场会导致油滴在阳极附近凝结，油滴在阳极附近聚结。

使用 SDS（一种典型的离子型表面活性剂）稳定的 $C_6H_5CH_3$、$CH_3(CH_2)_{10}CH_3$ 和 CCl_4 的 O/W 型乳液也在低电场作用下发生了破乳化，但破乳化速度要慢得多。用吐温 20（一种典型的非离子聚合物表面活性剂）稳定的相同油类的 O/W 型乳液在低电场作用下没有破乳。表 3-3 总结了乳液在低电场下的表现。表 3-3 表明，在外加电场下被破乳化的乳液必须满足以下三个条件：① 乳状液不是 W/O 型，而是 O/W 型；② 乳状液微粒彼此紧密接触；③ 乳状液微粒彼此分离是由于微粒表面电荷产生的静电力，而不是由于微粒周围聚合物分子的立体效应。

表 3-3　低电场对几种油和表面活性剂制成的高浓度乳液的影响

乳液类型	化学成分	水分含量/%	电场的影响
O/W	甲苯混合物	~60	破乳
O/W	甲苯混合物	~30	破乳
W/O	甲苯混合	未知	无影响
O/W	$C_6H_5CH_2OH$	~30	破乳化
O/W	$(C_6H_5CH_2)_2O$	>90	电泳
O/W	$C_6H_5CH_3$+SDS	~30	破乳化
O/W	$C_6H_5CH_3$+SDS	>90	电泳
O/W	$CH_3(CH_2)_{10}CH_3$+SDS	~30	破乳化
O/W	CCl_4+SDS	~30	破乳化
O/W	CCl_4+Tween 20	<30	无影响
O/W	$C_6H_5CH_3$+Tween 20	<30	无效果
O/W	$CH_3(CH_2)_{10}CH_3$+Tween 20	<30	无效果

外部电场对甲苯混合物 O/W 型乳液破乳的影响研究中，显示了电场对甲苯混合物 O/W 乳化液破乳的影响。乳液层由直径 100~200 μm 的油滴和被油滴包围的大水滴组成。乳液层中的水含量约为 60%。用于测量破乳化的仪器由 5.5 cm × 6 cm 的玻璃容器组成，容器中平行固定着两个 4 cm × 5 cm 的矩形电极，两电极之间的距离为 5 cm。在电极上施加小于 4 V 的电压时，几乎不会在乳液层中产生电场，因为静电势的下降只发生在电极的双电层中。将施加的电压提高到 5 V 以上会加速破乳过程。随着施加电压的增大，破乳速度也在加快，但当施加电压超过 30 V 时，水和电极会发生剧烈的电解。由于电极之间乳化层的体积随着破乳化的进行而减小，因此破乳化的速度不断降低。

交流电场对甲苯混合物 O/W 乳化液破乳的影响。施加的电压为矩形波，峰电压为 20 V，占空比为 50%，实验中通过研究发现交变电场对甲苯混合物 O/W 乳化液破乳的影响。所施加的电场为矩形波，峰峰电压为 20 V，占空比为 50%。应用频率高于 10 kHz 的交变电场不会导致破乳，这表明乳液液滴在水中的聚结需要超过 0.1 ms。

电解质对电场诱导甲苯混合物 O/W 乳化液破乳的影响研究中，通过探究发现电解质对破乳化的影响规律如下。在水中加入多达 5 mmol/L 的 Na_2SO_4 会加速电场下的破乳化，但不会加速无电场下的破乳化。加速的原因可能是电解质部分补偿了油滴的表面电荷，从而降低了乳液液滴的表面静电势。电解质增加超过 5 mmol/L 会导致电极迅速电解[3]。

电场对含有 3 mmol/L SDS 的 CCl_4 水 O/W 乳化液破乳的影响研究中，显示了电场对含有 3 mmol/L SDS 的 CCl_4 水 O/W 乳化液破乳的影响。乳化层由直径约为 80 μm 的油滴组成，油滴的直径相当均匀，乳化层中的水含量约为 30%。乳化速度随着电场的增大而加快，但比甲苯混合物的乳化速度要慢得多。虽然 SDS 是一种电解质，但水中 SDS 浓度的增大并不会导致破乳速率的增大，反而会导致破乳速率的降低。下降的原因是油滴表面的 SDS 阴离子密度增大导致表面电位升高，从而抵消了水中离子浓度增加导致的表面电位下降。

3.1.3.3 直流电场作用下高浓度水包油乳液的破乳行为及其理论分析

由紧密排列的带电油滴组成的 O/W 型乳液在低电场下发生破乳现象表明，电场通过静电相互作用干扰了乳液的稳定性。根据 DLVO 理论，离子溶液中带电胶体或乳液颗粒的稳定性取决于它们之间两种作用力的平衡。它们是具有吸引力的范德华力和通常具有排斥性的静电力。静电力又分为麦克斯韦静电应力和因离子浓度不同而产生的渗透压，渗透压由液滴之间的静电势分布决定。如果总力为排斥力，则两个乳液颗粒不会聚结。Hogg 等人推导出离子溶液中两个带电粒子的静电势能（U_E），其计算公式为

$$U_E = \pi\varepsilon_1 a_1 a_2 a_1 + a_2(\varphi_1+\varphi_2)^2 \log(1+e^{-\kappa H}) - \pi\varepsilon_1 a_1 a_2 a_1 + a_2(\varphi_1-\varphi_2)^2 \log 1 1 - e^{-\kappa H} \quad (3\text{-}1)$$

式中 a_i，φ_i——第 i 个粒子的半径和表面电势；

ε_1——水的介电常数；

H——两个粒子表面之间的最小距离；

κ——德拜-休克尔（Debye-Hückel）倒数长度，其计算公式为

$$\kappa = 2nz^2e^2(\varepsilon_1 kT) \quad (3\text{-}2)$$

式中 n，z—— 溶液中离子的数量密度和价数；

e——电子电荷；

k——玻尔兹曼常数；

T——绝对温度。

公式（3-1）仅适用于 φ_i 值小于 50 mV 的情况，因为该公式是通过使用 $e-x \approx 1-x+x^2/2$ 的近似值推导出来的。值得注意的是，由于 $0 < e-\kappa H < 1$，公式（3-1）右边的第一项和第二项总是分别为正和负。因此，第一项和第二项分别有助于乳化液的稳定和失稳。

在无外加磁场的情况下，两个粒子的表面电势分别为如下公式所示：

$$\varphi_0 = \sigma_0 2\varepsilon nz^2e^2/(kT) \quad (3\text{-}3)$$

φ_0 的值通常小于 100 mV。将式（3-3）代入式（3-1）即可得出

$$U_E = 2\pi\varepsilon_1 a\varphi_0^2 \log(1+e^{-\kappa H}) \quad (3\text{-}4)$$

式（3-4）给出的静电能量随 H 的减小而单调增加，这表明静电能量阻止了乳液颗粒的

聚结。外部电场有可能改变静电能量，从而导致两个乳液液滴的聚结。图 3-4 显示了 E_0 外电场对半径为 a 的相邻乳液液滴表面电位的作用。如果电荷固定在液滴表面，则外部电场不会干扰表面电荷的分布。因此，表面电势可以简单地表示为外加电势与 φ_0 之和。以相邻液滴中间的电势为标准，相邻表面的静电电势为

$$\varphi_1=\varphi_0-E_0H/2\approx\varphi_0,\ \varphi_2=\varphi_0+E_0H/2\approx\varphi_0 \tag{3-5}$$

因为 $E_0H/2$ 的值通常比 φ_0 的值小得多。因此，外部磁场对乳液液滴的稳定性没有影响。

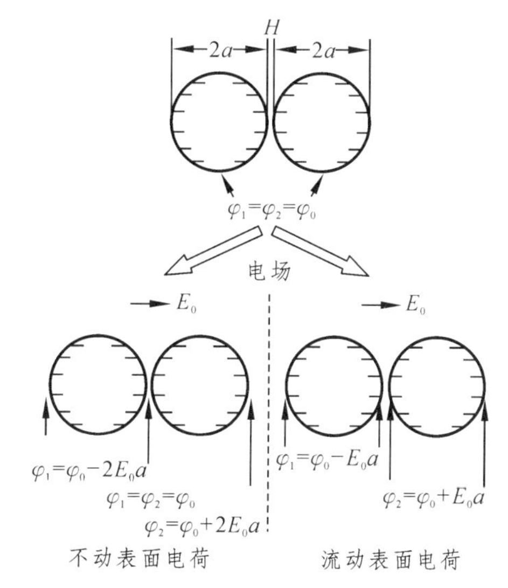

图 3-4　外电场 E_0 对半径为 a 的带电乳液粒子表面电势 φ 的影响

现在，让我们来考虑一下，如果乳液液滴上的电荷像金属中的传导电子一样自由移动，会发生什么情况。我们可以把液滴看作浸入离子溶液中的两个金属球。对金属球施加外部电场会导致表面电荷的感应，从而补偿表面外部电势的不均匀性。在均匀平行电场 E_0 下的表面静电势由 E_0x 给出，其中 x 是球体中心的位置。假设液滴的半径相同，则相邻表面的静电电势为

$$\varphi_1=\varphi_0-E_0a,\varphi_2=\varphi_0+E_0a \tag{3-6}$$

将公式（3-6）代入公式（3-1）即可得出

$$U_E=2\pi\varepsilon_1 a\varphi_0^2\log(1+e^{-\kappa H})-2\pi\varepsilon_1 a(E_0a)^2\log 11-e^{-\kappa H} \tag{3-7}$$

式（3-7）中的第一项和第二项分别对乳液的稳定和不稳定起作用。第一项的值随 φ_0 的减小而减小，因此 SDS 浓度的降低或水中离子浓度的增大会加速电场诱导的破乳化。第二项的绝对值随 E_0 的增大而增大，因此外电场的增大会加速破乳作用。第二项随着相邻乳液颗粒之间的分离距离 H 的增大而迅速减小，因此电场诱导破乳化仅对致密的 O/W 型乳液有效。使用非离子聚合物表面活性剂稳定的乳液不会因外部电场而破乳，因为它们不是通过静电作用而是通过吸附在乳液液滴表面的聚合物分子的立体效应而稳定的[4]。

为了估算外部电场对乳液稳定性的影响，我们将带电的 O/W 型乳液液滴视为具有近似无限量正负电荷的金属颗粒。这可能是一个过于简单的假设，因为乳液液滴只有表面上的

带电粒子数量是无限的。不过，只要表面的带电粒子是流动的，讨论的实质内容就适用于实际的 O/W 型乳液体系。

3.2 直流电场对水包油乳液破乳的过程机理分析

在 DLVO 理论的框架下，通过求解离子的斯莫卢霍夫斯基（Smoluchowski）扩散方程和静电场的泊松（Poisson）方程，对外部低电场下高密度水包油型乳液的快速破乳化进行了理论分析。该理论揭示了外加磁场诱导破乳的如下机理：① 外加场诱导水相中离子的稳态电流，进而在水相中产生电场。② 水相中的电场会重新排列油滴的表面电荷，以补偿每个油滴表面的电场梯度，从而导致静电表面电位极化。③ 极化降低了油滴在重叠扩散电双层中的排斥渗透压，从而加速了破乳化。

3.2.1 基于 DLVO 理论的泊松-斯莫卢霍夫斯基方程

乳液体系在热力学上并不稳定。乳液液滴的聚结总是会降低体系的自由能，因为聚结会导致总表面积的减小，从而降低乳液液滴的总表面能。乳液体系的稳定性取决于聚结速度。聚结速度取决于阻止两个液滴接近的势能屏障的高度。如果势能障远高于热能，则聚结率几乎为零，乳状液看起来也很稳定。

我们在 3.1 节中已经证明，通过对水包油（O/W）乳液施加低电场，可以显著降低乳液的势能垒的高度。根据 DLVO 理论，带电的 O/W 型乳液油滴的势能垒高度由范德华力和静电力决定。静电力是麦克斯韦电场应力和渗透压之和。范德华力和麦克斯韦应力总是有吸引力的，而渗透压通常是排斥性的。静电力由相邻液滴之间重叠扩散电双层中的静电势和离子分布决定。因此，要了解外部电场诱导破乳的机理，就必须知道外加电场对乳液液滴周围分布的影响。然而，由于以下原因，迄今为止提出的 DLVO 理论并不能直接适用于外加电场下的 O/W 型乳液。在确定分布时，DLVO 理论使用的泊松-玻尔兹曼方程如下：

$$\nabla^2\varphi = -e\varepsilon_1 \sum i n_i z_i \exp - z_i e\varphi kT \tag{3-8}$$

式中 φ——静电势；

e——电子电荷；

ε_1——水相的介电常数；

T——绝对温度；

k——玻尔兹曼常数；

n_i——静电势为零的参比溶液中价数为 z_i 的离子浓度。

泊松-玻尔兹曼方程是静电泊松方程和统计玻尔兹曼分布的结合。玻尔兹曼分布无法处理水相中离子电流产生的静电势分布。因此，如果将泊松-玻尔兹曼方程应用于由两个电极提供外场的乳化液系统，则除了电极的扩散电双层外，该方程在溶液中不会产生外场。要从理论上解释外部电场的破乳化作用，就需要另一个基本方程。

本部分内容采用泊松方程和斯莫卢霍夫斯基扩散方程的组合（泊松-斯莫卢霍夫斯基方

程）来代替泊松-玻尔兹曼方程，因为扩散方程适用于在外部场作用下产生离子流的系统。由于将泊松-斯莫卢霍夫斯基方程应用于乳状液系统是一个新的尝试，我们将首先通过比较泊松-斯莫卢霍夫斯基方程和泊松-玻尔兹曼方程分别得出的静电势和无外场条件下带电油滴周围离子的空间分布来检验该方程的有效性。然后，将通过研究外电场对油滴周围和油滴上离子分布的影响，分析外电场对乳液稳定性的影响。研究表明，外部电场与不在水中而在油滴表面的离子之间的库仑相互作用会导致破乳。

然后，通过对表面电荷应用泊松-斯莫卢霍夫斯基方程和泊松-玻尔兹曼方程，就可以得到液滴表面电荷和表面电势的分布。研究表明，液滴表面的带电粒子会重新排列，以减小外部磁场引起的电位差。最后，将通过计算阻止两个带电液滴聚结的势能屏障，分析外部磁场对乳液稳定性的影响。结果表明，微弱的外场很容易破坏乳液的稳定性。为了简化公式，我们将假设正负离子的价数相同，且油滴的直径远大于扩散电双层的厚度[5]。

3.2.1.1 泊松-斯莫卢霍夫斯基方程的有效性

粒子在势场 U 下的热运动一般用斯莫卢霍夫斯基扩散方程表示：

$$\partial WD\partial t = \nabla\nabla W + WkT\nabla U \tag{3-9}$$

式中 W，D——粒子的数量密度和扩散常数；

k——玻尔兹曼常数；

T——绝对温度；

U——势能。

在稳态条件下，公式（3-9）简化为

$$\nabla\nabla W + WkT\nabla U = 0 \ or \ D\nabla W + WkT\nabla U = J \tag{3-10}$$

式中 J——粒子的稳态流动。

在没有粒子流的情况下，式（3-10）简化为玻尔兹曼分布函数，即

$$\nabla WW = \nabla UkT = \nabla \log W + UkT = 0W = W_0 \exp - UkT \tag{3-11}$$

因此，斯莫卢霍夫斯基方程包含了玻尔兹曼分布函数。将公式（3-11）应用于水中的正离子和负离子，在静电势 φ 下，离子价分别为 z，离子数密度分别为 C 和 A。

$$\nabla\nabla C + zekTC\nabla\varphi = 0 \tag{3-12}$$

$$\nabla\nabla A + zekTA\nabla\varphi = 0 \tag{3-13}$$

通过泊松方程，静电势与离子的空间分布连接为

$$\nabla^2\varphi = -\rho\varepsilon_1 \tag{3-14}$$

式中 ε_1——水的介电常数；

ρ——电荷密度，$\rho=ze(C-A)$。

以上公式的左右两边的组合构成泊松-斯莫卢霍夫斯基方程。泊松-斯莫卢霍夫斯基方程被视为泊松-玻尔兹曼方程的扩展形式，即使在存在离子电流的情况下也适用。通过求解泊松-斯莫卢霍夫斯基方程，可以得到外电场下离子的空间分布[6]。然而，由于该方程是非线

性的，因此无法获得解析解。因此，我们采用以下线性近似方法。

将公式（3-13）从公式（3-12）中减去，得出

$$\nabla\nabla\rho + z^2e^2kT(C = A)\nabla\varphi = 0 \tag{3-15}$$

假设整个水溶液中离子 C+A 的总浓度恒定不变，公式（3-15）简化为

$$\nabla^2\rho + 2n_0z^2e^2kT\nabla^2\varphi = 0 \tag{3-16}$$

式中　$2n_0$=C+A

将式（3-14）代入式（3-16）可得出以下线性微分方程

$$\nabla^2\rho - \kappa^2\rho = 0 \tag{3-17}$$

式中　κ——德拜-休克尔倒数长度，定义如下：

$$\kappa = 2n_0z^2e^2\varepsilon_1kT \tag{3-18}$$

将式（3-17）的解代入式（3-14）即可得到确定静电位的方程。需要注意的是，必须根据确定的静电势重新计算电荷分布，而不能使用线性近似；否则会导致乳化液的破坏，因为线性近似是基于离子浓度恒定的假设，因此渗透压为零。这一过程是一种扰动处理，也被用于 DLVO 理论。可以证明，泊松-斯莫卢霍夫斯基方程的线性近似与泊松-玻尔兹曼方程的德拜-休克尔近似具有相同的精度，如下所示。使用极坐标对以上公式进行坐标转换，得到

$$1r\partial^2\partial r^2(r\varphi) + 1r^2\sin\theta\partial\partial\theta\sin\theta\partial\varphi\partial\theta = -\rho\varepsilon_1 \tag{3-19}$$

$$1r\partial^2\partial r^2(r\rho) + 1r^2\sin\theta\partial\partial\theta\sin\theta\partial\rho\partial\theta = \kappa^2\rho \tag{3-20}$$

半径为 a、表面电荷密度为 σ、介电常数为 ε_d 和静电势为 φ_d 的油滴的静电边界条件如下所示：

$$\varepsilon_d\partial\varphi_d\partial r - \varepsilon_1\partial\varphi\partial r_{r=a} = \sigma \tag{3-21}$$

$$[\varphi_d]_{r=a} = [\varphi]_{r=a} \tag{3-22}$$

由于液滴中不存在电荷，因此液滴中的静电势必须满足下式，而不是公式（3-19）。

$$1r\partial^2\partial r^2(r\varphi_d) + 1r^2\sin\theta\partial\partial\theta\sin\theta\partial\varphi_d\partial\theta = 0 \tag{3-23}$$

远离液滴的静电电势等于外加电势 V，因此

$$[\varphi]_{r\to\infty} = V \tag{3-24}$$

公式（3-24）也是一个边界条件。由于液滴表面没有离子电流的法线分量

$$\partial_\rho\partial r + \varepsilon_1\kappa^2\partial\varphi\partial r_{r=a} = 0 \tag{3-25}$$

由公式（3-16）得出的是 φ 和 ρ 的边界条件。由于 φ, φ_d, ρ 和 σ 并不依赖于 θ，因此很容易得到无外力作用下的解。公式（3-20）在 $r\to\infty$处有限的解为

$$\rho = Ae^{-\kappa r}r \tag{3-26}$$

式中，A 为常数。将式（3-26）代入式（3-19）后，对式（3-19）进行两次积分，得出

$$\varphi = -Ae^{-\kappa r}\varepsilon_1\kappa^2 r + C_1 + C_2 r \tag{3-27}$$

这里的 C_1 是一个常数，因为在 $r\to\infty$处 $\varphi=0$，所以为零。C_2 是一个常数，将式（3-27）代入式（3-25），可以确定为

$$-\varepsilon_1\kappa^2 C_2 a^2 = 0, C_2 = 0 \tag{3-28}$$

公式（3-23）在 $r=0$ 处的有限解由 φ_d=常量给出。根据公式（3-21）可以得出 A 的值为

$$A = -\kappa^2 a^2 e^{\kappa a}\sigma_0(a\kappa + 1) \tag{3-29}$$

式中　σ_0——液滴的表面电荷密度。

液滴周围的电荷密度和静电势最终确定为

$$\rho = -\kappa^2 a^2 \sigma_0 e^{-\kappa(r-a)}(\kappa a + 1)r \tag{3-30}$$

$$\varphi = a^2 \sigma_0 e^{-\kappa(r-a)}\varepsilon_1(\kappa a + 1)r \tag{3-31}$$

这些结果与使用 $n_0 e^{\pm ze\varphi/kT}\approx n_0(1\pm ze^{\varphi/kT})$关系的德拜-休克尔近似值下的泊松-玻尔兹曼方程得到的结果相同。因此可以得出结论，泊松-斯莫卢霍夫斯基方程适用于分析油包水型乳液的稳定性，而且泊松-斯莫卢霍夫斯基方程的线性近似与泊松-玻尔兹曼方程的德拜-休克尔近似具有相同的精确度。其表面电荷密度与表面电势的关系如下：

$$\sigma_0 = \varepsilon_1(\kappa a + 1)a\varphi_0 \approx \varepsilon_1\kappa\varphi 0 \tag{3-32}$$

这里使用了 $\kappa a \gg 1$ 的假设，因为 κ 和 a 的数量级分别为 10^{-8} m 和 10^{-6}~10^{-3} m。这个假设将在下面的分析中一直使用，因为除了 a<10 nm 的极小油滴之外，这个假设适用于大多数乳液系统。

3.2.1.2　基于泊松-斯莫卢霍夫斯基方程的体相离子的分布计算

设 $r\rho=R(r)L(\theta)$，公式（3-20）变为

$$r^2 R\partial^2 R\partial r^2 + 1L(1-\cos^2\theta)\partial^2 L\partial(\cos\theta)^2 - 2\cos\theta\partial L\partial\cos\ \theta = \kappa^2 r^2 \tag{3-33}$$

函数 $L(\theta)$必须满足以下等式，因为公式（3-33）的右边仅是 r 的函数

$$1L(1-\cos^2\theta)\partial^2 L\partial(\cos\theta)^2 - 2\cos\theta\partial L\partial\cos\theta = \text{constant} \tag{3-34}$$

公式（3-34）的有限解在 $\cos\theta=\pm1$ 由勒让德（Legendre）多项式给出，其定义为

$$L_n = \sum i = 0[n/2](-1)^i(2n-2i-1)!!i!2^i(n-2i)!(\cos\theta)^{n-2i} \tag{3-35}$$

式中，n 为零或整数，$[n/2]$为不超过 $n/2$ 的整数，$m!!!=m(m-2)(m-4)\cdots$，$0!!!=0!!!=(-1)!!!=1$。

公式（3-35）给出 $L_0=1$，$L_1=\cos\theta$，以此类推。

将式（3-35）代入式（3-33），可得

$$\partial^2 R_n\partial r^2 - n(n+1)r^2 R_n - \kappa^2 R_n = 0 \tag{3-36}$$

公式（3-36）的解在 $r\to\infty$处应收敛于 $R_n\infty e-\kappa r$，因为公式（3-36）左侧的第二项在 $r\to\infty$处可以忽略不计[7]。因此，公式（3-36）的解可用 $R_n=Y_n e-\kappa r$ 表示，其中 Y_n 是在 $r\to\infty$处给出有限 R_n 的函数。将 Y_n 用幂级数展开为

$$Y_n = \sum j = 0\infty c_j r^{b+j} \tag{3-37}$$

将 R_n=$Y_n e^{-\kappa r}$ 代入公式（3-36），我们可以得到

$$Y_n = \sum j = 0nc_j r^{j+n} = \sum i = 0np_{n,i} r^{-i} \tag{3-38}$$

式中
$$p_{n,i} = (n+i)!(2\kappa)^i i!(n-i)!\, p_{n,0} \tag{3-39}$$

而 $p_{n,0}$ 是一个常数，公式（3-23）的一般解为

$$p = \sum n = 0\infty e^{-\kappa r} p_{n,0} \sum i = 0n\kappa(n+i)!(2)^i (\kappa r)^{i+1} i!(n-i)! L_n \tag{3-40}$$

用勒让德多项式展开静电势

$$\varphi = \sum n = 0\infty r^{-1} f_n L_n \tag{3-41}$$

式中，f_n 是 r 的函数，将公式（3-41）代入公式（3-19），可得

$$\sum n = 0\infty \partial^2 f_n \partial r^2 - n(n+1) r^2 f_n + e^{-\kappa r} p_{n,0} \varepsilon_1 r L_n = 0 \tag{3-42}$$

公式（3-42）的解是

$$\begin{aligned} & r^{-1} f_0 = C_{0,1} + C_{0,2} r^{-1} - e^{-\kappa r} p_{0,0} \varepsilon_1 \kappa r^{-1} f_n = C_{n,1} r^n + C_{n,2} \\ & r^{-n-1} - e^{-\kappa r} \\ & p_{n,0} \varepsilon_1 \kappa (2n+1) \sum i \\ & = 0n(n+i)!(2)^i i! \sum j = i+1n+1(n+1-i)(n+1-j)!(\kappa r)^j + \\ & \quad \sum i = 1n(n+i)(2)^i i!(n-i)! \sum j = 1i(n+j-1)!(-1)^{i-j} (\kappa r)^j \end{aligned} \tag{3-43}$$

将公式（3-43）放入公式（3-41），我们得到

$$\begin{aligned} & \varphi = C_{0,1} + C_{0,2} r^{-1} - e^{-\kappa r} p_{0,0} \varepsilon_1 \kappa + \sum n = 1\infty C_{n,1} r^n + C_{n,2} \\ & r^{-n-1} - e^{-\kappa r} \\ & p_{n,0} \varepsilon_1 \kappa (2n+1) \sum i = 0n(n+i)!(2)^i i! \sum j = i+1n+1(n+1-i)(n+1-j)!(\kappa r)^j + \\ & \qquad \sum i = 1n(n+i)(2)^i i!(n-i)! \sum j = 1i(n+j-1)!(-1)^{i-j} (\kappa r)^j L_n \end{aligned} \tag{3-44}$$

液滴中的静电势可通过求解公式（3-23）得出

$$\varphi_{\mathrm{d}} = \sum n = 0\infty q_n r^n L_n \tag{3-45}$$

公式中的常数 $C_{n,1}$、$C_{n,2}$、$p_{n,0}$ 和 q_n 是根据边界条件确定的，边界条件由以上给出。假设施加一个平行于 Z 轴的均匀外场 E_0。那么远离液滴的静电位由以下公式给出

$$[\varphi]_{r\to\infty} = E_0 x_0 + E_0 r \cos\theta \equiv E_0 x_0 + E_0 r L_1 \tag{3-46}$$

式中　x_0——液滴中心的位置。

最终可以得出

$$C_{0,1} = E_0 x_0, C_{1,1} = E_0, C_{n,1} = 0 (n > 1) \tag{3-47}$$

利用公式（3-47）和 $\kappa r \gg 1$ 的关系，公式（3-44）可以简化为

$$\varphi = E_0 x_0 + C_{0,2} r^{-1} - e^{-\kappa r} p_{n,0} \varepsilon_1 \kappa + E_0 r + C_{1,2} r^{-2} - e^{-\kappa r} p_{2,0} \varepsilon_1 \kappa^2 r L_1 + \sum n = 2\infty C_{n,2} r^{-n-1} - e^{-\kappa r} p_{n,0} \varepsilon_1 \kappa^2 r L_n \tag{3-48}$$

利用 $\kappa r \gg 1$ 的关系，公式（3-40）也简化为

$$\rho \approx \sum n = 0\infty e^{-\kappa r} r p_{n,0} L_n \tag{3-49}$$

将公式（3-49）代入公式（3-25）即可得出

$$C_{1,2} = -E_0 a^3 2, C_{n,2} = 0 (n \neq 1) \tag{3-50}$$

以便进一步可以得到如下结果

$$\varphi = -e^{-\kappa r} p_{0,0} \varepsilon_1 \kappa^2 r - E_0 x_0 - E_0 a^3 2 r^2 + e^{-\kappa r} p_{1,0} \varepsilon_1 \kappa^2 r - E_0 r L_1 - \sum n = 2\infty e^{-xr} p_{n,0} \varepsilon_1 \kappa^2 r L_n \tag{3-51}$$

将以上结果代入公式（3-21），我们得到

$$q_0 = -e^{-\kappa a} p_{0,0} \varepsilon_1 \kappa^2 a - E_0 x_0, q_1 = -e^{-\kappa a} p_{1,0} \varepsilon_1 \kappa^2 a^2 - 3E_0 2$$
$$q_n > 1 = -e^{-\kappa a} p_{n,0} \varepsilon_1 \kappa^2 a^{n+1} \tag{3-52}$$

因此，液滴中的静电电势为

$$\varphi_{\mathrm{d}} = -e^{-\kappa a} p_{0,0} \varepsilon_1 \kappa^2 a - E_0 x_0 - e^{-\kappa a} p_{1,0} \varepsilon_1 \kappa^2 a^2 - 3E_0 2 r L_1 - \sum n = 2\infty e^{-\kappa a} p_{n,0} \varepsilon_1 \kappa^2 a^{n+1} r^n L_n \tag{3-53}$$

液滴表面电荷的分布一般用以下公式表示

$$\sigma = \sigma_0 + \sigma_0 \sum n = 1\infty A_n L_n \tag{3-54}$$

这里 $4\pi a^2 \sigma_0$ 是表面的总电荷，因为

$$\int 0\pi 2\pi a^2 \sigma \sin\theta \mathrm{d}\theta = 4\pi a^2 \sigma_0 + \sigma_0 \sum n = 1\infty A_n \times 0 \tag{3-55}$$

将以上（3-55）结果代入公式（3-21）即可得出

$$p_{0,0} = -\sigma_0 A_0 \kappa a e^{\kappa a}, p_{1,0} = 3\varepsilon_{\mathrm{d}} \kappa a e^{\kappa a} E_0 2 - \sigma_0 \kappa a e^{\kappa a} A_1$$
$$p_n > 1, 0 = -\sigma_0 \kappa a e^{ka} A_n (n > 1) \tag{3-56}$$

利用 $\sigma_0 = \varepsilon_1 \kappa \varphi_0$ 的关系，公式（3-56）中液滴周围的电荷密度和静电势表示为

$$\rho = -1 + \sum n = 1\infty A_n L_n - 3\varepsilon_{\mathrm{d}} E_0 2 \varepsilon_1 \kappa \varphi_0 L_1 \varepsilon_1 \kappa^2 a \varphi_0 e^{-\kappa(r-a)} r \tag{3-57}$$

$$\varphi = 1 + \sum n = 1\infty A_n L_n - 3\varepsilon_{\mathrm{d}} E_0 2 \varepsilon_1 \kappa \varphi_0 L_1 \varphi_0 a$$
$$e^{-\kappa(r-a)} r + x_0 + 2r^3 + a^3 2 r^2 L_1 E_0 \tag{3-58}$$

右侧第一括号中的第三项表示外场与液滴周围扩散电双层中的离子之间的直接相互作用。只要 $|\varphi_0| < 100$ mV 和 $\kappa \approx 108$ m^{-1}（通常是这种情况）以及 $\varepsilon_1/\varepsilon_{\mathrm{d}} \approx 25$，第三项就会远远小于第一项，除非 $E_0 > 104$ $\mathrm{V \cdot cm^{-1}}$。由于用于反乳化的外加电场强度为 10 $\mathrm{V \cdot cm^{-1}}$，因此直接相互作用对液滴周围扩散电双层中的电荷和电势分布几乎没有影响。忽略第三项，可得出

$$\rho = -1 + \sum n = 1\infty A_n L_n \varepsilon_1 \kappa^2 a \varphi_0 e^{-\kappa(r-a)} r \tag{3-59}$$

$$\varphi = 1 + \sum n = 1\infty A_n L_n \varphi_0 a e^{-\kappa(r-a)} r + x_0 + 2r^3 + a^3 2r^2 L_1 E_0 \quad (3\text{-}60)$$

值得注意的是公式（3-59）中不包括 E_0 项。这意味着除非外场改变了表面电荷的分布，否则外场不会诱发破乳作用。由于表面电荷的迁移很难发生，因此对于固体胶体粒子来说，外场诱导的破乳化可能不会发生。将 $r=a$ 代入公式（3-60），液滴表面的静电势 φ_a 为

$$\varphi_a = 1 + \sum n = 1\infty A_n L_n \varphi_0 + x_0 + 3a2L_1 E_0 \quad (3\text{-}61)$$

公式（3-61）右侧的第一项和第二项分别对应于表面电荷和外部场产生的静电势。后一电势包括诱导偶极子的贡献，因此电势比纯外部电势大 $aL_1E_0/2$。如前所述，第二项不会影响乳化液的稳定性[8]。

3.2.2 基于泊松-斯莫卢霍夫斯基方程的油滴表面电荷分布计算

由于油滴滴表面不存在稳态离子流，正离子和负离子的表面密度（s_+和 s_-）分别由玻尔兹曼分布函数简单给出

$$s_+ = c_+ \exp - z_d ekT \varphi_a \quad (3\text{-}62)$$

$$s_- = c_- \exp z_d ekT \varphi_a \quad (3\text{-}63)$$

式中　c_+，c_-——常数；

z_d——正离子和负离子的价数。

表面电荷密度是正负离子电荷密度之和，即

$$\sigma = z_d e(s_+ - s_-) \quad (3\text{-}64)$$

正离子和负离子的总数分别保持不变，因此

$$c_+ = s_{+,0} 1/2 \int 0\pi \exp(-(z_d e/kT)\varphi_a) \sin\theta \mathrm{d}\theta \quad (3\text{-}65)$$

$$c_- = s_{-,0} 1/2 \int 0\pi \exp((z_d e/kT)\varphi_a) \sin\theta \mathrm{d}\theta \quad (3\text{-}66)$$

这里的 $4\pi a2s_+,0$ 和 $4\pi a2s_-,0$ 是表面上正负离子的总数，与总电荷密度的关系为

$$\sigma_0 = z_d e(s_{+,0} - s_{-,0}) \quad (3\text{-}67)$$

将公式（3-67）代入公式（3-64）即可得出如下结果：

$$\begin{aligned}
&1 + \sum n = 1\infty A_n \\
&L_n = (z_d e s_{+,0}/\sigma_0) \exp[-(z_d e\varphi_0/kT)(\sum n = 1\infty A_n \\
&L_n + (3E_0 a/2\varphi_0)L_1)]1/2\int 0\pi \exp[-(z_d e\varphi_0/kT)(\sum n = 1\infty A_n \\
&L_n + (3E_0 a/2\varphi_0)L_1)]\sin\theta \\
&\mathrm{d}\theta - [(z_d es+,_0/\sigma_0) - 1]\exp\{(z_d e\varphi_0/kT)[\sum n = 1\infty A_n \\
&L_n + (3E_0 a/2\varphi_0)L_1]\}1/2\int 0\pi \exp\{(z_d e\varphi_0/kT)[\sum n = 1\infty A_n \\
&L_n + (3E_0 a/2\varphi_0)L_1]\}\sin\theta \mathrm{d}\theta
\end{aligned} \quad (3\text{-}68)$$

公式（3-68）表明 A_n 以及表面电荷密度是三个变量 $z_d es_{+,0}/\sigma_0$、$z_d e\varphi_0/kT$ 和 $3E_0a/2\varphi_0$ 的函数。

A_n的值原则上可通过求解式（3-68）得到。然而，即使是公式（3-68）的数值解法也很难获得，因为这是一个由勒让德多项式的无穷级数组成的非线性方程。因此，我们使用勒让德多项式的有限级数作为表面电荷的分布函数，并将有限级数产生的误差 Δ 定义为如下：

$$
\begin{aligned}
\Delta = & \int 0\pi 1 + \sum n = 1NA_n L_n - (z_\mathrm{d} e s_{+,0} / \sigma_0)\exp\{-(z_\mathrm{d} e\varphi_0 / kT) \\
& [\sum n = 1NA_n L_n - (3E_0 a / 2\varphi_0)L_1]\}1/2\int 0\pi \exp\{-(z_\mathrm{d} e\varphi_0 / kT) \\
& [\sum n = 1NA_n L_n + (3E_0 a / 2\varphi_0)L_1]\}\sin\theta \\
& \mathrm{d}\theta + [(z_\mathrm{d} e s_{+,0} / \sigma_0) - 1]\exp\{(z_\mathrm{d} e\varphi_0 / kT) \\
& [\sum n = 1NA_n L_n + (3E_0 a / 2\varphi_0)L_1]\}1/2\int 0\pi \exp\{(z_\mathrm{d} e\varphi_0 / kT) \\
& [\sum n = 1NA_n L_n + (3E_0 a / 2\varphi_0)L_1]\}\sin\theta\mathrm{d}\theta^2 \sin\theta\mathrm{d}\theta
\end{aligned}
\tag{3-69}
$$

然后根据公式（3-69）确定 A_n 的最佳值，使其误差最小。数值计算显示 $A_{2i}=0$，$A_1>A_3\gg A_{2i+3}$，其中 $i\geqslant 1$，这表明外部场的应用主要导致在均质分布的基础上增加了偶极电荷分布。因此，我们只计算了 A_1 和 A_3 项[9]。

图 3-5 是在外加电场 E_0 作用下，半径为 a、正负离子总数为 $4\pi a2s_{+,0}$ 和 $4\pi a2s_{-,0}$、原始表面电势为 φ_0=20 mV 的油滴表面归一化电荷 σ/σ_0 分布的横截面图，显示了外电场对油滴表面电荷分布的影响。表面电荷的极化随着 E_0 的增加而增加，因为极化是为了补偿外电场产生的静电势差而引起的。极化也随着负离子数量的增加而增加。这种效应源于表面电导率的增加，或库仑相互作用对表面离子分布的相对贡献的增加。热运动使表面离子的分布均匀化，而离子与外部磁场之间的库仑相互作用则导致分布极化。库仑相互作用的相对贡献随表面离子数量的增加而增加，因此诱导极化也随之增加。

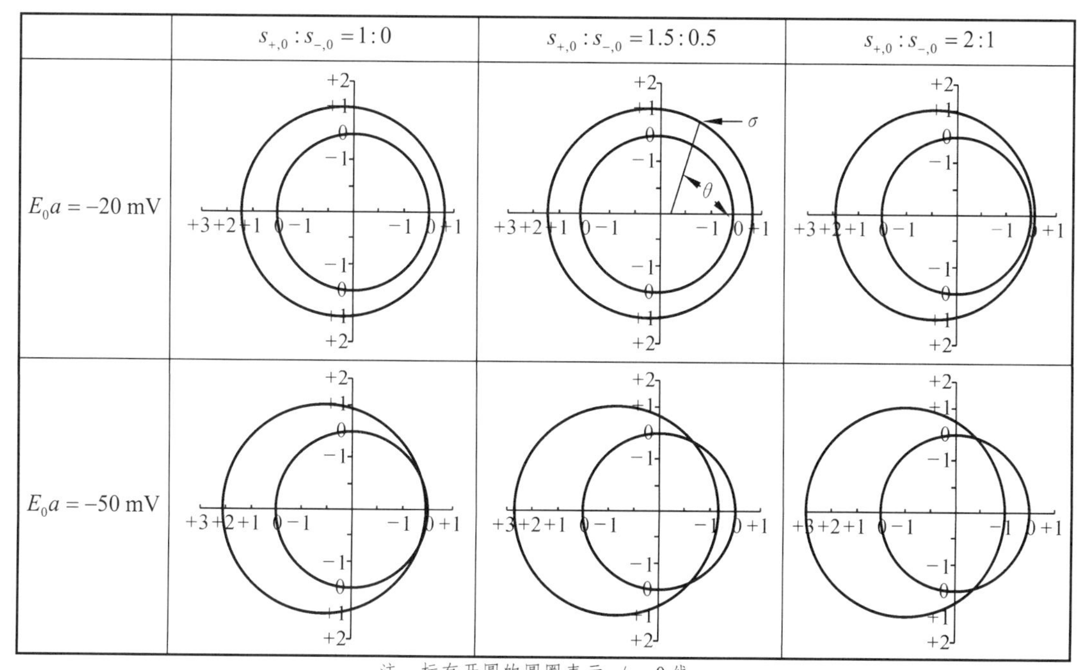

注：标有开圆的圆圈表示 σ/σ_0=0 线。
极角 θ 处的表面电荷密度用 σ/σ_0=0 线与标有+或-的电荷点之间的径向距离之差表示。

图 3-5　油滴表面归一化电荷 σ/σ_0 分布的横截面图

3.2.3 基于泊松-斯莫卢霍夫斯基方程的油滴聚结

由于外部电场和水中离子之间的直接相互作用不会影响乳状液的稳定性，因此在下面的处理中，只通过表面电荷和电势分布的变化来考虑外部电场的影响。两个半径为 a 的油滴之间的相互作用时使用的几何结构计算为平行板结构模式。两个油滴的聚结是由左侧油滴最右边的表面与右侧油滴最左边的表面融合引起的。因此，由表面电荷产生的最右侧表面和最左侧表面的静电势（分别为 φ_1 和 φ_2）决定了液滴的稳定性。由于最右侧表面和最左侧表面的表面电荷分布分别与油滴最右侧表面和最左侧表面的表面电荷分布相同，因此静电势由式（3-61）的第一项给出，即

$$\varphi_1 = 1 + \sum n = 1\infty A_n L_n(0)\varphi_0 \tag{3-70}$$

$$\varphi_2 = 1 + \sum n = 1\infty A_n L_n(\pi)\varphi_0 \tag{3-71}$$

由于 A_{2n}=0，L_{2n}+1(0)=1，L_{2n}+1(π)=－1，对公式（3-71）求和得到关系式

$$\varphi_1 + \varphi_2 = 2\varphi_0 \tag{3-72}$$

图 3-6、图 3-7 显示了外加磁场与 φ_1 和 φ_2 之间的关系。只要油滴之间的距离足够长，可以忽略油滴之间的静电作用，那么两个油滴的表面电荷和电势分布与一个孤立油滴的表面电荷和电势分布相同。如果距离足够短，允许两个表面的扩散电双层重叠，静电作用就可以忽略不计。表面电荷会重新排列以保持原来的表面电势，因为重新排列是为了补偿外部电荷或电场引起的表面电势的不均匀性。因此，可以假定表面电位 φ_1 和 φ_2 不依赖于分离距离 H，就像外电场下的两个金属球一样。由于液滴的半径远大于双层的厚度，因此在计算阻止两个表面接近的势垒时，可将表面视为两个平行的平面板，其表面势垒分别为 φ_1 和 φ_2。虽然 Hogg 等人已经计算了恒定表面电位下的势垒高度，但为了了解外部电场对乳液稳定性的影响，这里值得重复计算[10]。

根据 DLVO 理论，作用于两个平行板之间离子溶液的压力为

$$P = -\varepsilon_1 2\mathrm{d}\varphi\mathrm{d}x^2 + kT[(C - n_0) + (A - n_0)] \tag{3-73}$$

公式（3-73）右侧的第一项和第二项分别表示麦克斯韦电场应力和渗透压。麦克斯韦应力产生于表面和水相中离子之间的库仑相互作用，并且始终具有吸引力。即使两板表面电荷相同，表面电荷和水相中离子之间的库仑相互作用也会吸引两板，因为聚集在两板之间的离子总电荷的符号与表面电荷的符号相反[11]。因此，阻止油滴聚结的力量来源于渗透压。渗透压来自离子和水分子的热运动，这种运动使水相中离子的空间分布均匀化。离子浓度由玻尔兹曼分布函数给出

$$C = n_0 e^{-ze\varphi/kT}，\ A = n_0 e^{ze\varphi/kT} \tag{3-74}$$

将公式（3-74）代入公式（3-73）即可得出如下结果

$$P = -\varepsilon_1 2\mathrm{d}\varphi\mathrm{d}x^2 + kTn_0(e^{-ze\varphi/kT} + e^{ze\varphi/kT} - 2) \tag{3-75}$$

将公式（3-74）代入公式（3-75）所给出的泊松方程，可确定溶液中的静电势 φ 为

$$\mathrm{d}^2\varphi\mathrm{d}x^2 = n_0 ze\varepsilon_1 \exp ze\varphi kT - \exp(-ze\varphi kT) \tag{3-76}$$

由于液滴中的静电势是恒定的，因此液滴表面的边界条件为

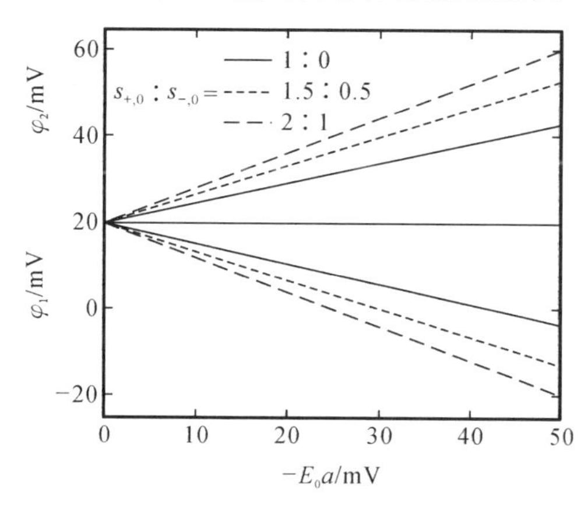

注：液滴半径为 a，$s_{+,0}:s_{-,0}$ 是表面正负离子总数之比。

图 3-6　外电场 E_0 对油滴表面电势 φ_1 和 φ_2 的影响，分别由表面电荷在 θ=0 和 θ=π 时产生

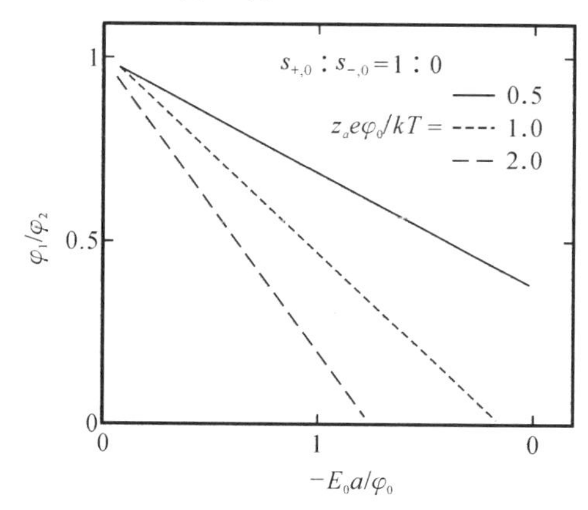

注：原始表面电势和油滴半径分别为 φ_0 和 a，$s_{+,0}:s_{-,0}$ 为表面正负离子总数之比。

图 3-7　电场 E_0 对表面电荷在 θ=0 时产生的油滴表面电势 φ_1 的影响

$$\sigma_1 = -\varepsilon_1 \mathrm{d}\varphi \mathrm{d}x_x = 0, \sigma_2 = \varepsilon_1 \mathrm{d}\varphi \mathrm{d}x_x = H \tag{3-77}$$

对公式（3-76）从 φ_1 到 φ 进行积分，得出

$$\begin{aligned} &\mathrm{d}\varphi \mathrm{d}x^2 = 2n_0 \\ &kT\varepsilon_1(e^{ze\varphi/kT} + e^{-ze\varphi/kT} - e^{ze\varphi_1/kT} - e^{-ze\varphi_1/kT}) + \sigma_1 {\varepsilon_1}^2 \end{aligned} \tag{3-78}$$

将公式（3-78）代入公式（3-75）可以看出，板间各处的压力是恒定的，即

$$P = kTn_0(e^{ze\varphi_1/kT} + e^{-ze\varphi_1/kT} - 2) - {\sigma_1}^2 2\varepsilon_1 \tag{3-79}$$

证明了系统的稳定性[12]。使用德拜-休克尔近似值 $e\pm ze\varphi/kT\approx1\pm ze\varphi/kT$ 对于 $ze\varphi/kT<1$，公式（3-76）简化为

$$\mathrm{d}^2\varphi \mathrm{d}x^2 = \kappa^2\varphi \tag{3-80}$$

在 x=0 和 x=H 处分别满足 φ=φ_1 和 φ=φ_2 的公式（3-80）的解是

$$\varphi = \varphi_2 - \varphi_1 e^{-\kappa H} e^{\kappa H} - e^{-\kappa H} e^{\kappa x} - \varphi_2 - \varphi_1 e^{\kappa H} e^{\kappa H} - e^{-\kappa H} e^{-\kappa x} \tag{3-81}$$

将公式（3-81）代入公式（3-77），可得出表面电荷密度与分离距离之间的关系为

$$\sigma_1 = (e^{\kappa H} + e^{-\kappa H})\varepsilon_1 \kappa \varphi_1 - 2\varepsilon_1 \kappa \varphi_2 e^{\kappa H} - e^{-\kappa H} \tag{3-82}$$

$$\sigma_2 = (e^{\kappa H} + e^{-\kappa H})\varepsilon_1 \kappa \varphi_2 - 2\varepsilon_1 \kappa \varphi_1 e^{\kappa H} - e^{-\kappa H} \tag{3-83}$$

$\kappa H \ll 1$ 处的表面电荷密度近似为

$$\sigma_1 = \varepsilon_1(\varphi_1 - \varphi_2)H, \sigma_2 = \varepsilon_1(\varphi_2 - \varphi_1)H \tag{3-84}$$

因此，假定表面电势恒定，则表面电荷密度必须随着分离距离的减小而增加。假设表面电荷密度不恒定（但这并不是我们感兴趣的情况），则表面电势与分离距离之间的关系由以下结果得出：

$$\varphi_1 = \sigma_1(e^{\kappa H} + e^{-\kappa H}) + 2\sigma_2 \varepsilon_1 \kappa (e^{-\kappa H} - e^{-\kappa H}) \tag{3-85}$$

$$\varphi_2 = \sigma_2(e^{\kappa H} + e^{-\kappa H}) + 2\sigma_1 \varepsilon_1 \kappa (e^{\kappa H} - e^{-\kappa H}) \tag{3-86}$$

因此，$\kappa H \ll 1$ 处的表面电位近似为

$$\varphi_1 = \varphi_2 = \sigma_1 + \sigma_2 \varepsilon_1 \kappa^2 H \tag{3-87}$$

表面电荷恒定的假设导致表面电势随着分离距离的减小而增大。Parsegian 等人使用德拜-休克尔近似法计算了表面电荷恒定时平行板的势垒高度。然而，他们的结果可能并不正确，因为在 $H \ll ze(\sigma_1+\sigma_2)/(\varepsilon_1 kT\kappa 2)$时，$ze\varphi/kT \ll 1$ 的条件并不满足。

将公式（3-82）代入公式（3-79），得到压力公式为

$$\begin{aligned} P &= kTn_0(e^{ze\varphi_1/kT} + e^{-ze\varphi_1/kT} - 2) - 12\varepsilon_1(e^{kH} + e^{-kH})\varepsilon_1 \kappa \varphi_1 - 2\varepsilon_1 \kappa \varphi_2 e^{\kappa H} - e^{-\kappa H 2} \\ &\approx 2\varepsilon_1 \kappa^2 [(e^{kH/2} + e^{-kH/2})^2 \varphi_1 (2\varphi_0 - \varphi_1) - 4\varphi_0{}^2](e^{kH} - e^{-kH})^2 \end{aligned} \tag{3-88}$$

这里使用了 $\varphi_1+\varphi_2=2\varphi_0$ 的关系式[公式（3-72）]和 $e\pm ze\varphi/kT\approx 1\pm ze\varphi/kT+(ze\varphi/kT)^2/2$ 的近似值。静电相互作用产生的平行板势能可通过对公式（3-87）从无限到 H 的积分求得，即

$$\begin{aligned} &U_{\mathrm{E}} = -\int \infty HPd \\ &H = 2\varepsilon_1 \kappa \varphi_0{}^2 [1 - e^{-\kappa H} - (1 - \varphi_1/\varphi_0)^2 (1 + e^{-\kappa H})] e^{\kappa H} - e^{-\kappa H} - e^{-\kappa H} \end{aligned} \tag{3-89}$$

值得注意的是，在 $\varphi_1=0$ 时，阻止两板接近的能量障碍消失了，因为 $\varphi_1=0$ 时的 U_{E} 随距离的减小而单调地减小。总势能是静电能和范德华能 U_{F} 的总和[13]。

$$U = U_{\mathrm{E}} + U_{\mathrm{F}} = 2\varepsilon_1 \varphi_0{}^2 [(1 - e^{-\kappa H}) - (\varphi_1/\varphi_0 - 1)^2 (1 + e^{-\kappa H})] e^{\nu H} - e^{-\nu H} - A_{\mathrm{H}} 12\pi H^2 \tag{3-90}$$

式中　A_{H}——哈马克（Hamaker）常量，对于水中的油而言约为 0.5×10^{-20} J。

图 3-8 显示 φ_0=20 mV 的两块平行板在 1×10^{-4} mol·L^{-1} 离子溶液中的势能与分离距离的函数关系。阻止两板聚合的势能势垒高度随 φ_1 的减小而降低。当 φ_1=0 时，势能障消失，两板之间的作用力始终是吸引力。因此，通过增大外场来减小 φ_1（见图 3-6、图 3-7）会导致两个油滴的聚结。阻挡高度为零的临界表面电位 φ_1 在 0~10 mV。图 3-9 显示了临界表面电位 φ_1 和原始表面电位 φ_0 之间的关系。通过施加足够强的外部电场，使表面电位从 φ_0 变为 φ_1，从而实现破乳。

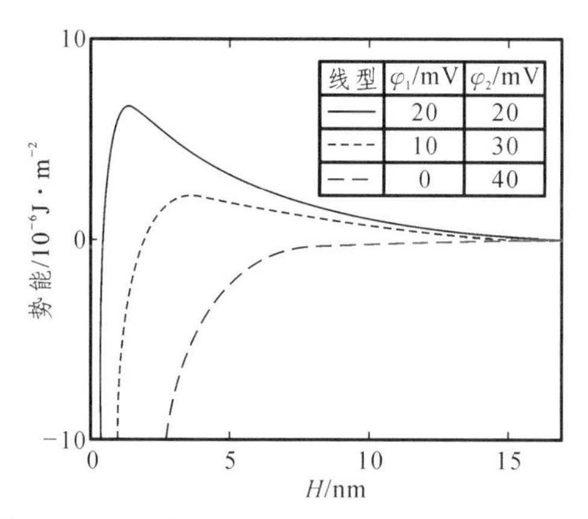

图 3-8 在含有 1×10^{-4} mol/L 单价离子的水中，相隔距离 H 的两块平行板之间的势能势垒

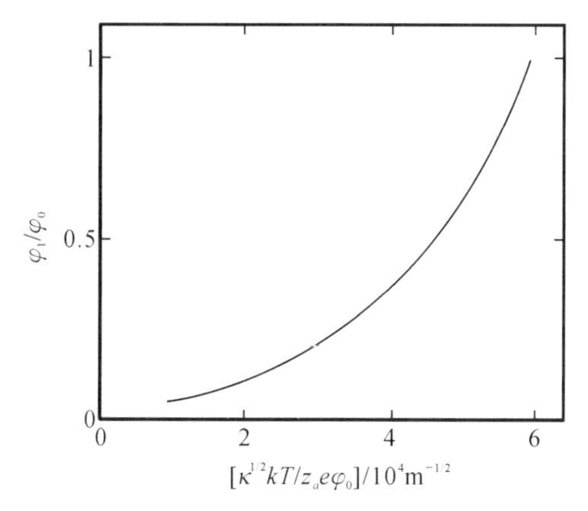

图 3-9 德拜-休克尔倒数长度 κ 的水中两块板聚结时的表面电势 φ_0 与临界表面电势 φ_1 的关系

图 3-10 显示了 φ_0 与达到临界表面电势所需的临界外场强度之间的关系。临界磁场 E_0 大致等于 φ_0/a。因此，通过增加表面离子的数量来提高 φ_0 会导致临界磁场的增加，这与 CCl_4 的 O/W 型乳液的破乳化速度随离子表面活性剂 SDS 浓度的增加而降低的实验结果是一致的。假设水中油滴的 O/W 乳化液的临界电场强度为 φ_0=20 mV，a=100 μm，则破乳化的电场强度估计为 2.5 V·cm^{-1}，这也与之前内容中所介绍的实验结果十分吻合。在总电荷保持不变的情况下，临界电场强度会随着表面正负离子总数的增加而减小，因为正负离子都会迁移以补偿外部电场[14]。图 3-11 显示了水中离子浓度对临界磁场的影响。只要 φ_0 保持不变，影响并不明显。然而，由于 $\varphi_0=\sigma_0/\varepsilon_1\kappa=\sigma_0(kT/2\varepsilon_1 n_0 z^2 e^2)1/2$，在水中加入电解质必然会导致 φ_0 的减小。因此，在甲苯混合物的 O/W 乳化液中加入 Na_2SO_4 会加速外场诱导的破乳化作用。

研究学者们测量了上层油相和下层水相之间水平液体界面上油滴与其同相的聚结时间。他们发现，通过分别浸入油相表面下和水相底部的平行电极施加外部电场，聚结时间会发生变化。聚结时间随施加在上电极上的负极性电压的增加而增加，随施加在下电极上的正极性电压的增加而减少。他们用双层力解释了这些场效应。他们认为，由于表面电荷在界面电双层中的极强电场作用下发生了库仑相互作用，带电液滴被引向或引向界面。然而，他们的解释可能并不充分，因为如公式（3-73）所示，麦克斯韦电场应力是库仑力的总和，无论上电极的极性如何，麦克斯韦电场应力始终具有吸引力。阻止液滴聚结的势能障碍来自界面和液滴重叠双层中的渗透压。根据我们的理论，他们观察到的聚结加速或延缓是由于阻止液滴聚结的势能屏障高度降低或升高所致。通过水相向油相施加外部电场会导致水相中的离子向界面迁移[15]。因此，外加电场改变了界面的表面静电势 φ_s。外加电场不会改变液滴的表面电势，因为导电水相中不存在电场。将 φ_0 替换为$(\varphi_s+\varphi_0)/2$ 并将 φ_1 替换为 φ_0，可从公式（3-88）得出由麦克斯韦应力、渗透压和范德华相互作用产生的势能 U，即

$$U=\varepsilon_1\kappa\varphi_0^{\ 2}2(\varphi_s/\varphi_0)-[(\varphi_s/\varphi_0)^2+1]e^{-\kappa H}e^{\kappa H}-e^{-\kappa H}-A_H\kappa 12\pi\varepsilon_1\varphi_0^{\ 2}(\kappa H)^2 \quad (3\text{-}91)$$

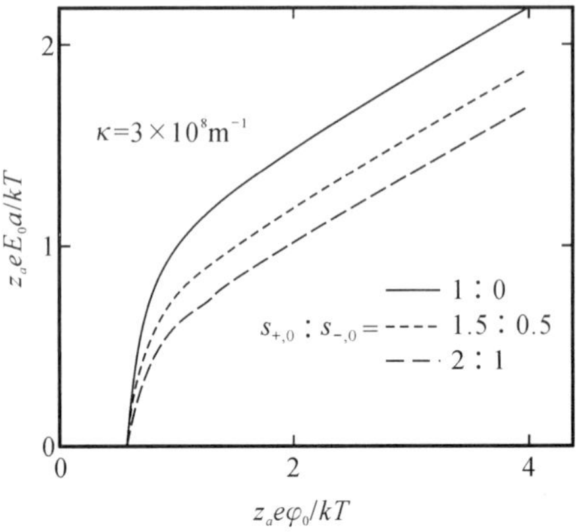

图 3-10　半径为 a 的油滴在水中聚结时的表面电势 φ_0 与临界外电场 E_0 之间的关系

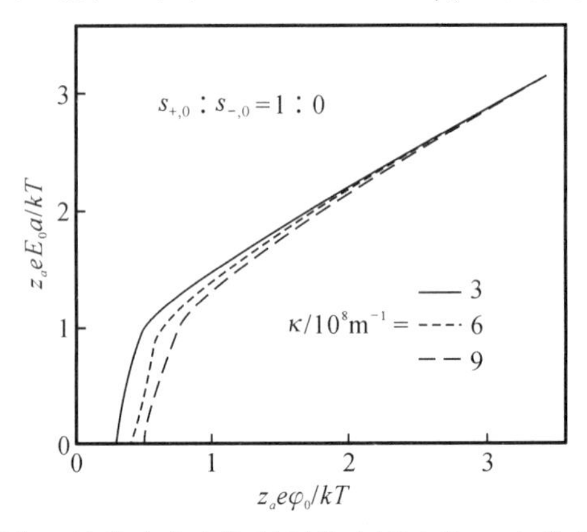

图 3-11　不同 κ 下半径为 a 油滴在水中聚结时的表面电势 φ_0 与临界外电场 E_0 之间的关系

当计算参数为：φ_0=5.7 mV，κ=108 m^{-1}，A_H=0.5 × 10^{-20} J，$\varepsilon_1/\varepsilon_0$=75 时，通过计算势能与分离距离 H 的函数关系。可以得到，界面附近油滴的稳定性对 φ_s 的微小变化非常敏感。φ_0 和 φ_s 分别为液滴和界面的表面电位。

研究表明，泊松-斯莫卢霍夫斯基方程是描述外电场下离子溶液中静电势和离子分布的基本方程。将泊松-斯莫卢霍夫斯基方程应用于 O/W 型乳液液滴时发现，微弱的外电场会导致液滴表面吸附离子的迁移。因此，乳液液滴相邻两个表面的静电势并不相等。表面电位差的增大会导致两个表面的扩散电双层重叠产生的势能垒高度降低，因此外部电场会显著提高破乳速率。这种破乳机理与众所周知的胶体粒子异絮凝现象非常相似，即表面电位不同的两种粒子相互絮凝，但外电场引起的破乳现象发生在表面电位原本相同的乳液粒子之间。把这种现象称为均相油/水乳液中油液滴的“电场诱导异聚结”似乎是有道理的[16]。

3.3 直流电场与聚结技术联合对水包油乳液的破乳

目前，水包油（O/W）乳化液的绿色高效破乳是含油废水处理中的一个难题。本研究介绍了一种从乳液中回收油类的非化学方法。与单独使用介质聚结法或电破乳法相比，这种组合处理方法显著提高了分离性能。电流体动力（EHD）效应可促使细小液滴迁移并与介质碰撞。研究了不同电场参数和介质特性下的破乳化效果。随着电压的增加，油滴的EHD运动增强，破乳效果明显改善。在相同电压下，直流电场（DCEF）的破乳效果优于脉冲电场，但双向脉冲电场（BPEF）的电流较小。双向脉冲电场在频率低于25 Hz的低频下更有效。随着频率的增加，EHD运动受到抑制，尤其是当频率超过1000 Hz时，破乳效果较差。聚结介质的颗粒大小也是一个关键因素。装有小尺寸颗粒的床层具有更好的破乳化效果，而颗粒的润湿性对其影响相对较小。

3.3.1 直流电场与聚结介质联合对水包油乳液破乳的现象与效果

含油废水产生于各种工业流程，包括石油和天然气开采、石油精炼、金属制造和机械加工以及食品加工。通常情况下，废水会经过初级处理，通过重力沉降、水力旋流器、浮选和介质聚结等物理方法分离散装油和分散油（>10 μm）。不过，乳化的（0.1~10 μm）油滴仍留在水相中，一般会被表面活性剂稳定，因此必须通过二次处理来打破O/W型乳状液。最广泛使用的二次处理方法是添加各种化学物质，促使乳化油滴胶体失稳，但这往往会造成油泥的二次污染和油类回收的困难。因此，人们探索了许多物理破乳技术，包括应用外部能量场加速油滴的聚集和聚结，如电、超声波、微波、热、离心、超滤和基于拦截的膜等。这些技术避免了添加化学品的必要性，但在扩大规模时会遇到能耗大或堵塞的挑战[17]。

电破乳是一种可行的方法。有关油包水型乳液电破乳化的研究还很缺乏，尤其是与电破乳化在油包水型乳液中的广泛应用相比，但油包水型乳液的电破乳化是可能的。Ichikawa等人发现，通过施加低压电场可以诱导浓稠的水包油型乳液快速破乳，并且破乳同时发生在两个电极之间的整个空间，但稀释的油包水型乳液（含油废水系统）仅在一个电极附近通过油滴的EHD运动凝结后破乳。Vigo和Ristenpart发现，电荷流动可诱导油滴聚集，而外加频率的突然降低可诱导聚集体中的油滴聚结，这为使用低压振荡电场从水溶液中分离乳化油提供了一种可能的策略。Li等人报道了直流介电泳可用于操纵微通道中油滴的迁移，并分离不同性质的油滴。Zhang等人的研究表明，NaOH溶液中的油滴对低电压和低频率振荡场具有复杂的EHD反应，并在几分钟的较长时间范围内缓慢地在电极附近形成聚集。国内科研工作者报告称，BPEF可以驱动O/W型乳液形成旋转流动，并促使油滴聚集和聚结，尤其是在BPEF电压高于500 V和低频的情况下。不过，通常需要几分钟的时间才能通过EHD运动引起聚集，然后经过更长的时间才能聚结。由于相邻液滴界面之间存在静电斥力，在Vigo的研究中，观察到的聚集在2 min内基本上没有聚结，而在BPEF的研究中，则在19 min后才部分聚结。此外，大多数研究都集中于乳液的静态，但流动状态下的破乳化效果更有利于应用。在乳液流动的作用下，聚集和聚结更加困难。因此，对油/水乳液进行电破乳化需要较长的停留时间，目前还没有工业应用的报道。

齐祥明等研究了 DCEF 作用下 O/W 乳液中油相的破乳析出效果，破乳过程及对应的乳液中油滴的分布变化。通过与不加电场的静置乳液进行对比，实验发现 0~1 h 过程中，乳液油相析出量急剧增加，破乳较快；1~3 h 过程中，乳液破乳过程趋于稳定。电场作用过程中乳液油滴发生了接触聚并，油滴粒径逐渐增大、数目不断减少。结果表明，DCEF 对 O/W 乳液具有明显的破乳作用，电场能够加速乳液中油滴的聚集和聚并。同时发现当电压升高时，油滴聚并、析出速率加快，电破乳率不断增大。当乳液中乳化剂含量升高到 14 mg/mL 时，破乳率降低到 19%。说明乳化剂含量的增加，使得乳液破乳效果明显下降。

中国海洋大学食品科学与工程学院齐祥明教授研究了直流电场下水包油型乳液中鱼油油滴聚并、析出行为，乳液中油滴聚并的微观结构、宏观现象观测；内部因素（磷脂含量和离子强度等）和外部条件（电压和温度）对乳液稳定性和电场作用下鱼油析出行为的影响；直流电场对鱼油中活性成分的影响。结果表明，直流电场未缩短鱼油析出的动力学过程时间，但增强了油滴的聚集和聚并。一定量的磷脂（2 mg/mL）会明显增加鱼油析出量（从 37.5%提高到 63.9%）。离子强度高于 0.02 mol/L 以上时具有促进油滴聚并的效果，其中氯离子和钠离子分别是阴阳离子影响作用较大的种类。鱼油析出量在电压从 0 V 升高时明显增加，超过 800 V 时趋于稳定。温度的影响与常规破乳方法中相似。电场作用对其中多种不饱和脂肪酸均未有破坏作用[18]。

介质聚结法已广泛应用于含油废水的预处理，它能有效去除分散的液滴，但对乳化液滴的分离效果不够理想。我们认为，电场与介质聚结相结合是一种可行的破乳化方法。不过，电场的应用可能会带来一定的能耗，并增加操作的复杂性。与传统的基于表面改性和表面拦截的膜分离技术相比，由于介质床的流道尺寸更大，该技术可适用于含有悬浮固体的含油废水，且不会产生污垢和堵塞问题。在电场驱动下，细小液滴的迁移可以克服黏性效应，使其脱离水流线，增加与介质碰撞的概率。电场空间中的介质具有拦截和聚结功能，可以缩短油滴的迁移距离，促使油滴快速聚结。本研究研究了流动状态下联合处理的破乳化效果。研究结果为进一步研究破乳化机理和开发破乳化剂提供了重要参考。

聚结介质为聚丙烯（PP）、尼龙（PA）和玻璃（GL）的球形颗粒，尺寸范围为 3~7 mm。柴油液滴在三种介质上的水中接触角分别为 44°（聚丙烯）、133°（尼龙）和 151°（玻璃）。油含量用红外分光光度计测量，浊度用浊度计测定。浊度代表乳液的透明度，间接反映油含量。液滴粒度分布由激光粒度分析仪测量。密度为 842 kg/m^3、20 °C 时黏度为 3.9 mPa·s 的柴油被用作 O/W 型乳液的分散相。电导率为 21 μS/cm 的纯净水用作连续水相。乳液通过超声波乳化制备，并通过设定油和水的体积、振动器位置、超声波时间、超声波频率和功率进行控制。由于所制备乳液的含油量和乳化程度难以精确控制，因此应使用相同的乳液来研究某一变量。初始乳液的含油量为 450~600 mg/L。光学显微镜和浊度测量的观察结果表明，以这种方法制备的乳液在数小时的时间尺度内基本稳定，特征液滴大小 Dv(90)为 7~8 μm。Dv(90)=7 μm 意味着 90%的油滴小于 7 μm[19]。

实验装置示意图由电源、液体循环装置和破乳剂组成。电源可提供直流电压和脉冲电压，示波器可显示电压（0~1000 V）、电流（0~2 A）、频率（10~3000 Hz）和占空比（0.1~0.9）的输出值。流体循环装置由储液烧杯、蠕动泵和管道组成，为乳化液的循环流动提供动力。破乳剂由透明圆筒罐、电极组件和填充的聚结介质组成。电极组件由孔板和带有薄绝缘涂层的钛棒组成。1 根钛棒作为阴极固定在孔板中心，12 根钛棒作为阳极固定在孔板外围的孔中。

在乳化液在介质通道中流动的过程中，油滴被介质捕获并分离。乳化液在破乳剂中不断循环，每次循环后都要在破乳剂出口处检测样品。单个循环所需的时间为

$$t_0=Q_0/UA$$

式中　Q_0——乳化液的初始体积；

U——表面速度；

A——破乳化器的横截面面积。

实验中的表面速度固定为 U=0.002 m/s，循环次数为

$$n=T/t_0$$

式中　T——破乳化的总持续时间。

破乳效率的计算公式为

$$E=(C_{in}-C_{out})/C_{in}$$

式中　C_{in}——初始乳液的含油量；

C_{out}——循环处理后出口乳液的含油量。

3.3.2　直流电场与聚结介质联合对水包油乳液破乳的机制

本部分内容在 DCEF 200 V，粒径为 3 mm 的聚丙烯介质，床层深度 15 cm 的条件下，通过观察（a）破乳过程；（b）液滴大小分布，比较了介质聚结、电破乳和综合处理的 O/W 型乳液破乳过程及其效果。最初的乳状液是浑浊的，随着在破乳剂中的循环，乳状液逐渐变得清澈。随着破乳过程的进行，乳状液的含油量逐渐减少，油滴的平均粒径也随之减小。在入口处，萨特平均直径 D[3,2]为 3.11 μm，Dv(90)为 7.72 μm。入口和出口乳液的液滴大小分布。在 n=5 的出口处，D[3,2]分别为 2.94 μm（PP）、2.77 μm（DCEF）和 1.49 μm（DCEF & PP），Dv(90)分别为 6.12 μm（PP）、5.68 μm（DCEF）和 3.19 μm（DCEF&PP）。在联合处理中，乳液浊度在 n=2 时明显下降，在 n=5 时乳液呈透明状，这表明乳液中的油滴已基本分离。然而，对于电破乳法或介质聚结法，在 n=5 时乳液仍然浑浊，破乳效果较差。

在 n=2 时，联合处理的含油量降至 87.1 mg/L，破乳效率为 83.3%；在 n=5 时，含油量降至 14.2 mg/L，破乳效率为 97.3%。相比之下，采用中等聚结和电破乳法处理后，n=5 时的含油量分别为 314 mg/L 和 237 mg/L，破乳效率分别为 39.8%和 54.6%。综合处理大大提高了破乳化性能。显微高速摄像机的观察结果表明，在施加电场后，油滴发生了 EHD 运动，从而使联合处理的捕获能力更强[20]。

3.3.2.1　电场类型的影响

在 DCEF 电压为 700 V、UPEF 和 BPEF 电压为 700 V、频率为 25 Hz、占空比为 0.5、PP 介质粒径为 3 mm、床层深度为 15 cm 的条件下，对比了不同电场类型下水包油乳液在直流电场和聚结介质共同作用下的破乳过程及其效果。在不同电场类型下进行了联合处理的

破乳化实验。在最初的四个循环中，油含量迅速下降，然后缓慢下降。在 n=8 时，破乳效率和浊度分别为 97.9%和 6.1 NTU（DCEF 和 PP）、82.6%和 158 NTU（UPEF 和 PP）以及 62.1%和 273 NTU（BPEF 和 PP）。相比之下，在没有电场的情况下，n=8 时介质聚结的破乳化效率仅为 25.9%。DCEF 下的破乳化效果比 UPEF 或 BPEF 下的破乳化效果要好得多。这可能是因为 DCEF 的有效时间更长。此外，UPEF 的破乳化效果也优于 BPEF。电场的脉冲振荡可能会减弱油滴的运动，降低油滴被介质捕获的概率。

3.3.2.2　电压、频率和占空比的影响

在电场为 DCEF、粒径为 3 mm 的聚丙烯介质、床层深度为 15 cm 的条件下，考察 DCEF 电压对水包油乳液的破乳过程及其效果。研究了 DCEF 和 BPEF 条件下电压、频率和占空比等电场参数对破乳化效果的影响。随着电压的增加，破乳效果明显改善。在 n=6 时，50 V 电压下的破乳化效率和浊度分别为 60.7%和 374 NTU，优于无电场时的 44.6%和 506 NTU。当电压升高到 200 V 时，乳化液的含油量迅速下降，破乳效果明显增强。当电压升高到 700 V 时，仅经过两个循环，油含量就降至 49 mg/L，破乳效率达到 91.3%。在 n=6 时，油含量进一步降至 2.63 mg/L，破乳效率为 99.5%，浊度降至 2 NTU。显微高速摄像机的观察结果表明，电压的增加可显著加速油滴的迁移。BPEF 电压的效果。BPEF 电压也增强了破乳化作用，其趋势与 DCEF 相同。当 BPEF 电压从 200 V 增加到 1000 V 时，在 n=8 的条件下，破乳效率从 36%提高到 85.6%，相应的浊度从 535 NTU 降低到 128 NTU。

在电场为 BPEF、频率为 25 Hz、占空比为 0.5、PP 介质粒径为 3 mm、床层深度为 15 cm 的条件下，考察了 BPEF 电压对水包油乳液破乳的过程及其效果，电场强度由外加电压决定。油滴上的介电泳力与电场强度平方的梯度成正比。因此，外加电压越高，油滴的 EHD 运动就越快。但是，电压的增加也会导致电流的增加和水的电解，从而导致能耗增加，并可能造成安全隐患。此外，电解产生的气泡会附着在介质表面，阻碍水的流动。相比之下，BPEF 所产生的电流较小，在电压为 1000 V、频率为 25 Hz、占空比为 50%的条件下低于 20 mA，而且在破乳化过程中几乎不会产生气泡。

在 BPEF 电压为 700 V、占空比为 0.5、PP 介质粒度为 3 mm、床层深度为 15 cm、n=12 时不同占空比的破乳化效果。还进一步研究了 BPEF 频率和 BPEF 占空比的影响。低频时的破乳化效果较好，高频时的破乳化效果变差。10~25 Hz 时的破乳化效率接近，为 86%~87%，随着 BPEF 频率的增加而降低。当 BPEF 频率增加到 100 Hz 及以上时，破乳作用明显受到抑制，在 1000 Hz 时，破乳效率仅为 62%。因此，提高 BPEF 频率会减弱油滴的 EHD 运动。频率表示 1 s 内 BPEF 循环的次数。在高频率下，一个周期内施加在油滴上的电场力持续时间很短。另一个原因可能是前半个周期中油滴表面电荷的迁移在下半个周期中得到了部分补偿，从而导致电场力减弱。

在 BPEF 电压为 700 V、频率为 25 Hz、PP 介质、粒径为 3 mm、床层深度为 15 cm 的条件下。破乳效率随着 BPEF 占空比的增加而提高。当占空比从 0.1 增加到 0.9 时，破乳效率从 63%增加到 93.6%。占空比是脉冲输出时间与一个周期时间的比值。随着占空比的增加，BPEF 脉冲输出时间也会增加。在 BPEF 频率固定的情况下，一个周期内施加在油滴上的电场力持续时间增加。油滴的迁移速度也随之增加，这有利于与介质碰撞并被捕获。

但是，占空比的增加也会导致电流的增加和水的电解。因此，对于 BPEF，建议频率为 25 Hz，占空比为 50%。

3.3.2.3 介质润湿性的影响

本部分内容研究了电压为 200 V 的 DCEF 条件下介质润湿性的影响，在电场为 DCEF 200 V，3 mm PP、PA 和 GL 介质，n=10，床层深度 15 cm 的条件下，介质润湿性对水包油乳液破乳的过程及其效果。选择 PP、PA 和 GL 作为聚结介质，PP 为湿油介质，PA 和 GL 为高度疏油介质。无论介质的润湿性如何，联合处理的破乳化效果都明显优于单独处理。当 n=10 时，聚丙烯在介质聚结时的含油量为 321 mg/L，而组合处理（DCEF 和聚丙烯）的含油量仅为 6 mg/L，破乳效率从 40.6%提高到 98.9%。相比之下，在经过 10 次循环后，中度聚结时 GL 的含油量为 366.9 mg/L，而组合处理（DCEF 和 GL）的含油量为 20.8 mg/L，破乳效率从 32.1%提高到 96.1%[21]。

在联合处理中，湿油介质的破乳化效果略好于疏油介质，但与电场参数相比，润湿性影响不大。经过 10 次循环后，各系统的浊度从高到低分别为 667 NTU（GL）、630 NUT（PA）、530 NTU（PP）、500 NTU（DCEF）、31.4 NTU（DCEF 和 GL）、25.5 NTU（DCEF 和 PA）和 3.8 NTU（DCEF 和 PP）。此外，在实验条件下，电去乳化的效果优于介质聚结的效果。这些结果表明，在设计电场和介质聚结联合技术的介质时，可以忽略润湿性因素。由于油滴的碰撞捕捉是由其 EHD 运动主导的，因此电场的增强效果远远大于润湿性的增强效果。

3.3.2.4 填料床几何特性的影响

粒度也是一个关键因素。在电压为 200 V 的 DCEF 条件下，研究了 PP 介质粒径的影响。粒径分别为 3 mm、5 mm 和 7 mm 时，床的相应比表面积分别约为 1197 m^2/m^3、695 m^2/m^3 和 493 m^2/m^3。无论是否施加电场，破乳效果都随着粒径的减小而明显增强。在电场为 DCEF 200 V、PP 介质、粒径分别为 3 mm、5 mm 和 7 mm，床层深度 15 cm 的条件下考察颗粒大小对水包油乳液破乳的过程及其效果。经过 10 次循环后，各体系的破乳化效率从低到高分别为 23.7%（7 mm 聚丙烯）、35.3%（5 mm 聚丙烯）、44.1%（3 mm 聚丙烯）、80%（DCEF 和 7 mm 聚丙烯）、94.4%（DCEF 和 5 mm 聚丙烯）和 99.1%（DCEF 和 3 mm 聚丙烯）。比表面积作为变量，在 n=2、6、10；DCEF，200 V；PP 介质，粒径分别为 3 mm、5 mm 和 7 mm，床层深度 15 cm 的条件下，破乳效率随着比表面积的增加而提高。例如，在 n=6 时，当比表面积从 493 m^2/m^3 增加到 1197 m^2/m^3 时，破乳效率从 73.8%增加到 97.5%。床层中流道尺寸的减小可以减小油滴的迁移距离，而比表面积的增加则为油滴的拦截提供了更多的接触点。然而，随着颗粒尺寸的减小，流动阻力迅速增加。

在实际应用中，一般要求乳化液在通过一次破乳剂后就能满足处理要求。因此，床层深度也是一个重要的设计参数。在电场为 DCEF 200 V、PP 介质、粒径分别为 3 mm、5 mm 和 7 mm 的条件下，床层深度是循环次数与 15 cm 的乘积。破乳效率随着床层深度的增加而提高。由于施加了电场，床层深度为 15 cm 的联合处理的破乳化效果优于床层深度为 150 cm 的中度聚结处理。例如，DCEF 和 7 mm 聚丙烯在 15 cm 深度的破乳化效率为 26.8%，而 7 mm 聚丙烯在 150 cm 深度的破乳化效率仅为 23.7%。因此，与传统的介质聚结技术相比，组合技术具有结构紧凑、效率高的优点，可大大减少介质用量。

然而，随着深度的增加，破乳效率的增加率逐渐下降。在联合处理（DCEF 和 3 mm 聚丙烯）中，随着深度从 15 cm 增加到 75 cm，破乳效率从 41.8%增加到 96.1%，平均每厘米增加 0.905%。然而，当深度从 75 cm 增至 135 cm 时，破乳效率从 96.1%增至 98.8%，平均增幅为 0.045%/cm。一般应选择 90~150 cm 的床层深度，以便在流经一次破乳剂后实现充分破乳。此外，还应根据给定乳液的处理效果和要求，综合考虑粒度和床层深度的设计[22]。

由于水相流体的黏性效应，细小的油滴很难与介质表面发生碰撞，介质聚结法并不适合油包水型乳液的深度分离。本研究采用电场和介质聚结相结合的新方法来增强乳化液的破乳化效果，与介质聚结或单独电破乳化相比，联合处理显著提高了分离性能。研究了不同电场参数和介质性质下的破乳化效果。从联合处理的结果中得出以下结果。

非均匀电场的电压是影响破乳的关键因素。提高电压是改善破乳效果的有效方法，但应注意避免电流增大引起的过度电解。在相同电压下，DCEF 的破乳化效果优于 UPEF 或 BPEF，但 BPEF 的电流较小，可有效抑制电解。随着 BPEF 频率的增加，油滴的 EHD 运动减弱，在低于 25 Hz 的低频下，破乳效果更好。由于电场的增强效应远大于润湿性效应，因此在设计介质时可以忽略润湿性因素。介质的粒度也是一个关键因素。随着粒径的减小，床层相应的比表面积也会增大，从而显著改善破乳效果。随着床层深度的增加，破乳效率也会提高，但提高的速度会减慢。一般可选择 90~150 cm 的床层深度，以达到充分的破乳化效果。总之，电场与介质聚结的结合是一种潜在的绿色工程解决方案，可用于 O/W 型乳液的破乳化。在这项工作中，主要研究了组合技术的宏观破乳效果。应进一步探讨破乳机理，包括油滴的 EHD 运动以及油滴在介质表面的黏附模式和聚结过程。

参考文献

[1] ROGER K, CABANE B. Why are hydrophobic/water interfaces negatively charged[J]. Angewandte Chemie International Edition, 2012, 51(23): 5625-5628.

[2] WANG C, SONG Y, PAN X, et al. Electrokinetic motion of an oil droplet attached to a water-air interface from below[J]. The Journal of Physical Chemistry B, 2018, 122(5): 1738-1746.

[3] JAHROMI F, ELEKTOROWICZ M. Electrokinetically assisted oil-water phase separation in oily sludge with implementing novel controller system[J]. Journal of Hazardous Materials, 2018, 358(15): 434-440.

[4] VIVACQUA V, MHATRE S, GHADIRI M, et al. Electrocoalescence of water drop trains in oil under constant and pulsatile electric fields[J]. Chemical Engineering Research and Design, 2015, 104(24): 658-668.

[5] 叶学民，戴宇晴，李春曦. 电场对液滴界面张力及动力学特征影响的研究进展[J]. 化工进展，2016，35（9）：2647-2655.

[6] 赵雪峰，何利民，叶团结，等. 交流电场中水滴破裂及其影响因素研究[J]. 工程热物理学报，2013，34（10）：1890-1893.

[7] MAGHSOUDLO A, HOSSEINI M. Treatment of fluid in fluid emulsion by external electric field[J]. Asian Journal of Chemistry, 2010, 22(8): 6417.

[8] ASKE N, KALLEVIK H, SJÖBLOM J. Water-in-crude oil emulsion stability studied by critical electric field measurements: correlation to physico-chemical parameters and near-infrared spectroscopy[J]. Journal of Petroleum Science and Engineering, 2002, 36(3): 1-17.

[9] LAW M, PETIT M, BEYSENS D. Adsorption-induced reversible colloidal aggregation[J]. Physical Review E, 1998, 57(5): 5782.

[10] OLDHAM B. A gouy-chapman-stern model of the double layer at a (metal)/(ionic liquid) interface[J]. Journal of Electroanalytical Chemistry, 2008, 613(2): 131-138.

[11] VALLEAU P, TORRIE M. The electrical double layer: modified gouy-chapman theory with unequal ion sizes[J]. The Journal of Chemical Physics, 1982, 76(9): 4623-4630.

[12] GUR Y, RAVINA I, BABCHIN J. On the electrical double layer theory: the Poisson-Boltzmann equation including hydration forces[J]. Journal of Colloid and Interface Science, 1978, 64(2): 333-341.

[13] PARSONS R. The electrical double layer: recent experimental and theoretical developments[J]. Chemical Reviews, 1990, 90(5): 813-826.

[14] OUTHWAITE W, BHUIYAN B, LEVINE S. Theory of the electric double layer using a modified Poisson-Boltzman equation[J]. Journal of the Chemical Society, 1980, 76(1): 1388-1408.

[15] LEVINE S, BELL M, CALVERT D. The discreteness-of-charge effect in electric double layer theory[J]. Canadian Journal of Chemistry, 1962, 40(3): 518-538.

[16] CLAESSON M, KJELLIN M, ROJAS J, et al. Short-range interactions between non-ionic surfactant layers[J]. Physical Chemistry Chemical Physics, 2006, 8(47): 5501-5514.

[17] POLITOVA N, TCHOLAKOVA S, DENKOV D. Factors affecting the stability of water-oil-water emulsion films[J]. Colloids and Surfaces A: Physicochemical and Engineering Aspects, 2017, 522(3): 608-620.

[18] SCOTT C, SISSON G. Droplet size characteristics and energy input requirements of emulsions formed using high-intensity-pulsed electric fields[J]. Separation Science and Technology, 1988, 23(12): 1541-1550.

[19] OURIEMI M, VLAHOVSKA M. Electrohydrodynamic deformation and rotation of a particle-coated drop[J]. Langmuir, 2015, 31(23): 6298-6305.

[20] HELGESON E. Colloidal behavior of nanoemulsions: interactions, structure, and rheology[J]. Current Opinion in Colloid and Interface Science, 2016, 25(7): 39-50.

[21] IM J, AHN M, YOO S, et al. Discrete electrostatic charge transfer by the electrophoresis of a charged droplet in a dielectric liquid[J]. Langmuir, 2012, 28(32): 11656-11661.

[22] WU J. Interactions of electrical fields with fluids: laboratory-on-a-chip applications[J]. IET Nanobiotechnology, 2008, 2(1): 14-27.

4

水包油乳状液的交流电场破乳

自 20 世纪 80 年代以来，人们开始关注液滴尺寸在纳米范围内的乳液，这种乳液被称为纳米乳液（液滴尺寸在纳米级，通常在 20~200 nm 内）。虽然乳液系统在工业应用中得到了发展，但在许多化学工业中，乳液的形成并不理想。乳状液有两种形式：水包油（O/W）和油包水（W/O）。可通过化学和物理方法加速水包油乳液、油包水型乳液的破乳化。化学方法包括使用破乳剂和乳化剂。物理方法是通过动态界面机制和油滴大小来增加油滴的接触频率，使用微波脱浆法、膜或织物过滤法和电场法[1]。从经济方面，特别是环境方面考虑，电场相关技术比化学或其他机械方法更合适。

由于破乳设备和工艺简单，电场是破坏水包油型乳液的最佳方法之一。其中，交流电场（Alternating Electric Field，AEF）也被用于水包油乳液的破乳，但是交流电场是一种电场强度和方向随时间周期性变化的电场，其对水包油乳液产生的破乳效果完全不同于恒定不变的直流电场输出的效果。交流电场不同于直流电场的地方在于，其所产生的电场方向变化，电场的幅值也在变化，因此所产生的电场形式可能是非均匀的电场。非均匀电场所产生的破乳效果是不同于均匀电场的，且其电场分布形式也是复杂多变，油滴在此电场中的作用规律也是比较复杂的。因此，在研究交流电场对乳液的破乳，经常需要讨论电场中的非均匀规律。对用非均匀电场（正 DEP）分离原油乳液中的水进行了研究。通过研究温度、时间、电压和各种电流的影响，来综合考察交流电场对乳液的破乳现象和效果。静电分离原油中的水是石油工业的关键技术之一[2]。利用低外加电场快速破乳致密的水包油，然而，水包油型乳状液的电破乳化和低电场对油滴界面特性的物理影响还没有研究报道。在这项研究中，非均匀电场（DEP）下水包油乳状液的破乳化以及不同电压和温度对其影响的研究得到了报道。

4.1 交流电场对水包油乳液破乳的现象及过程

4.1.1 交流电场中电场分布形式及其理论基础

4.1.1.1 均匀电场（电泳）

在这种电场中，两个平行板电极都安放在乳液容器中，电流在两个平行电极板之间产生。处于电场中的液滴会被带相反电荷的电极吸收。

4.1.1.2 非均匀（径向）电场

在这种电场中，一个柱状电极被安放在乳液中，另一个电极浸入30%的酸容器（电解质溶液）中，其相当于一个环形电极。当电流通过两个电极时、电场就会以径向方式朝向电极产生。电场在两个电极之间以径向产生电场。

介电泳（DEP）是指物质在非均匀电场中因极化效应而产生的运动。正电泳（p-DEP）是一种非均匀电场，与进入高电场区域的微颗粒的迁移有关，与颗粒的电荷性质无关、导致液滴聚结并形成更大的液滴。形成更大的液滴 DEP（n-DEP）是一种完全相反的现象。它发生在极化性低于周围介质的颗粒中[3]。

介电泳过程中中心柱状电极附近的粒子比周围的介质更易极化，并被吸引到针电极（p-DEP）的强电场中，被引脚电极上的强电场吸引，而左边极化性低的粒子则远离强磁场区域。在这项研究中，在不同的温度和电压下，在针电极上产生了正弦波形式的电流。从外部可以观察和控制[9]。

粒子迁移到电场强度最弱的电极（n-DEP），必须考虑以下两点：

（1）容器壁应足够厚且耐用，以防颗粒撞击。

（2）容器壁不能太厚，否则会导致电场损耗过大。

根据公式（4-1），相对介电常数必须足够大，才能有效地移动粒子。介电常数为 ε_{d} 的分散液滴被介电常数为 ε_{c} 的连续相包围。

$$\frac{E_{\mathrm{c}}}{E_{\mathrm{d}}}=\frac{\varepsilon_{\mathrm{d}}}{\varepsilon_{\mathrm{c}}} \tag{4-1}$$

式中，下标 d 和 c 分别指分散相和连续相。

圆柱形容器（共中心）的 DEP 力 F_{di} 估算如下[4]：

$$F_{\mathrm{di}}=\frac{\pi\cdot \mathrm{d}^3\varepsilon_{\mathrm{c}}(\delta_{\mathrm{d}}-\delta_{\mathrm{c}})E^2}{2(\delta_{\mathrm{d}}+2\delta_{\mathrm{c}})R\cdot 1n^2(D_{\mathrm{a}}/D_{\mathrm{i}})} \tag{4-2}$$

根据公式（4-2），DEP 力 F_{di} 取决于以下参数：

（1）DEP 力取决于容器外径 D_{a}（30%酸容器）与容器中心直径 D_{i}（乳液容器）之比。公式（4-2）表明，当上述比率增大时，DEP 力将减弱，因此需要更高的电场强度。

（2）连续相的介电常数取决于乳液的类型。

（3）当液滴直径（d）较小时，DEP 的作用力较弱。DEP 的作用力会减弱。

（4）d、c 取决于乳液的种类。当粒子的有效介电常数和/或电导率小于介质的有效介电常数和/或电导率时，F_{di} 将倾向于使粒子向最弱或最弱的方向移动。粒子向电场最弱或最小区域移动。这种现象称为 n-DEP。

（5）油滴中心与中心电极之间的距离定义为 R。R 增大时，从中心电极到较远油滴的电场强度效应将减弱。中心电极到更远油滴的电场强度会降低。当玻璃直径 D_{i}（乳液容器）增大时，需要更高的电场强度。如果将油/水乳液置于不均匀电场（DEP 电场中时），油粒子会带负电荷，无论电荷种类（正电荷或负电荷）如何，它们会迁移到电场强度最弱的电极上，形成 n-DEP 电场。粒子越远离中心，F_{di} 力就越弱。分散在水中的纳米级油滴不容易分离。一种有吸引力的技术是利用电现象来破乳化水中的油。在这项研究中，非均匀电场或介电泳（DEP）来去除分散在水中的分散相油滴粒子。比如在考虑了温度、时间和电压（使用交流电场）的影响的条件下，以获得最高的电泳力（F_{di}）和最佳效果。通过使用 ZetaSizer 显示，在最佳温度为 38 °C、电压为 3000 V 的条件下，油粒子的平均尺寸约为 76 nm，发生了聚并[5]。

4.1.2 交流电场中水包油乳液的破乳基本现象及效果

水包油乳液的电场破乳分离器装置包括三个同心玻璃圆筒。可从外部控制和观察。中心圆筒（直径 4 cm，高 32 cm）是乳液容器，中间圆筒（直径 7 cm，高 32 cm）是 30%的酸容器，外筒（直径 9 cm，高 32 cm）是热转换器。这里的电极是分开的。中央容器中使用了一个金属电极。中间容器（30%的酸容器）中使用了一根小金属丝。油相使用液态油。水包油乳化液使用超声波处理器（20 min，周期为 0.5 s，振幅为 100%）将液态油和水震荡，制备乳状液。加入 2%（体积分数）的油和 1%（体积分数）的十二烷基硫酸钠（Sodium Dodecyl Sulfate，SDS），十二烷基硫酸钠作为表面活性剂。为了计算分离效率，首先，将水倒入直径为 4 cm 的管道分离器中，然后加入 2%（体积比）的油。在乳化之前，用尺子测量油的高度。玻璃容器经过后，将乳液置于电场下。分离大约需要 10 min，然后测量油的分离高度，最终可以计算出分离效率，并对分散体的粒度和粒度分布进行表征[6]。

4.1.2.1 电压大小对分离率的影响

在本研究中，与其他研究一样，对电压、时间和温度等项目进行了优化。恒温（38 °C）下电压大小对分离效率的影响。结果显示，电压越高，电场越强。在分离器中心的金属电极附近。最初几分钟的分离效率高于最后一次。电压大于或小于 3000 V 对分离效率的提高没有显著影响。因此，选择 3000 V 作为最佳电压。当电压高于最佳电压时，乳化液又开始乳化。在最佳温度为 38 ℃和最佳电压为 3000 V 时，分离效率达到 85%。

4.1.2.2 温度对分离效率的影响

温度对分离效率的影响很大。从 22 ℃到 38 ℃，分离效率随着温度的升高而显著提高，而从 38 ℃到 60 ℃，分离效率的提高并不明显。当温度高于 65 ℃时，分离效率会降低。随着温度的升高，油的黏度降低，有效的油滴碰撞的次数增加，但有效油滴聚结效率下降。当温度高于最佳温度时，颗粒的流动性增强，黏度降低。因此没有更多有效的撞击。因此，再次开始破乳时，效率降低。

非均匀电场（n-DEP）是指粒子的有效介电常数和/或电导率小于介质的有效介电常数和/或电导率。粒子比周围介质更易极化。负 F_{di} 会使粒子向电场最弱或最小区域移动。与均匀电场相比，容器中央偏远地区的液滴浓度较高，那里的电场强度最弱，液滴之间的接触也更多。因此，相互接触的颗粒越多，分离效率就越高。与均匀电场相比，电气短路的可能性更小，因为这里使用的是两个分离的电极。电压、温度和时间是影响分离率的重要参数。最佳温度和电压约为 38 ℃和 3000 V。在最佳电压以上，电压的影响可以忽略不计，因为它已开始再次乳化。在 38 ~ 60 ℃内温度的升高对分离效率没有明显影响。在 60~70 ℃内温度升高对分离效率有负面影响，因为它会重新开始乳化，这与电压升高的情况类似。

4.2 交流电场对水包油乳液破乳的过程机理分析

上一节我们介绍了交流电场中容易出现的非均匀电场，以及非均相电场所形成的粒子的 DEP 行为及其规律。而众所周知，电流体动力（EHD）流可导致刚性胶体在电极附近聚集。我们在此报告说，电流体动力流也会诱导不相溶的油滴聚集，并在足够强的场强下聚结。我们测量了水中微米级油滴的聚集和聚结率，发现诱导聚结的最有效方法是突然降低外加频率。我们从 EHD 流动和胶体力之间的平衡角度解释了这一结果，并讨论了使用 EHD 流动从溶液中分离痕量油类的意义。电场用于分离油包水型乳状液已有近一个世纪的历史。例如，静电脱水机（也称为静电分离器或电聚结器）通常用于去除原油和各种植物油中的分散水滴[7]。分离的发生是因为水滴在电场作用下极化，诱导偶极子之间的相互作用使水滴排列成与电场对齐的链。如果磁场强度不太大，链中的相邻液滴就会聚结在一起，加快沉降速度，从而导致分离。

相比之下，水包油型乳液通常被认为更难进行电分离。由于连续的水相具有导电性，因此与油包水型乳液相比，诱导大量链形成所需的电流密度要大得多。因此，现代静电脱水机在设计上明确规定要尽量减少水的短路。一些电凝固技术则利用了由此产生的电化学反应，这种反应会改变 pH，并有助于破坏液滴的稳定性；但所需的电流密度也相应较大。虽然一些研究人员已经测试了水包油乳液在低电压下的电聚结，但只有在不稳定乳液（即在制备后 1 h 或更短时间内就会分离的乳液）中才能实现可测量的聚结。迄今为止，还没有人展示过用于分离稳定水包油型乳液的低压技术。

在本部分内容中，将介绍一种分离水包油型乳液的低电压方法，该方法利用了电极附近物体通过电流体动力（EHD）流聚集的趋势。众所周知，电极附近的固体胶体颗粒会在稳定或振荡电场的作用下形成平面聚集体，前提是颗粒不黏附在电极上。由萨维尔和合作者领导的早期研究从每个粒子周围产生的电荷流角度解释了聚集现象。在这一模型中，粒子改变了电极附近的局部电场，这些扰动对电极极化层的作用产生了指向每个粒子的流体运动。相邻的粒子在各自的流体中相互缠绕，随之发生聚集。由于极化层中的电荷和粒子产生的扰动都随外加场强 E 的大小而变化，因此产生的 EHD 流的大小为 E^2。Ristenpart 等人根据 EHD 理论建立了更详细的模型，并发现在没有法拉第反应的情况下，对聚集动力学和直接流动可视化的测量证实了高频场（大于 100 Hz）的理论；一个关键发现是 EHD 速度与外加频率成反比。Sides 等人针对低频振荡法拉第电流的情况扩展了 Trau 等人的模型，并发现该模型与电解质的性质有很大关系。至于稳定场，Solomentsev 等人提出了一种基于粒子表面电渗滑流的替代机制，而 Ristenpart 等人最近的研究表明，在稳定场中，电荷流动和电渗流动（EOF）都对聚集有重要作用[8]。

尽管迄今为止的大部分实验工作都是针对固体胶体粒子的，但现有理论中并没有以粒子的固体性为前提。相反，影响聚集的关键粒子特性是电动特性：EOF 的粒子 Zeta 电位或 EHD 流动的粒子偶极系数。因此，非固体颗粒也应该聚集，而且确实有一些证据支持这一假设。据报道，各种类型的膜结合物体，包括细菌、酵母和单纤毛泡，都会在振荡场的作用下在电极附近聚集。然而，在所有这些系统中，内部液相都被弹性膜包围，弹性膜提供了诱导流动的电动表面。迄今为止，还没有人研究过乳状液在外加电场中是否会发生类似的电动力学聚集[9]。

水中的油滴确实会在振荡电场的作用下在电极附近聚集。研究表明，聚合速度与外加电场的平方成正比，这与基于 EHD 流动的聚合机制是一致的。更引人注目的是，我们证明在适当的条件下，液滴也会聚结成更大的液滴。频率的突然降低会导致聚集体中多达 100% 的液滴聚结。由于较大的液滴更容易通过传统技术（如沉淀或离心分离）分离，因此观察到电荷诱导聚结表明，使用低压电场从水溶液中分离乳化油是一种可能的策略。

4.2.1　基于 EHD 理论的交流电场对水包油乳液的破乳实验

两个平行电极由涂有氧化铟锡的玻璃（R≈6 Ω/square, Delta Technologies）组成，中间隔着一层约 600 μm 厚的绝缘电工胶带。使用安捷伦函数发生器（33220A）施加振荡电场，并使用安捷伦数字示波器（DSO3152A）进行测量。乳液的制备方法是将食品级特级初榨橄榄油（加州大学戴维斯分校橄榄中心）质量的 0.1%混合物在 1 mmol/L NaCl 中均质（Ultra Turrax T25）。橄榄油按规定使用；盐水由 18 MΩ/cm 的去离子水制备。虽然没有添加额外的表面活性剂或乳化剂，但制备的乳液在 3 个月内都很稳定，没有明显的分离现象。在较高盐浓度下制备的乳液往往会迅速分离（10 mmol/L NaCl 在几天内分离，100 mmol/L NaCl 在几小时内分离），这表明液滴在 1 mmol/L NaCl 中具有静电稳定性。光学显微镜测量结果表明，产生的乳液具有对数正态大小分布，平均直径约为 2 μm。

实验开始时，在两个电极之间的空隙中注入乳状液，并静置约 20 min；这一延迟可使油滴向上漂浮，并在顶部电极附近形成稀释层。然后施加电场，用光学显微镜（徕卡）观察由此产生的液滴行为，并用 CCD 摄像机以 25 帧/秒的速度进行记录。使用低倍放大镜（10~20×）可同时观察 500~1000 个液滴，这样就能确定许多液滴的平均行为。使用 Matlab 自定义程序从数字影片中提取聚集和聚结率[10]。

图 4-1 在施加电场之前，液滴随机分散在电极附近，正在进行布朗运动。施加 500 Hz、4 V 的电场后，液滴立即开始相互移动。在 20 s 内，大部分液滴已经聚集在一起，到 40 s 时，未聚集的液滴所剩无几。从性质上看，这种聚集行为与在类似电场条件下观察到的刚性胶体的聚集行为非常相似。图 4-1 中一个特别重要的特征是，在这些电场条件下几乎观察不到聚结现象。虽然液滴在聚合体中相互靠近，但相邻双层之间的静电斥力有助于保持纳米级的分离，从而防止液滴之间的直接接触。静电稳定胶体也有类似的效果，在施加电场时，胶体会彼此靠近，但在电场移除后，胶体会通过布朗运动分离。

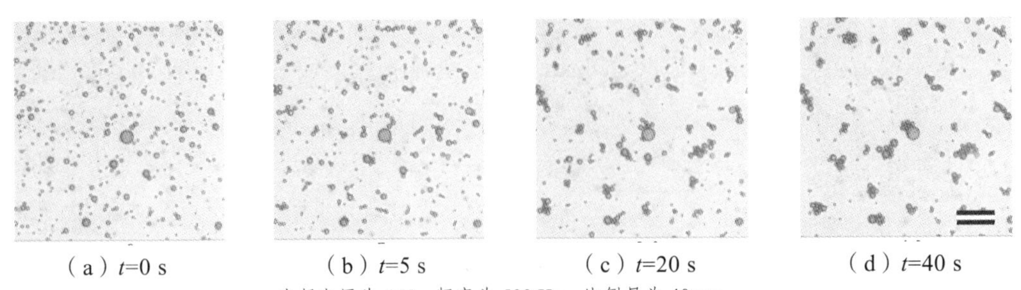

（a）t=0 s　（b）t=5 s　（c）t=20 s　（d）t=40 s

电场电压为 4 V，频率为 500 Hz，比例尺为 40 μm。
随着聚集的进行，孤立液滴数量会随着时间的增加而减少。

图 4-1　低倍光学图像显示油滴在电场作用下在电极附近聚集

为了更定量地检验观察到的聚集现象是否与基于 EHD 流动的机制一致，研究人员使用了 Ristenpart 等人开发的方法从视频数据中提取聚集率。简单地说，未聚集孤立液滴（“单液滴”）的单位面积浓度 n 随时间而变化，假设在早期单液滴的消失主要是由于二元碰撞，则 n-1 随时间线性增加，即

$$n_{init}/n \approx 1+(k_E n_{init})t$$

式中 n_{init}——初始单质浓度；

k_E——反映电场对单质聚集影响的速率常数（面积/时间）[11]。

对于小的外加电位（振幅 $\Delta\varphi$>3 V），聚集率与外加电位的平方成线性比例，而对于足够高的频率（ω>500 Hz），聚集率与频率大致成反比，如图 4-2 显示的外加电势和频率对聚集率的影响所示。请注意，频率的影响是在稍高的外加电位（$\Delta\varphi$=3.5 V）下测试的，以便在较高频率下诱导出可测量的聚集量。这两种观察到的趋势与 Ristenpart 等人的 EHD 缩放分析在性质上是一致的，其中预测 10^2~10^6 Hz 的振荡场产生的流动缩放比例为 u~$(\Delta\varphi)2/\omega$。值得注意的是，这里观察到的油滴聚集速率常数约为 10 μm^2/s，与之前获得的聚苯乙烯颗粒的 k_E≈5~50 μm^2/s 数值范围相当。

图 4-2 中显示了应用振幅对 1 mmol/L NaCl（ω= 500 Hz）中油滴聚合速率常数的影响。实线由线性回归得出。频率对聚集速率常数的影响，$\Delta\varphi$=3.5 V。每个点是在指定电压或频率下进行的 3 次独立实验的平均值；误差条代表标准偏差。不过，有两个关键的不同点使得油滴和固体颗粒之间的直接比较变得复杂。① 乳液具有很高的多分散性，因此测得的速率常数仅代表许多不同大小油滴的平均聚集速率；要进行更精确的比较，需要单分散乳液。② 更重要的是，当施加足够高的电场强度时，油滴表现出明显的不可逆黏附在电极上的趋势（表现为油滴突然停止运动，包括布朗运动）。在施加的振幅远大于 3 V 或低于 500 Hz 的情况下进行的实验会导致不同程度的“黏附”，从而无法对聚集率进行有意义的测量。显然，静电双层斥力有助于在无外加磁场的情况下稳定液滴，但外加磁场克服了这种斥力。值得注意的是，即使在无外加磁场的情况下，悬浮在较高浓度盐溶液（大于 10 mmol/L NaCl）中的液滴与电极接触时也会黏附[12]。对于刚性胶体，已知电场会引起粒子位置的小振幅振荡，类似的电泳效应可能有助于驱使液滴与电极接触，尽管存在双层排斥力。

然而，关键在于足够高的电场强度会破坏液滴相对于电极的稳定性，这就提出了一个问题：更高的电场强度是否也会破坏液滴相互之间的稳定性（即导致聚结）。因此，我们进行了一系列实验，首先使用低电场强度使液滴靠近，然后增加电场以确定对液滴的影响。其中一个实验的结果如图 4-2 所示。在这里，液滴首先受到 3 V、500 Hz 的电场作用 2 min，以引起聚集；没有观察到聚结现象[图 4-2（a）]。首先将振幅提高到 5 V，然后将频率降低到 50 Hz，绝大多数液滴都聚结在一起[图 4-2（b）]。图 4-2（c）至（h）更详细地显示了一个特定液滴团聚结事件的确切顺序。最初，该液滴团至少有 17 个液滴，在此放大倍率下可进行光学分辨[图 4-2（c）]。在恒定的 500 Hz，振幅从 3 V 瞬间增大到 5 V，大约一半的液滴在 80 ms 内聚结（图 4-2d）。值得注意的是，聚结随即停止。在 5 V、500 Hz 条件下，在接下来的 20 s 内没有观察到进一步的聚结[图 4-2（e）]。为了让剩余的液滴聚结，然后在恒定场强下将频率降至 50 Hz，在 1 s 内剩余的液滴全部聚结?. 如图 4-2（f）至（h）所示。

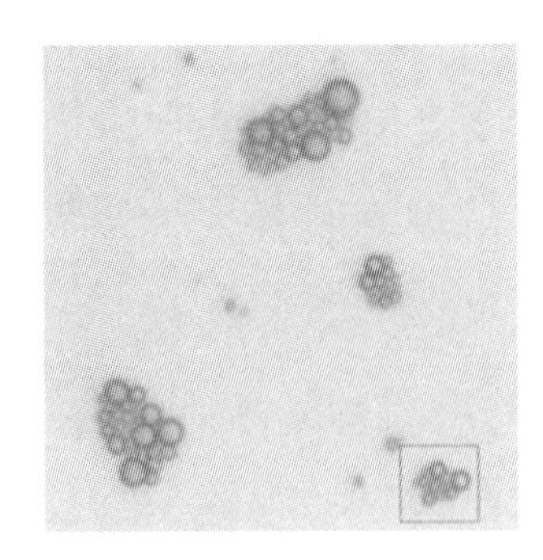

（a）油滴最初在 500 Hz、3 V 的电场作用下聚集，没有发生任何聚结

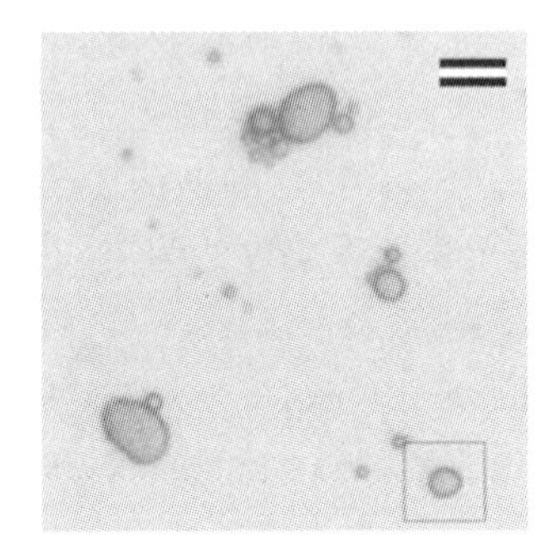

（b）将外加电场改为 50 Hz、5 V 后，大部分液滴聚结（比例尺为 20 μm）

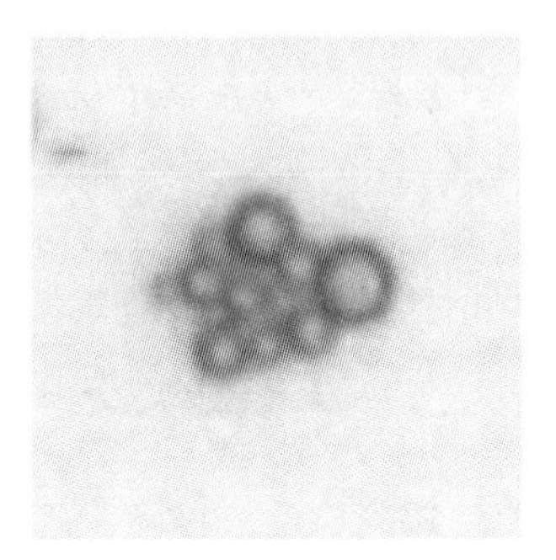

（c）（a）和（b）中方框所示液滴团的放大图（此处显示的是 t=0 s 时的情况）

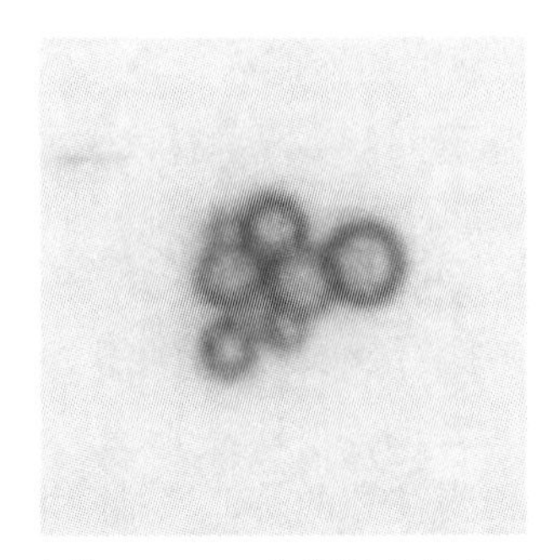

（d）在外加振幅突然增至 5 V 后约 0.08 s，液滴团中最初可见的液滴约有 50%聚结在一起

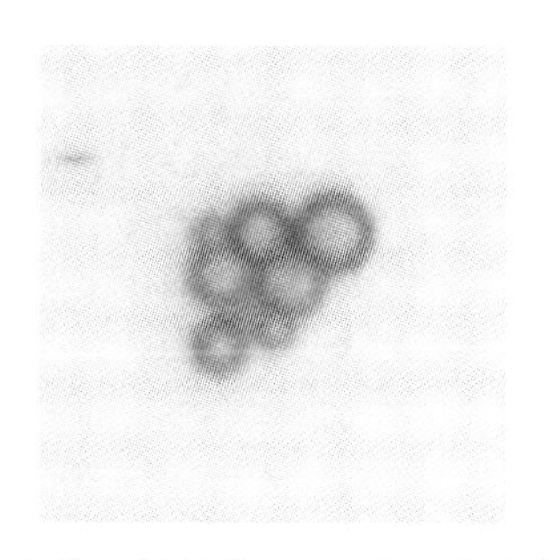

（e）在 500 Hz、5 V 条件下再持续 20 s 后，没有观察到进一步的聚结

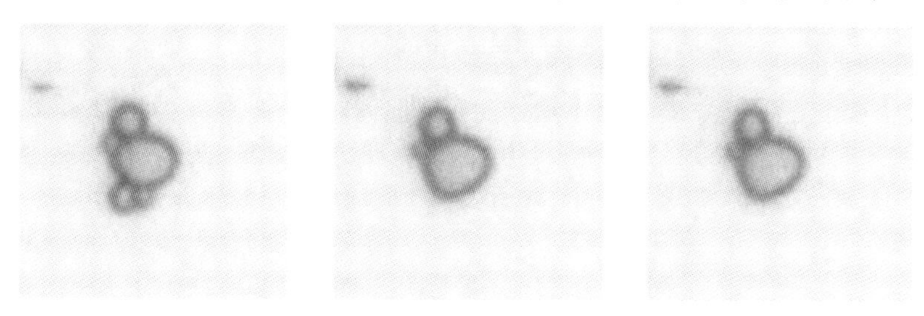

（f）~（h）同一液滴团的延时序列，显示在应用频率突然降至 50 Hz 后液滴聚结的情况。
图像分别在频率降低后 0.16 s、0.4 s 和 0.92 s 拍摄（比例尺为 5 μm）

图 4-2 光学显微照片显示电极附近的油滴随外加电场波形变化而聚结

值得注意的是，聚结发生在较高的外加电势和较低的外加频率下，而这些条件往往会增加 EHD 流动的速度（其比例为 $u\sim\Delta\varphi 2/\omega$）。因此，对聚结现象的一个合理解释是，电荷流动将液滴“推”到足够近的距离，超过了原生最大值，使范德华相互作用占据主导地位，并通过毛细管作用实现聚结。然而，由于双层液滴的尺度达到了纳米级，因此需要更复杂的实验装置来探测胶体尺度力与 EHD 流之间的“竞争”。此外，与我们之前的观察结果一致，大部分产生的大液滴似乎都附着在电极上[13]。

4.2.2 基于 EHD 理论的交流电场对水包油乳液的破乳分析

不过，这些观察结果证实，在适当的电场条件下会发生聚结。为了确定使聚结最大化的最佳条件，我们系统地改变了电场条件的变化，并观察了由此产生的聚结行为。这里我们定义了聚结分数 $\chi\equiv(N_{\text{final}}-1)/(N_{\text{init}}-1)$，其中 N 代表单个液滴团中液滴的数量。请注意，$\chi=0$ 相当于 100%聚结，$\chi=1$ 相当于液滴数量没有变化。一个重要的注意事项是，如果在电场条件改变后，几乎没有发生聚结，但有更多液滴加入液滴团，则 $\chi>1$ 是可能的。由于这种复杂性，我们强调 χ 在这里是聚结效率的半定量指标。

通过观察研究不同外加电位在 500~50 Hz 频率骤变时的聚结效率。在外加电位固定在指定电压、初始频率为 500 Hz、随外加频率变化而产生的聚结效率、振幅固定在 4.5 V 的条件下，研究第一种情况：25 Hz/10 s 逐渐降低到最终频率，第二种情况：突然降低到最终频率，在施加恒定振幅的情况下，频率从 500 Hz 突然降至 50 Hz 对 χ 的影响。在这里，液滴在 500 Hz 和指定施加电位下聚集了几分钟，然后频率突然降至 50 Hz，电位没有变化。虽然有些误差很大，但总体趋势很明显：当施加的电位较高时，频率突然降低会导致更多的聚结。同样，变化的一个来源似乎是由于在聚集阶段，高电场强度下液滴黏附在电极上的趋势增强，这阻止了液滴靠得足够近以发生聚结[14]。

并比较了两种不同的频率降低类型：渐变和突变。在这两种情况下，液滴在 500 Hz 和 4.5 V 电压下聚集数分钟，然后在恒定的外加电位下将频率降至指定的最终频率。在频率骤降的情况下，频率瞬间下降（即时间尺度小于微秒，受限于函数发生器的响应时间），但在频率渐降的情况下，频率每 10 s 瞬间下降 25 Hz，直至达到最终频率。在这两种情况下，最终频率越低，χ 值越低。然而，即使 ω_{final} 的值相同，频率骤降时的聚结分数也明显较低，当 ω_{final}<200 Hz 时，差异约为 2 倍。这一结果表明，频率“路径”在聚结效率中起了作用，可能是因为逐渐降低的频率为液滴提供了更多机会黏附在电极上并阻碍聚结。不过，也有可能是频率的突然降低引起了电荷流的激增或其他效应，从而为聚结提供了额外的驱动力。要更详细地探究这种频率路径依赖性的原因，还需要进行更多的实验，但关键的实际意义在于，频率的突然降低在诱导聚结方面更为有效。

总之，通过研究学者已经证明，水中的油滴在振荡场的作用下聚集和聚结，其方式与基于 EHD 流动的机制在本质上是一致的。还有几个问题有待回答。首先，固体颗粒与液滴的关键区别在于，原则上滑移速度可能发生在油/水界面。如果是这样，那么一个基本问题就是滑移速度如何影响远场 EHD 流线以及随之而来的聚集率。有趣的是，液滴内部也有可能发生循环流动，其方式类似于泰勒对泄漏介电液滴内部流动的经典观察。在更实际的层面上，这里的主要结果是电场可以诱导微米尺度的液滴聚结。由于较大的油滴更容易通过沉淀、离心和膜过滤进行分离，因此本研究的结果表明，在工业上，电荷流动可以作为启动聚结的前导步骤，简化从溶液中去除痕量油类的过程。例如，含有必须去除的乳化油滴的废水流可首先通过一系列平行电极（如 EHD 分离器），并在它们之间施加振荡场。只要油滴不黏附在电极上，就会发生聚集和聚结，分离器就会输出较大的油滴。未来的实验将明显受益于改进后的设备，这种设备能有效防止液滴附着在电极上。

由上述实验研究可以看出，直流和交流电场均能够使 O/W 乳液发生破乳，并导致乳液中油滴发生聚结、增大上浮与水相发生分离。电场也可以驱使乳液产生运动，其输出参数电压和频率对乳液破乳效果有着显著的影响。但目前国内外对 O/W 乳液电破乳的实验研究内容较少，现有的对 O/W 乳液破乳的研究仅局限于对实验现象的定性观察，缺乏定量、系统的破乳实验效果研究[15]。而且以上实验研究均没有对破乳过程中乳液产生的电流进行说明，且施加的电场电压均较小。这是因为当电压过大时，油水乳液会出现电流过大的现象，导致乳液温度升高，从而使能耗急剧增加，严重时会在电极周围将水电解，对油水乳液破乳产生不利影响。因此，破乳实验中应避免乳液电流过大和电解现象的产生。同时，目前应用于 O/W 乳液破乳的电场形式也较少，因此应用新形式的电场来对 O/W 乳液进行破乳研究是很有必要的。

4.3 交流电场与直流电场结合对水包油乳液的破乳

从水包油乳状液（O/W）中分离水溶性离子对于环境监测石油泄漏产生的有害化学物

质非常重要。水溶性离子[如原油中离子化形式的多环芳烃（PAH）]对环境有害。油轮漏油后，通常会使用表面活性剂将油相分解成尺寸小于或等于 70 μm 的小油滴，从而形成稳定的 O/W 型乳状液。这些较小的油滴具有更高的表面积与体积比，很容易向周围环境释放多环芳烃。因此，检测油包水型乳液中的多环芳烃等水溶性离子非常重要。但这些 O/W 型乳液样品无法直接注入标准分析仪器，如气相色谱和高效液相色谱等，以检测 PAH 离子。这是因为油在这些多相 O/W 乳剂中的存在会导致常规分析测量结果不准确。因此，需要采用新的方法来增强现有的预浓缩技术，如离子浓度极化（ICP）、场放大叠加、温度梯度聚焦、等电聚焦、等电泳等，以检测复杂多相乳液中的这些离子，然后再进行分光光度或电化学检测[16]。

此外，标准分析仪器体积庞大、价格昂贵，而且需要训练有素的人员，因此很难进行实时现场分析。利用微流体设备对目标分析物进行环境监测和检测是一个重要的研究领域，因为与传统的批量反应器相比，微流体设备在现场分析方面具有便携性等显著优势。开发用于连续萃取和浓缩油滴的全自动多功能微流控装置将降低样品体积消耗、污染风险和样品运输需求等。在我们的工作中，为了模拟水相中含有多环芳烃离子的实时 O/W 乳液的复杂性，本部分内容使用了去离子水（DI）中含有溶解荧光素钠盐的硅油液滴乳液。值得注意的是，苯酚离子和荧光素离子在水中溶解时都带负电荷[17]。

在这项研究中，我们介绍了一种新颖的微流体装置设计，它有两个模块，分别称为模块 Ⅰ 和模块 Ⅱ。在模块 Ⅰ 中，引入了纳米多孔 Nafion 膜，用于在指定区域预浓缩 O/W 型乳液水相中的离子。上述目标是通过电场诱导离子浓度极化（ICP）捕集方案实现的。这一预浓缩步骤也可用于识别 O/W 型乳液中的痕量离子。这是因为通过使用基于荧光的在线检测技术，富集离子浓度区的形成可提高多环芳烃离子的检测灵敏度，从而获得更强的紫外吸收率。在模块 Ⅱ 中，采用了一个电动阀，通过两个出口的 Y 形连接设计，将微米级的油滴从水中分离出来。通过激活电场，油滴在两个出口中的一个被阻断。这种独特的方法通过切断两个出口之一的油滴流动，可用于从油/水乳液中分离微米级的油滴。

本部分内容报告了一种新颖的连续流微流体平台，该平台专门设计用于在石油泄漏后对油水乳化液进行环境监测。具有毒性的电离多环芳烃很容易通过表面积增大的较小油滴从原油中释放到周围的水相中。因此，我们制作了一个多模块微流体装置，在油包水型乳化液的水相中形成离子富集区，以方便检测，并从油包水型乳化液中分离出微米大小的油滴。水相中的荧光素离子用于模拟 O/W 型乳液中这些有毒离子的存在。两个模块均采用直流偏压交流电场。在第一个模块中，纳米多孔 Nafion 膜用于激活荧光素离子的浓度极化效应，从而在乳液水相中形成稳定的离子富集区。离子富集区的荧光信号放大了 35.6%，相当于荧光染料浓度富集了 100%。在该模块中，主入口通过一个 Y 形接头分成两个通道，这样油滴就有了两个出口。位于第一个模块下游的第二个模块由两个出口处的两个油滴截留区组成。打开相应的电极，两个油滴截留区中的任何一个都会被激活，油滴就会被阻挡在相应的出口处。

4.3.1 交流电场与直流电场结合对水包油乳液破乳的工作原理

本研究的新颖之处在于模块 Ⅰ，它基于 O/W 乳液样品流中的离子浓度极化（ICP），而模块 Ⅱ 则是我们之前工作的延伸。ICP 是一种离子传输现象，在微流体和纳米流体界面附近施加电势时即可观察到。纳米流体域由纳米多孔膜提供，该膜与两组较大的微流体通道相连：一组与外加电压相连，另一组与地相连。膜内的孔隙充当纳米通道。一般来说，纳米多孔膜采用常见的离子选择性膜，如带负电荷的磺酸基 Nafion。当施加电场时，带负电荷的纳米孔内会产生带正电荷的电双层（EDL）。由于纳米孔和 EDL 的数量级相同，在外加电场的作用下，纳米孔内的 EDL 会重叠。这导致阳离子在 EDL 中聚集，并影响 Nafion 与较大通道连接处的离子通量。一旦 ICP 过程稳定下来，就会在这些区域形成离子富集区。这种现象已被广泛应用于目标分析物的分离、浓缩、脱盐、混合等。

传统上，单相溶液使用直流电源（DC）驱动 ICP。由于水中存在油滴，可以观察到直流电压对油滴产生的电渗（EO）力从阳极一直传到与地面相连的 Nafion 膜。因此，Nafion 膜附近没有离子富集区。当将直流偏压施加到交流（AC）磁场时，就会在 Y 接点的 Nafion 膜附近成功产生离子富集区。出现离子富集区的原因是净电场保持了稳定的电动势，使阴离子向 Nafion 膜 EDL 上的阳离子移动。该模块还集成了一个 Y 形结点，用于将油滴截留在两个出口之一，并从两个出口之一选择性地释放油滴[18]。

4.3.2 交流电场与直流电场结合对水包油乳液破乳的实验过程

用质量比为 1∶1 的 PDMS 预聚物（Slygard 184）和正己烷混合物在 500 r/min 的转速下对玻璃载玻片进行旋涂。PDMS 预聚物本身首先是由 PDMS 固化剂与 PDMS 基础单体按 1∶10 的重量比混合而成。然后将 Nafion 膜（NR-21）置于旋涂表面 22 的顶部。我们将基底置于室温下，以便聚合物在膜上回流。再次以 500 r/min 的转速在基底上旋涂一层质量比为 1∶1 的 PDMS 预聚物和正己烷，以形成一个完全平整的表面，然后在 80 ℃下固化 2 h。在整合 Nafion 膜的步骤之后，在基底上制作金微电极。首先，使用 AZ 9260 光刻胶在基底上形成微电极图案，然后进行紫外线照射。然后在基底上溅射铬（20 nm）和金（250 nm）的附着层。然后使用丙酮和胶带进行剥离，最终形成金微电极。用 BD 胰岛素超细针（外径 336 m）的针尖手工蚀刻模块Ⅱ中金电极之间 500 m 的间隙。等离子处理后，在基底上放置 PDMS 块。所形成的微通道高度为 40 μm。最后，在等离子处理后立即按照 PAH-PSS-PAH-PSS 28 的顺序逐层沉积带交替电荷的聚电解质溶液：聚（盐酸烯丙基胺）（PAH）（Sigma）和带负电荷的聚（4-苯乙烯磺酸钠）（PSS），从而实现 PDMS 微通道的亲水性。

本实验使用黏度为 50 mm^2/s 的硅油（Sigma）作为分散相。然后，在临界胶束浓度的水性不相溶非离子表面活性剂 Triton X-100（Bio-Rad 实验室）溶液的作用下，将油相乳化成离散的液滴，使其充满连续的不相溶水相。连续相中还含有浓度为 10 μm 的荧光钠盐（Sigma）。横流交界处用于将由硅油（50 mm^2/s，密度为 960 kg/m^3）组成的分散相乳化成单个液滴[19]。

两个带有 0.5 mL 汉密尔顿玻璃注射器的注射泵（Longer）分别以 0.02 mL/h 和 0.1 mL/h 的速度推动两种不相溶的液体：分散相油和连续相水。在抽取模式下，两个出口也使用了注射泵（Longer）。由于微流体通道的复杂几何形状，观察到装置中存在明显的压降。因此，为了进一步促进乳液样品的流动，科研人员在出口处施加了抽吸压力。实验中使用装有汞灯的倒置显微镜观察微芯片分叉区的荧光成像和油滴分离情况。显微镜还配有物镜（CP-Achromat 5x/0.12）和高速 CMOS 摄像机（Phantom Miro ex4）。荧光图像的曝光时间为

0.099 s。直流电源（PS 350 型，斯坦福研究系统公司）用于提供直流电场，而函数发生器（Agilent 33250A）通过 BNC 电缆与放大器（AVC 790 系列功率放大器）相连，用于在金电极薄板上产生直流偏置交流场。直流偏置交流信号由示波器（CombiScope，HM 1008-2）监测。

4.3.2.1 离子浓度富集

在本模块中，由于直流仍是迄今为止比较流行的 ICP 选择，因此最初仅使用直流电场对水包油乳化液水相中的离子预富集进行了测试。没有观察到离子富集区。实验观察结果见辅助信息。随后，研究了正直流偏置交流场。当应用正直流偏置交流场时，成功地获得了离子富集区。实验观察结果。交叉流交界处的液滴是利用 0.1 mL/h 的外部水相流速和 0.2 mL/h 的油流速产生的。电动力流产生了一个旋转涡。漩涡的方向是从地面朝向阳极。在该漩涡的影响下，液滴的速度沿两个出口增加。然而，由于从两个出口向连接到地面的 Nafion 施加了强大的 EOF 力，液滴的速度在阳极边缘附近降低。当正向直流偏压交流磁场打开时会产生这种效果。由于我们使用的 Nafion 是一种阳离子选择性膜，因此由于 EDL 在膜的纳米孔内重叠，阳离子会出现净积累。为了保持该区域的电中性，带负电荷的荧光素离子在阳离子饱和的 Nafion 膜上会产生强大的电泳（EP）力。EOF 力将进一步加强这种力量。这将导致阴离子的净积累，从而在 Nafion 膜附近形成离子富集区，对抗流体动力。我们发现，这种力的强度足以过度补偿对立的直流偏置交流电动流涡旋。

未施加任何电场的情况下，油滴通过出口 1 和 2 从 Y 形连接处流出；（B）~（D）直流偏压交流电场开启。（E）~（G）直流偏置交流正电场开启。（B）当施加直流偏移=78 V 和 V_{p2p}=173 V、频率为 100 Hz 的正直流偏置交流电场时，液滴与阳极发生强烈排斥。（C）当关闭正常光源并打开汞灯时，水相中的荧光素离子变得可见。未施加电场。（D）开启正直流偏置交流电场时观察到的荧光素离子富集区。（E）电场关闭和（F）开启时，水相中含有离子的 O/W 型乳液。F_e 表示直流偏置交流电动力学流涡。（G）施加直流偏置交流电场前后液滴沿黄色虚线的平均轴向速度。（H）为施加正直流偏置交流电场之前和之后 t=6 s 的荧光强度对比[20]。

为了计算荧光染料浓度的增大，我们绘制了施加电场前和施加电场后 t=6 s 时离子富集区的灰度值。由于 PDMS 微通道壁上多层聚电解质的亲水性，在电场开启之前，荧光强度曲线的灰度值不够平滑。在获得富集离子浓度的区域；荧光强度曲线的平均灰度值在电场开启前达到 90，而在电场开启后灰度值达到 122，我们得到 O/W 乳液水相中离子的荧光信号放大了 35.6%，这与 O/W 乳液水相中染料浓度的 100 富集相关。这一富集系数与其他研究人员报告的数值相似。

施加的电场为 78 V+173sin[2π(100 Hz)]时，相当于 200 V 的均方根电压。当荧光素离子穿过 Nafion 膜到达 Y 形接头的分叉处时，会受到两个不同的 EOF 力：一个是从 AA′沿出口 1 到达 Nafion 膜，另一个是从 BB′沿出口 2 到达 Nafion 膜（与地面相连）。不过，BB′处的环氧乙烷力强度大于 AA′，因为它更靠近电压源。由于基底的电阻，远离电源处的电压强度会降低。这样，从 BB′到 Nafion 膜产生的环氧乙烷力比从 AA′到 Nafion 膜产生的环氧乙烷力更强，从而导致荧光素离子在 0 ~ 0.4 s 期间更快地在 Nafion 边缘向 BB′方向聚集。此后，滞留在 Nafion 膜边缘和 BB′之间区域的离子浓度会对进入的离子产生库仑斥力。因此，从 0 ~ 2.8 s，AA′和 Nafion 膜之间的离子浓度增加，之后流体动力和环氧乙烷力达到平衡。从 2.8 s 开始，由于 AA′和 Nafion 膜之间较高的离子浓度对沿出口 1 流入的离子产生的库仑斥力以及沿两个出口的环氧乙烷力的组合效应，沿出口 2 的离子浓度增加。最后，在 5.2 s 时，两个出口都保持稳定的离子富集区。随着时间的推移，沿出口 1 和出口 2 离子富集区的增长情况发生变化。

4.3.2.2 交直流电场的结合作用

该模块由两个出口组成，通过一个 Y 形结点与模块Ⅰ中的浓度极化区相连。在没有电场的情况下，油滴的进出速度达到平衡，油滴从 1 号和 2 号出口流出。在该模块中，我们使用的外部水相流速为 0.15 mL/h，而油相流速保持在 0.02 mL/h。当电极 V 和 G2 连接到电源时，出口 1 中被截留的油滴。入口处流体的流速越大，设备的吞吐量就越高。在我们之前的工作中，油滴是在 0.04 mL/h 的较低流速下被捕获的。在我们之前的研究中，只使用了交流电场来产生两个反向旋转涡流，并将油滴推离电极间隙。在这项研究中，施加了一个正直流偏压交流场，以产生一个从地面指向阳极的电动流动漩涡；该漩涡对进入的油滴起阻挡作用，因此有助于油的截留。另一个因素是，之前报告的外部相由含有非离子表面活性剂 Triton X-100 的去离子水组成，而在 ITO 电极存在荧光素离子的情况下，可以观察到气泡的快速生成。在这项研究中，金电极作为贵金属和化学惰性物质，在外部水相中存在离子时更加稳定。荧光素离子的存在增加了非极性油滴和外部水相之间的极化性差异。因此，随着克劳修斯-莫索蒂系数的增加，DEP 力的强度也会放大。78 V +173sin[2π(100 Hz)]的电场与模块Ⅰ中在 Nafion 膜附近的 Y 交界处诱导浓度极化的电场相同。应用频率保持在 100 Hz，因为在这一特定频率下可获得最大的夹带效率。

当电场关闭，油滴从出口 1 和出口 2 流出（B）施加 78 V +173sin[2π(100 Hz)]电场后 t=2 s。出口 1 的油滴捕集区域达到饱和（B）。（C）在施加电场前后，从出口 1 和出口 2 逃逸的油滴总数。电场在 1.5 s 时开启，在 4.875 s 时关闭。通过将电极 V 和 G2 连接到电源，可将油滴截留在出口 1 处。或者，我们也可以在出口 2 捕捉油滴，然后通过出口 1 释放油滴。为了减小流入油滴的流体动力，使用微柱是必要的。通过减小微柱之间的距离以及增大单个微柱的直径，可以进一步增加对流入的流体动力压力的阻力。在我们的实验中，所有微柱的直径均为 110 m[21]。

该模块的关键在于在连续流反应器中用于从油/水乳液中分离油滴的电动阀。在电场开启之前，从出口 1 和出口 2 释放的油滴总数大致相同。从 t=1.5 s 到 t=4.875 s，在电场开启的时间间隔内，从出口 1 释放的液滴总数只有 12 个，而从出口 2 逃逸的液滴则有 156 个。虽然很难完全切断其中一个出口的油滴流动，但可以将 1 号和 2 号两个出口逸出的油滴数从 1∶1 改为 1∶13。在 t=4.875 s 时关闭电场后，从出口 1 释放的油滴数量突然激增，因为出口 1 的油滴已经完全饱和。在我们的设计中，油滴在一定程度上会被截留，直到截留区达到饱和，电动力无法再承受流入流体的流体动力压力。不过，通过降低装置的流速和使用更强的电场，可以进一步提高装置的捕集效率。

综上所述，本部分内容介绍了一种用于液滴级别分离效果的 O/W 型乳液分析微流控装置。该平台对于实现离子预浓缩技术以研究复杂的 O/W 型乳化液具有重要意义。该装置有两个模块，第一个模块用于利用离子浓度极化效应诱导外部水相中存在的离子浓度富集，第二个模块用于利用电动现象从油/水乳液中分离油滴。为激活浓度极化效应，在纳米多孔交界处嵌入了一层 Nafion 膜。采用正直流偏置交流电场代替传统的直流电场来增强浓缩效应。利用正直流偏置交流电场，6 s 后在靠近 Nafion 膜的 Y 形结点的两个出口处观察到稳定的离子富集区，离子富集区的荧光信号放大了 35.6%。这一结果意味着 100%富集了 O/W 乳液水相中的荧光染料浓度。此外，该模块还成功地与使用 Y 形接头的油滴分离装置集成在一起，在两个出口处使用相同的电场将水相中的油滴比例从 1∶1 改为 1∶13。

参考文献

[1] MIYAMOTO H, REIN D M, UEDA K, et al. Molecular dynamics simulation of cellulose-coated oil-in-water emulsions[J]. Cellulose, 2017, 24: 2699-2711.

[2] EOW S, GHADIRI M, SHARIF O, et al. Electrostatic enhancement of coalescence of water droplets in oil: a review of the current understanding[J]. Chemical Engineering Journal, 2001, 84(3): 173-192.

[3] 张军，何宏舟. 高压静电破乳中离散液滴的动力学分析[J]. 化工学报，2013，64（6）：2050-2057.

[4] DAS D, PHAN T, ZHAO Y, et al. A multi-module microfluidic platform for continuous pre-concentration of water-soluble ions and separation of oil droplets from oil-in-water (O/W) emulsions using a DC-biased AC electrokinetic technique[J]. Electrophoresis, 2017, 38(5): 645-652.

[5] BHATTACHARYYA S, MAJEE S. Nonlinear electrophoresis of a charged polarizable liquid droplet[J]. Physics of Fluids, 2018, 30(8): 1-12.

[6] YANG D, SUN Y, HE L. Partial coalescence of droplets at oil-water interface subjected to different electric waveforms: effects of non-ionic surfactant on critical electric field strength[J]. Chemical Engineering Research and Design, 2019, 142(1): 214-224.

[7] BHAUMIK K, ROY R, CHAKRABORTY S, et al. Low-voltage electrohydrodynamic micropumping of emulsions[J]. Sensors and Actuators B Chemical, 2014, 193(3): 288-293.

[8] ICHIKAWA T, NAKAJIMA Y. Rapid demulsification of dense oil-in-water emulsion by low external electric field: experimental evidence[J]. Colloids and Surfaces A: Physicochemical and Engineering Aspects, 2004, 242(1): 21-26.

[9] ZHANG J, KANG Y. Demulsification of dilute O/W emulsion by DC electric field[J]. Petroleum Science and Technology, 2018, 36(14): 1058-1064.

[10] 张景源，康勇. 直流电场中 O/W 型油水乳液分离效果的研究[J]. 现代化工，2018，38（11）：153-157.

[11] 齐祥明，赵小林，郭彦玲. 直流电场下水包油型乳液中鱼油油滴聚并、析出行为的研究[J]. 现代食品科技，2017，33（1）：185-190.

[12] HOSSEINI M, SHAHAVI H, YAKHKESHI A. AC and DC-currents for separation of nano-particles by external electric field[J]. Asian Journal of Chemistry, 2012, 24(1): 181-184.
[13] HOSSEINI M, SHAHAVI H. Electrostatic enhancement of coalescence of oil droplets (in nanometer scale) in water emulsion[J]. Chinese Journal of Chemical Engineering, 2012, 20(4): 654-658.
[14] VIGO R, RISTENPART D. Aggregation and coalescence of oil droplets in water via electrohydrodynamic flows[J]. Langmuir, 2010, 26(13): 10703-10707.
[15] ICHIKAWA T, DOHDA T, NAKAJIMA Y. Stability of oil-in-water emulsion with mobile surface charge[J]. Colloids and Surfaces A: Physicochemical and Engineering Aspects, 2006, 279(2): 128-141.
[16] ICHIKAWA T. Electrical demulsification of oil-in-water emulsion[J]. Colloids and Surfaces A: Physicochemical and Engineering Aspects, 2007, 302(1): 581-586.
[17] BUTT J. Measuring electrostatic, van Der Waals, and hydration forces in electrolyte solutions with an atomic force microscope[J]. Biophysical Journal, 1991, 60(6): 1438-1444.
[18] MADUAR R, LOBASKIN V. Electrostatic interaction of heterogeneously charged surfaces with semipermeable membranes[J]. Faraday Discussions, 2013, 166(24): 317-329.
[19] HOGG R, HEALY W, FUERSTENAU W. Mutual coagulation of colloidal dispersions[J]. Transactions of the Faraday Society, 1966, 62(39): 1638-1651.
[20] ELEKTOROWICZ M, HABIBI S, CHIFRINA R. Effect of electrical potential on the electro-demulsification of oily sludge[J]. Journal of Colloid and Interface Science, 2006, 295(2): 535-541.
[21] ICHIKAWA T, NAKAJIMA Y. Rapid demulsification of dense oil-in-water emulsion by low external electric field: theory[J]. Colloids and Surfaces A: Physicochemical and Engineering Aspects, 2004, 242(3): 27-37.

5

水包油乳状液的脉冲电场破乳

电破乳过程中，当电压过高时，乳液电流增大、发热严重，且可能发生电解和极板短路的现象。这些问题也存在于 W/O 乳液的电破乳中，尤其是乳液中极板间水链的形成很容易造成极板被击穿和短路发生。因此，为了解决这一问题，Bailes 首次将直流脉冲电场引入 W/O 乳液的破乳中。发现脉冲电场大大减少了乳液中水链的形成，有效抑制了油包水乳液中由于形成水链而引起的短路，使得乳液中产生的电流相对较小，油包水乳液中产热也较少。

随后，脉冲电场被广泛应用到 W/O 乳液的破乳中。Lesaint 通过实验发现方波对 W/O 乳液的破乳效果优于正弦波和三角波的破乳效果，且占空比为 50%时破乳效果最好。有人通过实验对比了高压脉冲电场和交流电场对 W/O 乳液的破乳效果，结果显示脉冲电场破乳效果优于交流电场的破乳效果，其能耗低于交流电场，且脉冲电场最佳聚结频率为 60 Hz。康万利等利用高频脉冲电场对吉林油田 W/O 乳液进行了破乳脱水实验，得到最佳破乳参数为频率 3.86 kHz、电压 1320 V、脉宽比 75%、温度 55 °C以及脱水时间 10 min，此条件下 W/O 乳液脱水率接近 100%。国内丁艺等研究了高频脉冲交流电场强度等参数对 W/O 乳液中的水滴在矩形流道中的聚结特性，发现当分散相含量为 5%时，合适的电场参数能够使液滴粒径增大 24 倍。通过调节脉冲电场的频率和占空比（脉冲输出时间与脉冲周期之比），可在维持破乳效率不变的情况下比传统电破乳能耗更低，且不会发生电极间的短路现象。科研学者们研究了高压高频脉冲电场的场强、频率和占空比对静电聚结器出口水滴粒度分布和功耗的影响，发现 W/O 乳液中液滴初始粒度分布一定的情况下，在一定范围内增大脉冲电场强度、电场频率和脉宽比，有助于提升水滴的聚结速率；在高压高频脉冲电场作用下，水滴在电场驱动下同时实现电泳聚结和震荡聚结，各电场参数间的交互作用对液滴极化变形和聚结过程具有重要影响[1]。

虽然以上研究说明脉冲电场在油水乳液的破乳中已有丰富的应用，且脉冲电场具有电流小、能耗低以及效率高的优点，但脉冲电场对油水乳液的破乳主要集中在对 W/O 乳液的破乳脱水方面，迄今为止未检索到关于脉冲电场用于 O/W 乳液破乳的文献报道。而脉冲电场之所以有较之直流和交流电场更加优异的破乳效果，主要原因在于脉冲输出产生相应波形的稳定电场，且电场方向发生周期性改变，使得乳液中分散相液滴的运动兼具电泳聚结和震荡聚结的效果，也就是脉冲电场兼具直流和交流的破乳功效，且脉冲电场的间隔输出使得乳液中的通过电流减小，乳液发热现象被削弱，因此相比于交直流电场破乳，脉冲电场破乳具有破乳效率高、能耗小等显著优势。

类比于 W/O 乳液，若将脉冲电场施加于 O/W 乳液中，由于乳液中油滴表面荷电，则带有同性电荷的油滴亦可在脉冲输出的稳定电场中受电场力作用而发生电泳运动。油滴将沿着相同的电场方向迁移，但由于油滴大小不等、所带电量不同使得油滴在电场中的运动速度不同，从而油滴之间发生相互碰撞，导致油滴表面水化膜强度削弱、厚度变薄而最终破裂。因此，理论上脉冲电场也可以对O/W乳液中油滴产生电泳聚结作用，进而促使油滴聚并增大实现油水分离，最终达到破乳的目的。脉冲电场的幅值和方向发生周期性变化，使得处于脉冲电场中的O/W乳液中油滴所受电场力的大小和方向也将随之发生周期性改变，由于油滴粒径和荷电量的不同，油滴所受电场力大小和运动速度互有差异，运动过程中相邻油滴之间的水化膜被不断挤压直至破裂，油滴合并增大且上浮形成连续油相，最终O/W乳液发生破乳。因此，脉冲电场在对水包油乳液的破乳过程中对油滴也具有震荡聚结的效果。

由上可知，脉冲电场对O/W乳液中的油滴亦具有电泳聚结和震荡聚结的作用，从而可以驱动O/W乳液中油滴聚并，实现乳液破乳。此外，脉冲电场间断输出和方向周期性改变可使O/W乳液中带电油滴的迁移和离子的持续流动被破坏，且不能朝同一电极板做定向运动，则乳液中电流减小从而避免了短路和乳液产热过多的发生。当O/W乳液不含乳化剂时，油滴保持稳定分散状态的起因主要是油滴表面所带电荷引起的静电排斥作用；当O/W乳液中含有乳化剂时，油滴间的静电斥力以及油滴表面所吸附乳化剂分子引起的空间位阻效应是乳液稳定的关键因素。无论O/W乳液中是否含有乳化剂，油滴表面电荷均会产生静电势分布，当相邻油滴靠近时，相互靠近的表面电势发生重叠引起势能垒迅速升高使得油滴之间静电排斥作用增强，导致油滴无法靠近接触乃至聚并。因此，为使油滴失稳并使乳液发生破乳，首先需通过外电场来降低或消除油滴表面的势能垒，促进相互接触的油滴聚并，从而使O/W乳液发生破乳[2]。

5.1 脉冲电场对不含乳化剂水包油乳液的破乳

为此，本节主要研究在BPEF中不含乳化剂的O/W乳液的破乳行为及其破乳效果，考察了O/W乳液的性质、BPEF的输出参数对破乳过程的影响，并对比分析了BPEF和DCEF、ACEF以及UPEF四种电场对O/W乳液的破乳过程及效果。为扩展和丰富O/W乳液电破乳的应用，深入研究其破乳机理并解决交直流电场破乳过程中易产生过大电流的问题，本研究在理论分析的基础上，提出并应用双向脉冲电场（BPEF）对O/W乳液进行破乳。通过可行性实验对O/W乳液在BPEF中的破乳效果进行验证。

5.1.1 脉冲电场对不含乳化剂水包油乳液破乳的实验现象

实验装置由带搅拌器（b）的水包油乳液储罐（a）、进液泵（c）、电破乳分离器（d）、集成电极（e）、冷却水泵（f）、冷却水储罐（g）、双向脉冲电源（h）、刻度尺（i）、清液收集罐（j）和乳液循环泵（k）组成，其中电破乳分离器和电极装置为自行设计并委托加工，电破乳分离器（d）为双层玻璃圆筒容器，内筒内径为40 mm、高度320 mm、壁厚5 mm，内筒装有集成电极（e），O/W乳液在筒内进行电破乳。电破乳分离器的外筒外径为70 mm、高度300 mm、壁厚5 mm。外筒和内筒之间的环形空间通入由冷却水泵（f）给入的冷却水，以保持 O/W 乳液在恒定温度下破乳。集成电极（e）为环形结构，由 32 根棒状钛电极组成，单根电极直径 2 mm、长度 320 mm。棒状电极由两个直径 39 mm、厚度 5 mm 的圆形聚四氟乙烯孔板固定。集成电极的中心电极为阳极，其周围其他电极为阴极组，阴极间通过铜导线相互连接。破乳 2 h 后，钛电极表面无点蚀和变灰暗现象产生，其质量与破乳前保持不变。

双向脉冲电源（h）的输出电压范围为 1~1000 V 内可调，输出频率（单位时间内脉冲周期的次数）为 1~10 000 Hz，占空比（即脉冲输出时间与一个完整周期时间之比）为 0~100%。输出参数可通过电源控制面板进行设置，破乳过程中实时输出电压和电流值在脉冲电源的 LED 屏上显示。脉冲电源输出电压的可调精度为 1 V，电流的最小显示值为 5 mA，最小的脉冲输出和关断时长均为 0.025 ms，电源最大输出功率为 2 kW。实验中用到的其他仪器和设备如下：浊度仪的最大量程为 4000 NTU，精度为 0.1 NTU；紫外分光光度计的波长扫描范围为 200~800 nm，最小吸光度值为 0.01 A；显微镜物镜和目镜放大倍数分别为 10 倍和 20 倍，最小调焦精度为 1 μm；万用表被用来预警和校核乳液中的通过电流，电流的最小显示值为 5 mA，预警电流设定为 100 mA；电导率仪的电导池常数为 1.0，测量范围为 $0 \sim 1 \times 10^2$ S/m；微电泳仪适用于 0.5~20 μm 的分散体系，系统误差在 5%以内。实验所用试剂如下：$0^{\#}$柴油来自中石化，在 20 ℃时的密度为 842.7 kg/m^3，黏度为 5.93 mPa·s。配制 O/W 乳液时的连续相为去离子水，平均电导率为 2.0×10^{-5} S/m。$92^{\#}$汽油来自中石油，液压油 DET24 来自埃克森美孚，多级润滑油来自长城润滑油公司。

5.1.1.1 脉冲电场对不含乳化剂水包油乳液破乳的实验过程

将 5%（体积分数）的 $0^{\#}$柴油或其他种类油品加入盛有 1 L 去离子水中的烧杯中；在 3100 r/min 的转速下搅拌 10 min，然后将其静置 24 h 后，去除表面浮油；剩余的油水混合物再以 3100 r/min 的转速搅拌 10 min，即制得实验使用的 O/W 乳液。每次实验前乳液的制备方法均相同。破乳过程中为便于观察油滴聚并破乳现象，用苏丹红Ⅲ（添加量为 5 mg/L，其对油滴的影响可忽略不计）对油品进行染色。显微镜图像分析系统对所制备的乳液中油滴粒径进行测量，使其粒径保持在 1~15 μm 内。不同油分的 O/W 乳液均按以上方法进行制备。

为确保实验中 O/W 乳液进液均一稳定，对所制备的 O/W 乳液的稳定性进行了测试。将按以上所述步骤制备的同一 O/W 乳液移入试管中室温静置一定时间来评价其稳定性。当乳液静置八天后，仍然保持原始状态，说明所制备的 O/W 乳液具有较好的稳定性。而实验中破乳持续时间仅为 2 h，乳液表面无连续油相出现，因此在破乳过程中乳液自身能够较好地保持稳定。为进一步判断 O/W 乳液的稳定性，对刚制备出的乳液及静置 8 d 后的乳液中的油滴通过显微镜进行观察以及进行粒度分布统计。静置前后乳液中油滴的平均直径和标准差（SD）值分别由 5.26 μm 和 2.25 μm 增大为 5.73 μm 和 2.51 μm。而每次破乳实验持续 2 h，静置 2 h 后的乳液油滴平均直径相比静置前增大了 1.24%，10 μm 以上油滴数目增加了 0.79%，增量较小，说明所制备的不含乳化剂的 O/W 乳液可在实验时间内保持稳定。

实验时，首先将集成电极清洗干净后放入电破乳分离器内，其阳极和阴极分别与脉冲电源正负输出端相连接。打开冷却水泵电源开关，电破乳分离器夹套中通入温度为室温的冷却水。待冷却水循环稳定后，用进液泵将 O/W 乳液泵入电破乳器内，当筒内乳液体积达到 300 mL 刻度时关闭进液泵开关和乳液进口。打开脉冲电源，按每次实验条件设置电压、频率和占空比参数进行实验。此时，加载到电极间的电压和电流通过脉冲电源显示屏进行读数和记录，破乳过程中上浮油层的厚度通过电破乳分离器表面刻度尺进行读数。当上浮油层达到一定厚度时，通过出油口对油相进行收集。当实验中需要对电场内乳液进行循环时，打开乳液循环泵，通过调节泵转速来控制乳液循环流量，从而使电破乳器中的乳液产生循环流动。电场破乳 2 h 后，关闭脉冲电源，通过电破乳分离器下部出液口收集清液并测定其含油量和浊度[3]。

1. 浊度测量

采用散射光电浊度法测定乳液的浊度。O/W 乳液中由于油滴悬浮于水中，油滴含量的多少决定了乳液不同的浑浊程度，因此测量其浊度可直接反映破乳前后乳液中油分的多少。乳液浊度测定根据国标《水质 浊度的测定》（GB/T 13200—1991）进行，具体的操作方法此处不再赘述。

2. 油含量测定

用紫外分光光度法测量 O/W 乳液的油含量。通过乳液破乳前后油含量的变化可反映电场破乳效果。O/W 乳液中的油含量依照行业标准《碎屑岩油藏注水水质指标技术要求及分析方法》（SY/T 5329—2022）进行测定。首先，用紫外分光光度计对实验所用油品的标准品在波长 200~800 nm 内进行扫描，得出油品最大吸光度值对应的波长，如柴油的扫描波长为 221 nm。按照标准使用正己烷配制不同浓度的柴油溶液进行吸光度测量，得出油含量与吸光度的对应结果，绘制柴油吸光度与浓度标准曲线。由于该标准适用的水中含油浓度范围为 0.05~50 mg/L，因此实验中乳液油含量超过该范围时，需稀释一定倍数才可进行测量，保证吸光度值在标准规定的范围内。

3. 油滴粒度分布测定

利用显微镜图像采集系统和 Image Pro Plus 6.0 软件测量分析破乳过程中不同时刻乳液中油滴的粒度分布，并与未破乳的乳液中油滴粒度分布进行对比，考察 BPEF 对油滴粒度分布变化的影响。各实验指标的测量数值均为三次重复实验的平均值。

5.1.1.2 脉冲电场对不含乳化剂水包油乳液破乳的效果

不含乳化剂 O/W 乳液在 BPEF 中的破乳过程的宏观照片如图 5-1 所示，BPEF 电源的输出参数为电压 900 V、频率 50 Hz 以及占空比 50%。由图 5-1 可以看出，未施加 BPEF 时 O/W 乳液保持稳定均匀。一旦施加 BPEF，乳液内部随即开始缓慢流动，并产生如图 5-1（b）所示的涡流。随着 BPEF 作用，乳液的涡流强度增大，O/W 乳液上下流动更加明显，如图 5-1（c）所示，且上层乳液红色加深，说明乳液上层油滴大量聚集。当 BPEF 持续施加 120 s 时，乳液表面出现红色油层，此时乳液内部涡流强度有所减弱，如图 5-1（d）所示。当 BPEF 作用时间超过 300 s 时，乳液内部流动减缓，表面油层厚度增大，乳液透明度增加，此时内部电极清晰可见，如图 5-1（e）和（f）所示。当乳液中的油相换为其他油品时，O/W 乳液在 BPEF 中具有相似的破乳现象。

图 5-1　不含乳化剂 O/W 乳液在 BPEF 中的破乳过程

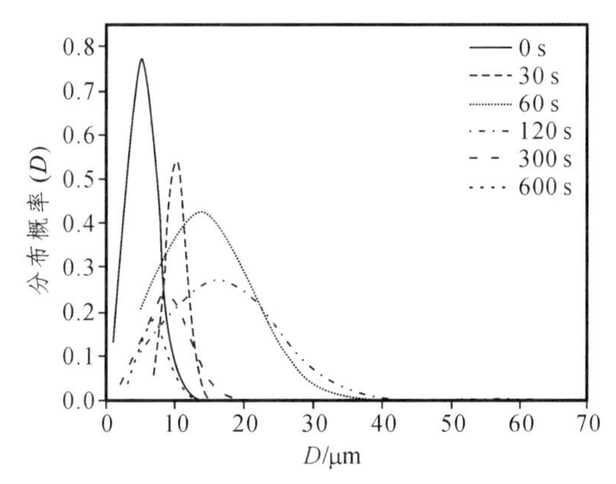

图 5-2　破乳中油滴粒度分布

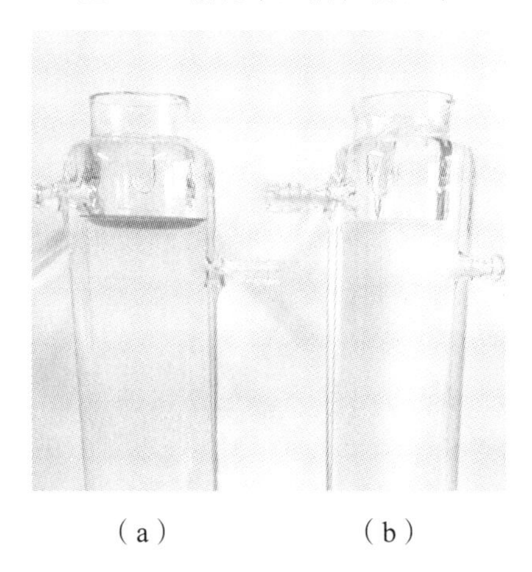

图 5-3　BPEF 破乳 2 h 后乳液（a）和原始乳液（b）

在 BPEF 破乳过程中测定了经历不同时间的乳液中油滴的粒度分布，结果如图 5-2 所示。从图 5-2 可以看出，破乳前乳液中油滴粒径较小，粒度分布均匀，粒度分布曲线狭窄。当 BPEF 施加后，乳液中油滴粒径不断增大，粒度分布曲线逐渐向右移动且曲线幅度变宽，说明油滴粒径及其分布范围变大。当 BPEF 作用 120 s 时，油滴平均直径和标准差（SD）分别从最初的 5.26 μm 和 2.25 μm 增大到 16.37 μm 和 8.48 μm。油滴的变大说明 BPEF 克服了油滴之间的静电斥力作用，驱使油滴发生了聚并。经历不同破乳时间的油滴平均粒径及其方差见表 5-1。

当 BPEF 持续作用 600 s 时，乳液表面出现油层并逐渐增厚，但油滴的平均直径和 SD 值分别从 16.37 和 8.48 μm 减小到 6.85 和 2.98 μm。乳液中油滴直径减小，粒度分布曲线变窄并向左移动，如图 5-2 所示。这是因为随着大油滴不断上浮合并形成油层，乳液中油滴数目逐渐减少，剩余油滴尺寸也较小，因此油滴粒度分布曲线变窄。BPEF 处理 2 h 后的乳液与初始 O/W 乳液的对比如图 5-3 所示，由图 5-3 可以看出破乳后液体澄清且实现油水分离，说明 BPEF 对不含乳化剂的 O/W 乳液破乳效果明显。同时，在乳液破乳过程中，破乳电流低于 40.0 mA，且破乳过程中没有发现因水相电解而产生的气泡。因此，表明油滴的运动和增大是由 BPEF 引起的，而不是由气浮或加热造成的。

表 5-1　经历不同破乳时间后乳液中油滴的平均直径和 SD 值

破乳化时间/s	平均粒径/μm	SD/μm
0	5.26	2.25
30	10.27	5.37
60	13.85	7.36
120	16.37	8.48
300	8.75	3.81
600	6.85	2.98

5.1.1.3　乳液初始含油量、油相黏度、乳液循环流动对破乳效果的影响

为了研究乳液初始含油量对 BPEF 破乳效果的影响，本节对含油量分别为 1200、2400、4800 和 9600 mg/L 的乳液进行破乳实验研究，破乳过程中上浮油层厚度随破乳时间变化。不同含油量乳液表面油层厚度均随破乳时间而增大，经过相同破乳时间后油层厚度随乳液含油量的增加而增大。在 BPEF 开始破乳的 20 min 内，乳液初始含油量越高破乳速率越大。这是因为乳液含油量较大时，油滴数量多间距小，BPEF 可以促使油滴快速接触、聚并上浮形成油层。当 BPEF 作用 20 min 后，乳液中剩余油滴数量减少，油滴间距增大，油滴迁移接触需要较长时间，因此聚并速率降低。乳液初始含油量较小时破乳速率较小与此相类似，但随着 BPEF 作用时间延长，油层厚度仍然缓慢增大。破乳后测量的清液含油量和浊度见表 5-2。从表 5-2 可以看出，经相同破乳时间后，初始含油量越大的乳液破乳后的清液浊度和含油量也越高；初始含油量较小时，虽然破乳速率较小，但破乳后清液含油量和浊度较小。因此，对高含油率乳液，快速破乳阶段过后，乳液中剩余油滴需较长时间才能被去除[4]。

表 5-2　不同初始含油量对乳液破乳后清液含油量和浊度的影响

初始油含量/$mg \cdot L^{-1}$	破乳后清液油含量/$mg \cdot L^{-1}$	破乳后清液浊度/NTU
1200	4.21	0.6
2400	10.02	1.1
4800	21.97	2.5
9600	48.06	4.9

为了研究油相黏度对乳液破乳效果的影响，实验选取黏度分别为 0.8、5.9、20.1、51.2 和 204 mP·s 的油品，配制出初始含油量均为 9600 mg/L 的 O/W 乳液进行破乳效果研究。油相黏度不同的乳液在破乳过程中上浮油层厚度随时间均呈增长趋势。在相同破乳时间内油层厚度随油相黏度的增加而减小，说明油相黏度越大破乳效果减弱。破乳后乳液中含油量和浊度随乳液中油相黏度的变化见表 5-3，从表中数据可以看出，经过相同破乳时间后，油相黏度越大的乳液破乳后清液的含油量和浊度也越高，说明破乳效果随油相黏度增大而降低。

表 5-3　油相黏度对乳液破乳后清液含油量和浊度的影响

油相黏度/mPa·s	破乳化后清液油含量/mg·L^{-1}	破乳化后清液浊度/NTU
0.8	26.72	1.6
5.9	48.06	4.9
20.1	170.82	17. 5
51.2	283.27	40.1
204	325.31	75.6

在 BPEF 电压为 600 V、频率为 50 Hz 和占空比为 50%的条件下，以油层厚度、清液含油量和浊度为衡量指标，考察了 BPEF 对有无强制循环流动的乳液以及不施加电场的强制循环流动乳液的破乳效果。由于乳液强制循环流量过大导致破乳装置内乳液涌动加剧，破乳现象不明显，最终选择在强制循环流量为 0.1 L/min 时进行实验。当 BPEF 分别对有无强制循环流动两种模式的乳液破乳时，上浮油层的厚度在前 30 min 内快速增大；30 min 后，油层厚度增加缓慢；破乳 90 min 后，油层厚度逐渐趋于恒定。从表 5-4 中可以明显看出，乳液无强制循环流动时 BPEF 的作用效果更好，破乳速率快，清液含油量和浊度分别为 29.05 mg/L 和 14.5 NTU；而 BPEF 对强制循环流动乳液的破乳效果较差，不仅破乳速率低，而且清液含油量和浊度高达 173.25 mg/L 和 91.6 NTU。这是由于乳液无强制循环流动时，BPEF 可以驱动油滴定向运动，使乳液中的油滴在较短时间内接触聚并，从而实现破乳；而当强制乳液循环流动时，乳液循环产生的流场干扰了由 BPEF 引起的流场和油滴在其中的运动轨迹，极大阻碍了油滴的定向运动和聚并，同时，乳液强制循环也削弱了聚并油滴的上浮，导致油水两相无法有效分离[5]。

对于不加电场只有强制循环流动的乳液来说，上浮油层的厚度随时间增加的速度极为缓慢，破乳结束后的出水较为浑浊，含油量和浊度分别为 439.61 mg/L 和 290.8 NTU，如表 5-4 所示。此时，乳液中的油滴随强制循环乳液一起运动，部分油滴在迁移过程中发生碰撞，聚结合并形成大油滴，最终上浮到乳液表面形成油层。但是乳液中大部分的油滴仍随着乳液循环流动，发生碰撞聚结的概率减小，因此破乳效果不佳。

表 5-4　乳液强制循环流动对破乳后清液含油量及浊度的影响

类型	破乳化后清液油含量/mg·L^{-1}	破乳化后清液浊度/NTU
双向脉冲电场单独作用	29.05	14.5
双向脉冲电场+乳液强制循环流动	173.25	91.6
乳液强制循环流动单独作用	439.61	290.8

5.1.2 脉冲电场输出参数对不含乳化剂水包油乳液破乳的影响规律

BPEF 的输出参数对乳液破乳效果有决定性影响。本节仍以乳液破乳过程中上浮油层厚度、破乳后清液含油量及浊度为指标，研究了 BPEF 的输出电压、频率和占空比对不含乳化剂的 O/W 乳液破乳效果的影响。BPEF 的输出电压范围为 500~1000 V，频率范围为 25~125 Hz，占空比范围为 0~100%。

5.1.2.1 脉冲电场输出电压对不含乳化剂水包油乳液破乳的影响

BPEF 输出电压对不含乳化剂 O/W 乳液破乳效果以及穿过乳液电流的影响研究中，BPEF 频率为 50 Hz，占空比为 50%。实验研究发现，当破乳电压低于 500 V 时，BPEF 的破乳作用极其微弱，而当电压高于 500 V 时，破乳现象随即发生，乳液中产生旋流场且乳液表面出现油层。因此，实验中的最低破乳电压为 500 V。在不同破乳电压下，在前 30 min 的破乳过程中上浮油层厚度迅速增大，随后油层厚度增加缓慢，在将近 120 min 时趋于稳定。在相同破乳时间内，破乳电压越高，油层厚度越大，说明 BPEF 电压的升高加速了破乳过程。这是因为当破乳电压升高后，乳液中电场强度增大，相同荷电量的油滴所受到的电场力增大，因此运动速度也变大。油滴接触碰撞所需的时间缩短，油滴的聚结效果增强，破乳效果也提高。提高 BPEF 的输出电压可以增强乳液的破乳效果。BPEF 输出电压对乳液破乳后出水含油量及浊度的影响研究中，当电压从 500 V 升高到 600 V 时，清液含油量和浊度迅速降低。电压继续升高到 900 V，清液含油量和浊度下降缓慢，且电压在 900 V 时的清液含油量和浊度均降至最低，分别为 19.76 mg/L 和 33.1 NTU。当破乳电压为 1 000 V 时，乳液中间或产生微量气泡，此时乳液的含油量和浊度有所增加。

BPEF 对 O/W 乳液破乳时，通过乳液的电流大小直接影响水相的电解和温升，这样不仅使无效能耗升高，同时乳液产生的微气泡会影响油滴的聚并效果。因此，在破乳过程中要避免过大电流的产生。

在不同 BPEF 电压下破乳时乳液中的电流变化研究中，对于不同电压下的破乳过程，在前 20 min 破乳时间内穿过乳液的电流有一定程度的波动，之后电流随破乳时间延长总体保持稳定。当 BPEF 电压为 500 V 和 600 V 时，电流基本在 20.0 mA 左右，乳液温升未检测到，但破乳效果也较差；当电压升高到 700 V 时，电流逐渐升高；电压达到 1000 V 时，电流也达到最大 55.0 mA，此时虽然油层厚度较大，但破乳后出水含油量和浊度并不理想。因此，BPEF 输出电压控制在 700~900 V 内较为合适。综合考虑，在后续的实验中控制 BPEF 的输出电压为 900 V[6]。

5.1.2.2 脉冲电场输出频率对不含乳化剂水包油乳液破乳的影响

BPEF 频率对不含乳化剂的 O/W 乳液的破乳效果以及通过乳液的电流的影响研究中，BPEF 的电压值固定为 900 V，占空比值设定为 50%。BPEF 频率对 O/W 乳液破乳时上浮油层厚度的影响规律表现在，油层厚度在破乳 30 min 内迅速增大，随后增速缓慢。在相同破乳时间内随着 BPEF 频率的升高，油层厚度减小。当频率为 25 Hz 时，油层厚度达到最大，破乳效果最佳。这是因为当 BPEF 的电压和占空比值固定时，频率增加意味着每次脉冲的持续时间减小，油滴所受电场力的作用时间缩短，导致油滴的迁移速度和每个脉冲期间的运动位移减小，油滴相互碰撞聚并 概率降低，破乳效果减弱，油层厚度减小。本实验中最大频率之所以选择 125 Hz，是因为当频率超过 125 Hz 时，经过一定破乳时间后乳液中无上浮油相出现，无破乳现象产生。而当频率低于 25 Hz 时的破乳效果与 25 Hz 时的破乳效果相同，但穿过乳液中的电流明显增大，因此频率范围选择为 25~125 Hz。BPEF 频率对 O/W 乳液破乳后清液含油量及浊度的影响中，当 BPEF 频率从 25 Hz 升高到 75 Hz 时，清液含油量和浊度迅速增大；频率继续增加到 125 Hz 时，清液含油量及浊度增速放缓并趋于稳定。BPEF 频率越高，清液含油量及浊度越大，则乳液中未能聚并上浮的油滴越多，乳液破乳效果也越差。

不同 BPEF 频率下通过乳液电流随时间的变化研究中，在不同频率下破乳时的前 30 min 内，通过乳液中的电流随破乳时间逐渐增大，之后基本保持稳定。这是因为在破乳期间的前 30 min 内，乳液中油滴不断发生碰撞聚并，油滴增大上浮至乳液表面形成油层。乳液中的油滴不断减少，乳液的电导率有所增大，因此电流随之增大。

BPEF 作用 30 min 后，破乳速率放缓，乳液中残余油滴减少，乳液中的电流基本保持稳定。同时，随电场频率的升高，乳液中的电流不断减小。这是因为 BPEF 频率越高，正负脉冲输出持续时间越短，电场作用时间也就越短。虽然此时电流较小，能耗少，但破乳效果欠佳。而频率越小，脉冲输出时间延长，电场作用时间变长，破乳效果越好，但能耗较大。因此，在保证适当的破乳效果下，可以选择高频率电场进行破乳，以减少能耗。本实验中，虽然在 25 Hz 频率下破乳时电流最大，但仅有 43.0 mA，乳液并没有温升以及水相电解产生气泡，因此最佳破乳频率可选择 25 Hz。

5.1.2.3 脉冲电场输出占空比对不含乳化剂水包油乳液破乳的影响

BPEF 占空比对不含乳化剂的 O/W 乳液的破乳效果以及通过乳液的电流的影响研究中，BPEF 的电压固定为 900 V，频率设定为 50 Hz。当占空比为 10%时，油层厚度在 BPEF 破乳时的前 30 min 内较薄，30 min 后逐渐增厚，但远小于其他占空比下经过相同破乳时间时的油层厚度。这是由于当占空比较小时，BPEF 脉冲输出时间较短，油滴所受电场力持续时间短，因此油滴的运动速度也较小。油滴间接触碰撞的强度减弱，其聚并效果变差，于是上浮油层的厚度也随之较薄。当占空比在 30%~90%时，油层厚度在破乳时的前 30 min 内急剧增大，之后保持稳定不变。这是因为占空比升高时，脉冲输出时间增加，作用于油滴上的电场力持续时间增长，油滴运动速度加大，相互接触碰撞的强度增加，使得油滴聚并效果增强，因此上浮油层的厚度增大。BPEF 破乳 30 min 后，乳液中剩余油滴减少，油层厚度增大减缓并趋于稳定[7]。

当占空比在 30%~90%内，BPEF 作用相同时间后，上浮油层厚度反而随占空比的增大而减小。这是因为占空比升高时，脉冲输出时间增加，油滴所受电场力作用时间延长，油滴运动速度和动能不断增大。当油滴相互接触碰撞时，过大动能导致油滴相互弹开或者发生破裂，油滴聚并效果随之减弱。占空比越高，油滴运动速度和动能也越大，油滴接触发生弹开或破裂的概率升高，油滴聚并效果不断减弱，上浮油层厚度也变薄，乳液最终的破乳效果有所降低。说明当 BPEF 占空比过大时，其不利于乳液的破乳。因此，本实验合适的破乳占空比范围可选择为 30%~50%。

BPEF 占空比对乳液破乳后清液含油量和浊度的影响规律研究中，当占空比由 10%升高到 50%时，清液含油量和浊度迅速降低；当占空比继续增大到 90%时，清液含油量和浊度反而缓慢增大。当占空比在 30%~50%内时，清液的含油量和浊度降到最小，分别为 7.23 mg/L 和 1.6 NTU。因此，本实验 BPEF 破乳时的最佳占空比在 30%~50%。

不同 BPEF 占空比下破乳时通过乳液的电流变化显示，在不同占空比下通过乳液的电流从破乳开始的 30 min 内随时间逐渐减小。且占空比越大，电流减小的趋势越明显，减小的幅度也越大。破乳 30 min 后，乳液电流基本趋于稳定。在相同的破乳时间内，随占空比的升高，通过乳液的电流增大。这是由于占空比越大，一个脉冲周期里 BPEF 对油滴的作用时间越长，乳液中的油滴有充足的时间运动，带电量较少的小油滴也能加速运动，因而乳液中运动的油滴数目增加，相当于乳液中可移动电荷数量增加，因此电流增大。当占空比在 30%~50%时，电流均在 60.0 mA 以下，能耗损失较少，破乳效果较好。当占空比升高到 90%时，通过乳液的电流迅速增大到 120 mA 左右，这时乳液中的水相开始发生电解，乳液中有微量气泡产生，从而影响了油滴的运动和聚结。此时，电流增幅较大，能耗损失高，乳液温升也较大，而且破乳效果也较低。因此，破乳过程中应避免过大的占空比参数，最优的占空比参数范围为 30%~ 50%。

5.1.3 电场类型对不含乳化剂水包油乳液破乳的影响

本节研究了 BPEF 与 DCEF、ACEF 以及 UPEF 四类电场对不含乳化剂 O/W 乳液的破乳效果。实验中只改变施加电场的方式，其他实验条件均相同。

5.1.3.1 脉冲电场与交直流电场对不含乳化剂水包油乳液破乳的对比

本节对不含乳化剂 O/W 乳液在 BPEF 中的破乳过程及特点进行了研究，考察了乳液性质以及电场输出参数（电压、频率和占空比）对破乳效果的影响，对比研究了 BPEF、DCEF、ACEF 和 UPEF 四类电场对不含乳化剂 O/W 乳液的破乳过程及效果。由于 DCEF 的频率为 0 Hz 而占空比与 ACEF 均为 1，因此，实验中控制四种电场的电压输出均为 500 V。BPEF 和 UPEF 的频率设定为 50 Hz，占空比固定为 50%。BPEF、DCEF、ACEF 和 UPEF 对相同初始 O/W 乳液的破乳效果照片见表 5-5。

表 5-5 BPEF、DCEF、ACEF 和 UPEF 对相同 O/W 乳液在不同时间的破乳效果照片

电场类型	不同破乳时间的乳液变化情况					
	0 s	80 s	3 min	20 min	45 min	60 min
BPEF						

续表

电场类型	不同破乳时间的乳液变化情况					
	0 s	80 s	3 min	20 min	45 min	60 min
DCEF	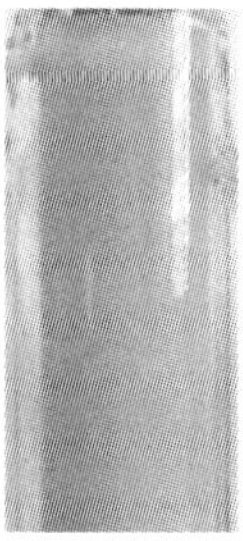	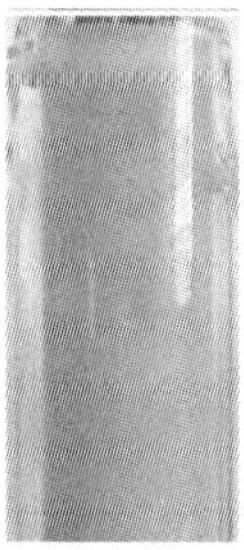	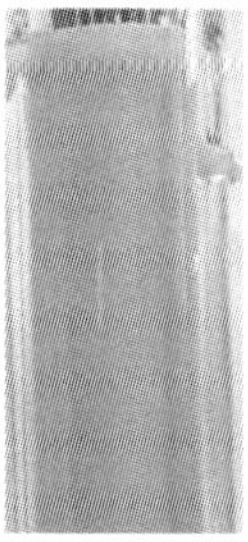	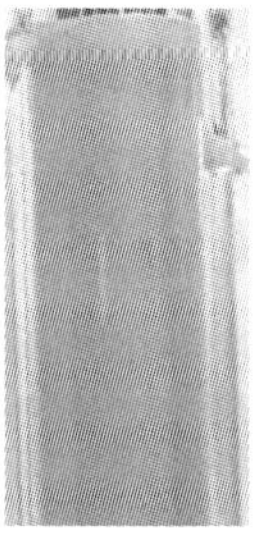	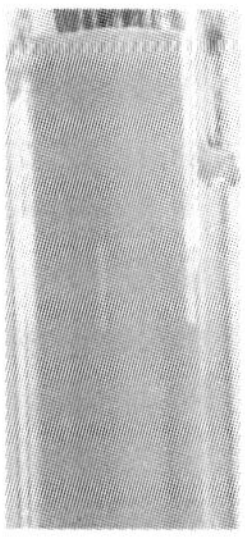	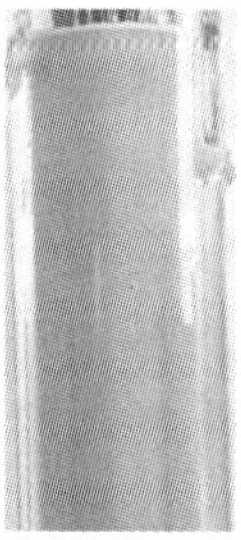
ACEF	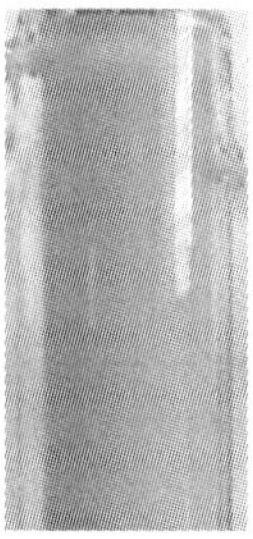	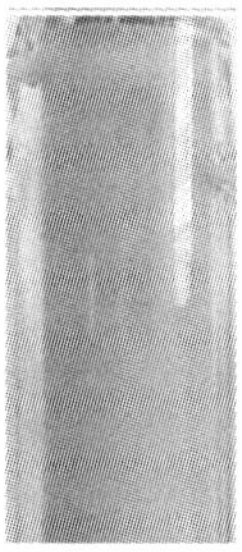	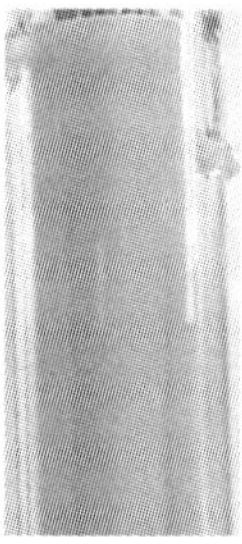	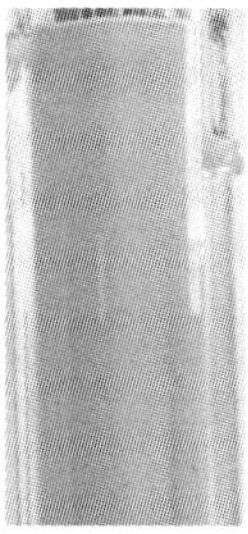	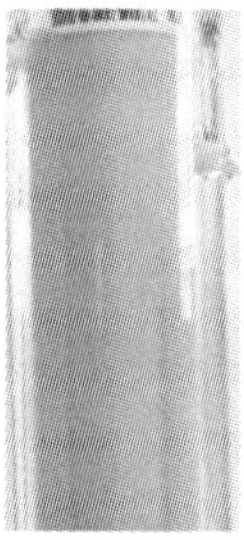	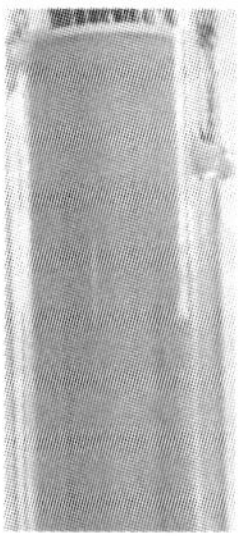
UPEF	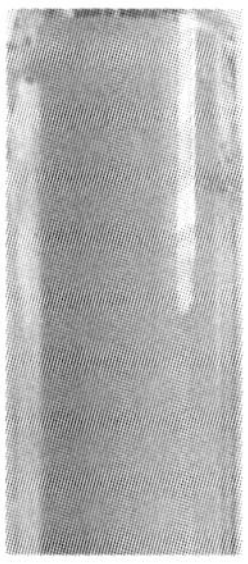	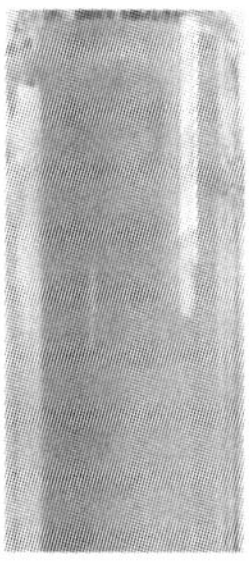	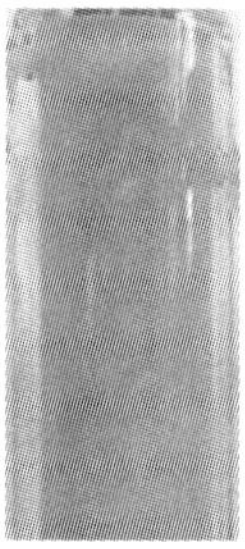	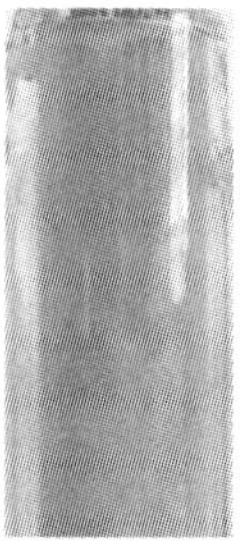	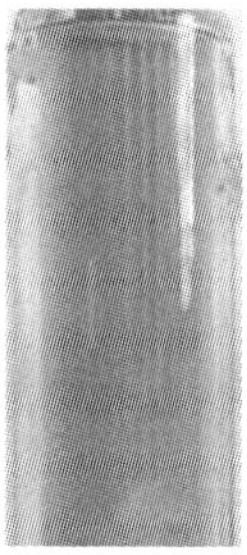	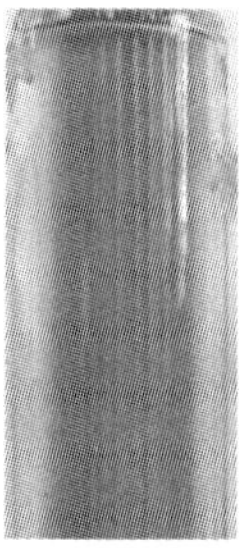

从表 5-5 中可以看出，当破乳未开始，即破乳时间为 0 s 时，O/W 乳液均保持稳定均匀。当破乳 80 s 时，施加 BPEF 的乳液中产生涡流，而 DCEF 和 ACEF 作用下的乳液均未发生明显的运动或其他变化。当电场作用 3 min 时，BPEF 作用下的乳液表面出现油层，乳液澄清度提高，电极隐约可见，而此时 DCEF 和 ACEF 分别作用下的乳液较初始状态仍无明显变化。当电场持续作用 20 min 后，BPEF 作用下乳液澄清度进一步提高，表面油层厚度增大；此时 DCEF 和 ACEF 作用下的乳液颜色略有变淡，乳液上层有红色油滴聚集现象，但 ACEF 作用下的乳液上层的油滴聚集层的厚度比 DCEF 中乳液上层油滴聚集层的厚度大[8]。

当电场作用 45 min 时，BPEF 作用下乳液中的电极清晰可见，上浮油层厚度显著增大，乳液透明；DCEF 中的乳液上层油滴聚集层厚度和乳液外观变化不大；ACEF 中的乳液上层的油滴聚集层有所增厚，但并未形成连续油相层，乳液仍然浑浊。当电场作用 60 min 后，BPEF 中的乳液完全透亮，上部的油滴聚集层转化为连续油相层；此时 DCEF 中的乳液较初始状态整体颜色变淡，但仍保持浑浊状态，乳液上表面无油滴聚集层或连续油相层出现；ACEF 乳液上层油滴聚集层厚度有所增大，乳液整体颜色变淡但仍呈浑浊状态，乳液上部无连续油相层形成。

通过以上对比可以发现，BPEF 对不含乳化剂 O/W 乳液的破乳效果明显。在 BPEF 作用下乳液在破乳器内产生涡流流动，油层不断出现，破乳后清液透亮。而 DCEF 和 ACEF 作用下的乳液基本保持浑浊状态，乳液上部无油层出现，未出现明显的破乳现象。三种电场对初始含油量为 9600 mg/L 的 O/W 乳液破乳 2 h 后的清液含油量和浊度见表 5-6。从表中可以看出，BPEF 破乳后清液含油量和浊度远低于 DCEF 和 ACEF 破乳后清液的含油量和浊度。因此，可以看出在相同实验条件下，采用双向脉冲电场可对 O/W 乳液进行有效破乳，而传统直流或交流电场则无法实现。

表 5-6　BPEF、DCEF、ACEF 和 UPEF 破乳 2 h 后清液的含油量及浊度

电场类型	破乳化后清液中油含量/$mg\cdot L^{-1}$	破乳化后清液浊度/NTU
BPEF	20.36	7.5
DCEF	4809.91	2879.4
ACEF	2637.58	1165.8
UPEF	362.58	163.8

5.1.3.2　双向脉冲电场与单向脉冲电场对不含乳化剂水包油乳液破乳的对比

BPEF 与 UPEF 对相同 O/W 乳液破乳效果的照片见表 5-5 和表 5-6，从中可以看出施加两种电场的乳液均形成涡流和上浮油层，但显然 BPEF 的破乳效果更好。双向脉冲电场和单向脉冲电场对不含乳化剂 O/W 乳液破乳过程中上部油层厚度随时间变化的影响中显示，两种电场作用下油层厚度均随破乳时间延长而增加。在破乳的前 30 min 内，油层厚度增加较快，破乳速率较大；之后油层厚度增加缓慢，破乳速率降低。在相同破乳时间内，BPEF 作用下的油层厚度明显大于 UPEF 作用下的油层厚度，说明 BPEF 对 O/W 乳液破乳速率明显大于 UPEF 的作用。同时，BPEF 破乳后出水澄清透亮，含油量及浊度分别为 20.36 mg/L 和 7.5 NTU，破乳效果明显。而 UPEF 破乳后清液依然浑浊，含油量和浊度高达 362.58 mg/L 和 163.8 NTU，油层厚度较小，破乳效果较差[9]。

由此可见，BPEF 对不含乳化剂 O/W 乳液的破乳效果明显优于 UPEF 在同等条件下的破乳效果。这是因为 BPEF 不仅对油滴产生电泳作用，还使其产生较强的震荡效应。由于 BPEF 的方向周期性变化，油滴所受电场力方向也发生周期性改变，使得油滴产生周期性震荡。这种震荡效应使得相互接触的油滴之间的界面膜不断被削弱直至破裂，使聚集在一起的油滴聚并形成大油滴，最终实现破乳。而在 UPEF 作用下，由于电场方向不变，电场震荡作用较弱，且相邻油滴的运动方向保持一致，油滴接触碰撞强度减弱，其破乳效果也较差。

5.1.4　小　结

在 5.1 节内容中主要研究了不含乳化剂 O/W 乳液在 BPEF 中的破乳行为及效果，考察了乳液性质和 BPEF 输出参数对乳液破乳效果的影响，对比研究了 BPEF 与 DCEF、ACEF 及 UPEF 的破乳效果，总结如下：

（1）BPEF 能够驱动 O/W 乳液产生涡流运动，乳液中的油滴在 BPEF 作用下聚结增大，

上浮并最终形成连续油相，说明 BPEF 对乳液破乳效果明显。BPEF 对含油量较高的 O/W 乳液破乳速率较大；而当 O/W 乳液中油相黏度增大时，BPEF 对乳液破乳效果减弱；在 BPEF 中无强制乳液循环流动时的破乳效果优于强制乳液循环流动时的破乳效果。

（2）BPEF 对乳液破乳效果随破乳电压的升高而增强，电压为 900 V 时破乳效果达到最佳；BPEF 频率升高，乳液破乳效果变差；当电场频率为 25 Hz 时，破乳效果最优。BPEF 的占空比过大或过小，均不利于破乳，最佳的电场占空比为 30%~50%。

（3）在本研究的实验条件下，DCEF 和 ACEF 对 O/W 乳液基本没有破乳效果，而 BPEF 的破乳效果明显，在相同实验条件下的破乳速率明显高于 UPEF，BPEF 破乳后的清液含油量和浊度均远低于 UPEF 破乳后的对应指标。

5.2 脉冲电场对含乳化剂水包油乳液的破乳

当 O/W 乳液中含有乳化剂时，乳化剂分子会在 O/W 乳液的形成过程中吸附于分散相油滴表面形成分子膜。乳液中相邻油滴靠近时，乳化剂分子膜隔绝油相的直接接触，在油水界面产生空间位阻效应，阻碍油滴的聚并，是乳液保持稳定的一个重要因素。O/W 乳液中乳化剂分子膜的存在使得 BPEF 在破乳过程中不仅要克服油滴间的静电排斥作用，更要打破油水界面的空间位阻效应。因此，为使油滴发生聚并实现 O/W 乳液的破乳，需要破除油滴表面的乳化剂分子膜、削弱两相界面的空间位阻效应，促使油滴直接接触并进一步发生聚并。

为此，本节主要研究 BPEF 中含乳化剂 O/W 乳液的破乳行为以及破乳效果，考察了 BPEF 参数、O/W 乳液的性质对破乳过程的影响，进一步研究了 BPEF 对水包原油乳液的破乳过程和效果。对比分析了含乳化剂 O/W 乳液与不含乳化剂 O/W 乳液在 BPEF 中的破乳过程，比较了 BPEF 和 DCEF、ACEF 以及 UPEF 对含乳化剂 O/W 乳液的破乳效果。

5.2.1 脉冲电场对含乳化剂水包油乳液破乳的实验现象

将 0.01%（质量分数）的不同种类乳化剂加入盛有 1 L 去离子水的烧杯中，在 1000 r/min 的转速下搅拌 0.5 h，使乳化剂固体充分溶解形成乳化剂水溶液，实验中所用的乳化剂见表 5-7。然后将 5%（体积分数）的 $0^{\#}$柴油或其他种类油品加入盛有乳化剂水溶液的烧杯中，在 3100 r/min 的转速下搅拌 10 min，将其静置 24 h 后，去除表面浮油，余下的油水混合物再以 3100 r/min 的转速搅拌 10 min，得到实验所用的含乳化剂 O/W 乳液。每次实验所用乳液制备方法均相同，不同油品的含乳化剂 O/W 乳液均按以上方法进行制备。为便于观察乳液的破乳，用苏丹红Ⅲ对油品进行染色。由于含乳化剂 O/W 乳液的稳定性高于不含乳化剂的稳定性，且每次破乳实验持续 2 h，因此所制备含乳化剂 O/W 乳液在实验中自身能够保持稳定。

表 5-7 实验所用乳化剂名称及规格

试剂	分子量	规格
十二烷基三甲基溴化铵（DTAB）	308.34	分析纯
十二烷基硫酸钠（SDS）	288.38	分析纯
聚山梨酯-80（Tween-80）	428.60	分析纯

实验中所使用的原油来自中石油大港油田，原油在 20 ℃时密度为 882.6 kg/m^3，50 ℃时动力黏度为 17.3×10^{-6} m^2/s。水包原油乳液的制备依然按照以上方法进行，其中原油加入量为 5%（体积分数），水溶液中乳化剂的含量为 0.025%（质量分数）。实验中破乳效果评价指标包括清液含油量和浊度、油层厚度以及连续油相转化率，其中清液含油量和浊度及油层厚度测量方法参见 5.1.1 节内容，连续油相转化率通过计算得到。所有实验均重复 3 次并取测量结果的平均值。

1. 油层厚度

含乳化剂 O/W 破乳过程中测量的油层厚度包括两种：连续油相层厚度和油滴层厚度。连续油相层厚度（Oil Layer Thickness）是指由油滴合并上浮后在乳液表面形成的可分离的油层的厚度。连续油相层形状规则，其厚度可通过标尺进行测定。油滴层厚度（Oil droplet Layer Thickness）指的是乳液中油滴靠近、连接并聚集在一起但未发生合并，随后集合在一起的油滴上浮所形成的油滴聚集体层的厚度。油滴层位于连续油相层的下方，其厚度通过标尺进行测定。

2. 连续油相转化率

在含乳化剂 O/W 乳液的破乳过程中，油滴首先聚集上浮形成油滴层，油滴层中的油滴不断合并形成连续油相，连续油相层和油滴层的产生对破乳效果均有着重要的影响，而乳液最终的破乳效果取决于连续油相的分离量。为了衡量电场破乳最终效果，定义了连续油相转化率为连续油相层厚度与总油层厚度（连续油相层厚度和油滴层厚度之和）的比值，用 k 表示。含乳化剂 O/W 乳液中乳化剂分子产生的空间位阻效应，使电场破乳时需破坏油滴间的这层聚结屏障，驱动油滴接触聚并最终转化为连续油相。因此，连续油相转化率可以反映电场驱使下分散油滴转变为连续油相的转化能力以及电场对乳化剂分子膜的破坏作用。

5.2.1.1 脉冲电场对含乳化剂水包油乳液的破乳过程及效果

本节对含乳化剂 O/W 乳液在 BPEF 中的破乳过程及效果进行研究，对比考察 BPEF 作用前后 O/W 乳液的破乳效果，并对含乳化剂的 O/W 乳液的破乳阶段进行了总结和划分。当 BPEF 输出电压为 400 V、频率为 50 Hz、占空比 50%以及 SDS 浓度为 0.01%（质量分数）时，含乳化剂 O/W 乳液在 BPEF 中的宏观破乳过程如图 5-4 所示。从图中可以看出，BPEF 作用前乳液保持均匀稳定。当 BPEF 作用 170 s 后，乳液中缓慢产生油滴聚集和涡流现象，图 5-4（b）至（e）中虚线箭头代表涡流的流线。乳液中油滴的聚集现象是由 BPEF 的作用导致的，在图中用虚线作了标记。当 BPEF 作用 360 s 时，乳液中涡流强度增大，油滴聚集体不断上浮到乳液上表面并形成聚集体层，乳液聚集体层中并未出现连续油相，因此所形成的聚集体层为油滴层，如图 5-4（c）中虚线以上部分所示。当 BPEF 持续施加 600 s 后，油滴层上面出现连续油相层，乳液中的油滴聚集体不断上浮，油滴层厚度持续增加。连续油相层的出现说明乳液发生破乳。

当 BPEF 破乳 32 min 时，乳液中的油滴聚集体数量减少，油滴层厚度减小，乳液表面连续油相层厚度增加，如图 5-4（f）所示，但仍上浮汇入乳液上部的油滴层中。当 BPEF 作用 48 min 后，乳液澄清度提高，破乳器中外层电极可见；油滴层厚度和油滴聚集体数量持续减少，连续油相层厚度继续增大。乳液破乳 60 min 后，油滴聚集体和油滴层消失，连续油相层厚度保持稳定，乳液澄清度进一步提高，如图 5-4（h）所示。

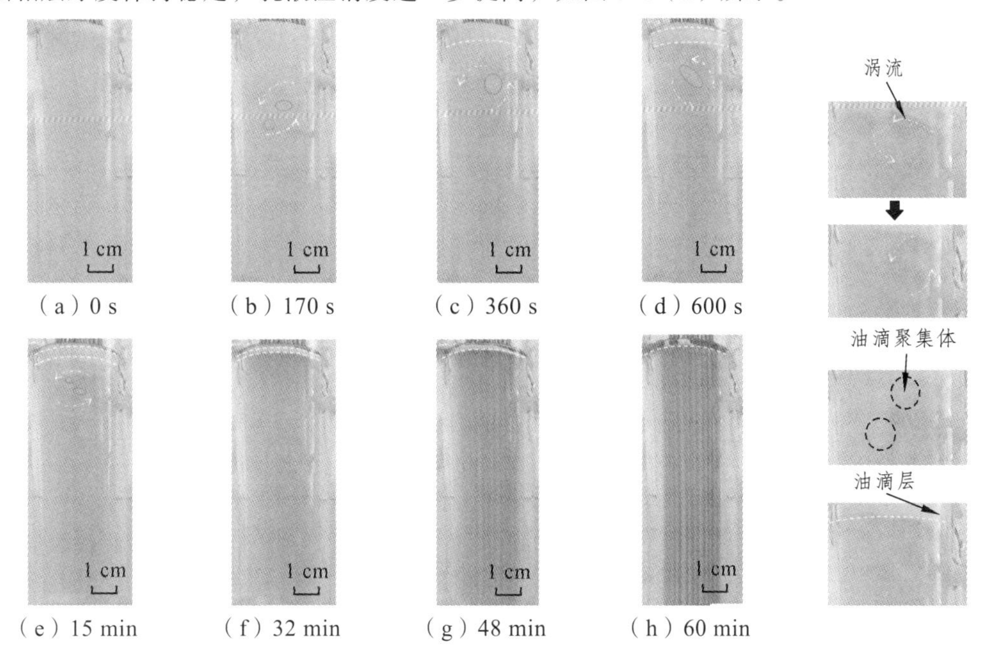

图 5-4　含乳化剂 O/W 乳液在 BPEF 中的破乳过程及现象

含乳化剂的 O/W 乳液在 BPEF 作用下并没有直接形成连续油相层，而是先生成油滴聚集体并上浮形成油滴层，然后油滴层逐渐转化为连续油相层。这是因为含乳化剂的 O/W 乳液中油滴表面的乳化剂分子膜阻碍了相互接触油滴的直接聚并，油滴接触后团聚在一起形成油滴聚集体，油滴聚集体在油水密度差的作用下上浮聚集形成油滴层，并使乳液中产生涡流。而油滴层中油滴在 BPEF 震荡作用下，油滴间相互碰撞挤压导致油滴表面乳化剂分子膜强度不断降低直至破裂、油滴发生聚并，最终形成连续油相层。乳液中油滴聚集体和油滴层的出现表明 BPEF 对乳液油滴具有聚集作用，且当乳液中的油相不同时，均出现以上破乳过程和现象。在 BPEF 输出电压为 400 V、频率为 50 Hz、占空比 50%以及 SDS 浓度为 0.01%（质量分数）的条件下，BPEF 对含乳化剂 O/W 乳液破乳 2 h 后，取清液与初始乳液进行外观对比，结果发现含乳化剂 O/W 乳液在 BPEF 中破乳后，出水澄清透明，浊度为 28.7 NTU，含油量由 9600 mg/L 降为 58.91 mg/L，对比说明 BPEF 对含乳化剂 O/W 乳液破乳效果明显[10]。

5.2.1.2　脉冲电场对含乳化剂水包油乳液破乳阶段的划分

在 BPEF 对含乳化剂 O/W 乳液的破乳过程中，在不同的破乳时间段乳液的状态不同，乳液中的油滴也以不同的聚集形式存在。在 BPEF 作用下乳液的破乳过程如图 5-5 所示，其中图 5-5（a）为含乳化剂 O/W 乳液的实际破乳过程，图 5-5（b）为含乳化剂 O/W 乳液在 BPEF 作用下破乳过程的物理模型。首先，在 BPEF 作用一定时间内，乳液中的油滴开始聚集并形成油滴聚集层，如图 5-5（a）中 BPEF 作用 360 s 内乳液中产生了油滴聚集体且形成油滴层，此时乳液中伴随形成涡流，这一过程可称为 BPEF 作用下含乳化剂 O/W 乳液破乳的第一阶段；然后，在油滴层上部产生连续油相层，乳液中还有大量未上浮汇入油滴层中的油滴聚集体，如图 5-5（a）中 BPEF 作用 10 min 时乳液中形成连续油相层，此即破乳第二阶段。最后，乳液中的油滴聚集体和乳液上部的油滴层消失，连续油相层的厚度不再增长，如图 5-5（a）中 BPEF 作用 60 min 时的乳液状态，此即破乳第三阶段。在 BPEF 作用下含乳化剂 O/W 乳液破乳的三个阶段的物理模型如图 5-5（b）所示。

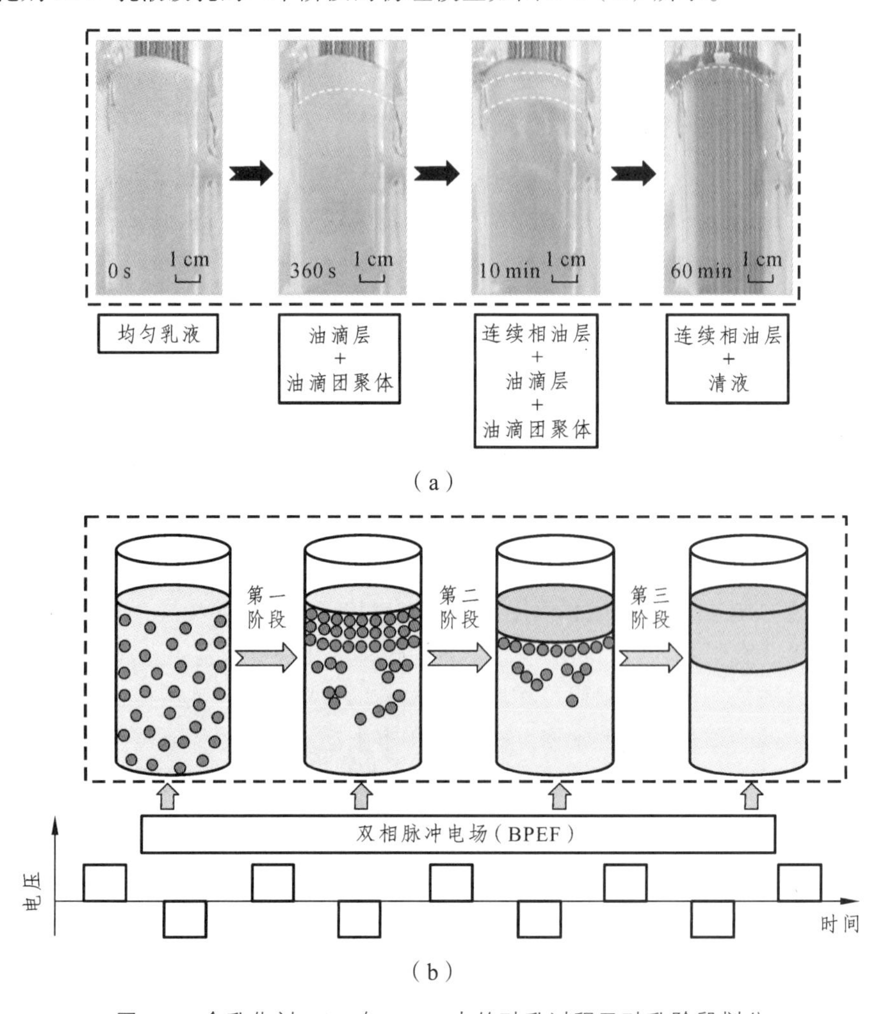

图 5-5　含乳化剂 O/W 在 BPEF 中的破乳过程及破乳阶段划分

5.2.2　脉冲电场输出参数对含乳化剂水包油乳液破乳的影响规律

BPEF 输出参数是影响 O/W 乳液破乳效果的关键因素。由于含乳化剂 O/W 乳液破乳过程中首先形成油滴层，油滴层上浮到乳液表面后逐渐聚并转化为连续油相，最终实现破乳。因此，本节以乳液破乳过程中油滴层厚度、连续油相层厚度、连续油相转化率以及清液含油量与浊度为指标，研究 BPEF 的电压、频率、占空比和正负输出时间比对含乳化剂 O/W 乳液破乳效果的影响。其中，正负输出时间比是指在一个双向脉冲输出周期内，正向脉冲输出时间 t_p 与负向脉冲输出时间 t_n 的比值 t_p/t_n。当 BPEF 的正、负脉冲输出时间不同时，乳液中的油滴受输出时间较长的脉冲的作用较大而发生定向迁移聚集，油滴的电泳聚结效果增强，油滴之间相互挤压加速了油滴表面乳化剂分子膜的破裂，从而促进了油滴的聚并和乳液的破乳。对于不含乳化剂 O/W 乳液中的油滴，由于两相界面没有乳化剂分子膜阻碍油相的直接接触,因此在 BPEF 的电泳聚结和震荡聚结的共同作用下油滴可以迅速聚并上浮形成连续油相，实现乳液的破乳。对不含乳化剂的 O/W 乳液，若改变 BPEF 的正负脉冲输出时间,则相互接触的油滴发生电泳迁移,BPEF 的震荡作用会受到影响而使破乳效果减弱[11]。

在本研究中选取 BPEF 的电压范围为 200~400 V，频率范围为 25~1000 Hz，占空比范围为 0~100%，正负输出时间比 t_p/t_n 为 1∶1、1.5∶1、2.33∶1、4∶1、9∶1 和 19∶1。含乳化剂 O/W 乳液在 BPEF 中破乳时，由于电压的降低，通过乳液的电流均在 20~30 mA 内，BPEF 输出参数对破乳电流的影响很小，且乳液中无因电流增大而引起的乳液加热和水相电解问题。因此，在本研究中电流变化的影响忽略不计。

5.2.2.1 脉冲电场电压对含乳化剂水包油乳液破乳的影响

实验中，当 BPEF 电压超过 400 V 后，乳液中电流快速增大，容易造成极板短路；而电压低于 200 V 时，破乳相同时间后乳液中无油滴层和连续油相层出现。因此，破乳电压范围为 200~400 V。BPEF 电压对含乳化剂 O/W 乳液破乳效果的影响研究中，其中 BPEF 的频率设定为 50 Hz，占空比为 50%，正负输出时间比为 4∶1。BPEF 电压对乳液油滴层厚度的影响中，结果显示油滴层厚度均随破乳时间的增加先增大，随后变化缓慢。当电压为 200 V 时，油滴层厚度持续增大并趋于恒定。随着 BPEF 电压继续升高到 400 V 时，油滴层厚度先增大后减小；且随电压的升高，BPEF 破乳 2 h 后油滴层厚由 3.25 mm 降低至 2.10 mm。电压为 400 V 时，油滴层厚度达到最小。当破乳电压低于 250 V 时乳液中油滴所受电场力较小，油滴迁移速度和距离也较小使得油滴聚集的过程缓慢且形成的油滴聚集体的数目较少，上浮到乳液表面的油滴数目减少，因此油滴层厚度增大缓慢。当 BPEF 电压高于 250 V 后油滴所受电场力增大，其迁移速度和位移也随之增大，油滴聚集的过程加快，所形成的油滴聚集体和油滴层也增加；且油滴层中的油滴也开始聚并形成连续油相层。因此，油滴层厚度先增大，随后不断减小。破乳后乳液中剩余油滴层越薄，则转化为连续油相的游离油滴越多，乳液破乳效果也越好。因此，在本实验条件下，随着 BPEF 电压的升高乳液破乳效果增强[12]。

BPEF 电压对连续油相层厚度的影响规律为，连续油相层厚度随破乳时间增加而增大。当电压从 200 V 升高到 300 V 时，油滴层上部的连续油相层厚度随时间基本呈线性增大趋势，BPEF 电压越高，连续油相层厚度增长越快。当电压继续升高到 400 V 时，连续油相层厚度在破乳 30 min 内快速增长，30 min 后增速变缓。在相同破乳时间内，连续油相层厚度随电压的升高而增大，当电压达到 400 V 后，连续油相层厚度达到最大。BPEF 电压升高，油滴层中的油滴发生聚并的概率增大使连续油相层增长加快，从而有助于提高 O/W 乳液的破乳效果。

BPEF 电压对乳液破乳过程中连续油相转化率的影响中，可以看出与 BPEF 电压对连续油相层厚度的影响相对应，当电压升高到 300 V 时连续油相转化率 k 随时间近似保持线性增大趋势，且电压越高，k 的增长幅度越大。当 BPEF 电压增大到 400 V 时，k 值在乳液破乳 20 min 内快速增加随后缓慢。在相同破乳时间内，电压越高，k 越大。当电压达到 400 V

时，k 值达到最大。

电压对乳液破乳后清液含油量及浊度的影响规律为，随着电压增加，清液含油量和浊度降低。当电压从 200 V 升高到 250 V 时清液含油量和浊度迅速减小。当电压增大到 400 V 时，清液含油量和浊度达到最低，其值分别为 68.73 mg/L 和 43.6 NTU。结合油滴层厚度、连续油相层厚度和连续油相转化率随破乳电压的变化结果，可以得出破乳电压为 400 V 时破乳效果达到最佳。

5.2.2.2 脉冲电场频率对含乳化剂水包油乳液破乳的影响

当 BPEF 频率超过 1000 Hz 后，破乳相同时间乳液中无油滴层和连续油相层出现，没有明显破乳效果；电场频率低于 25 Hz 时的破乳效果与 25 Hz 时的基本相同，但乳液中通过电流增大趋势明显。因此，频率的范围为 25~1000 Hz。BPEF 频率对含乳化剂 O/W 乳液破乳效果的影响研究中，其中 BPEF 电压为 400 V，占空比为 50%，正负输出时间比为 4∶1。

当 BPEF 频率在 25~200 Hz 内时，油滴层厚度随时间增加呈先增大后减小的趋势。当频率升高至 1000 Hz 时，油滴层厚度先快速增大随后略有降低且基本保持稳定。在相同破乳时间内，频率为 1000 Hz 时的油滴层厚度最大。当频率超过 200 Hz 后，频率增大不利于油滴层快速转化为连续油相层。因此，BPEF 的频率控制在 25~200 Hz 内较为合适。在不同破乳频率下连续油相层厚度在破乳 30 min 内均快速增大，随后减缓。相同破乳时间内，随着频率降低，连续油相层厚度逐渐增大。当 BPEF 频率为 25 Hz 时，连续油相层厚度达到最大。这是由于 BPEF 频率升高，一个脉冲周期内电场输出时间减少，乳液中油滴所受电场力作用时间缩短，油滴迁移速度和距离也随之减小。汇聚进入油滴层中的油滴数目减少，且 BPEF 的震荡聚结作用减弱，发生聚并的油滴减少，因此破乳效果变差。由此说明电场频率升高不利于乳液破乳[13]。

BPEF 频率对连续油相转化率 k 的影响研究中，由结果可知在破乳 20 min 内不同破乳频率下 k 先快速增大，随后减缓。在相同破乳时间内 k 值随电场频率的升高而减小，当频率为 1000 Hz 时，k 值最小。这说明电场频率的增大削弱了 BPEF 对分散相油滴转化为连续油相的能力，乳液破乳效果也随之减弱。BPEF 频率对乳液破乳后清液含油量和浊度的影响研究规律为，清液含油量和浊度均随电场频率升高而增大。当频率为 1000 Hz 时，清液含油量和浊度最大，破乳效果最差。综合以上结果，说明随着 BPEF 频率的升高乳液破乳效果变差。因此，最佳破乳效果时的 BPEF 频率为 25 Hz。

5.2.2.3 脉冲电场占空比对含乳化剂水包油乳液破乳的影响

BPEF 占空比对含乳化剂 O/W 乳液破乳效果的影响研究中，其中 BPEF 电压为 400 V，频率为 25 Hz，正负输出时间比为 4∶1。通过结果给出了 BPEF 占空比对破乳过程中油滴层厚度的影响。可知，当 BPEF 占空比不同时油滴层厚度均随破乳时间增加先增大后减小，而在相同破乳时间内油滴层厚度随占空比的升高先减小后增大。当占空比为 50%时，乳液上部油滴层厚度远小于其他占空比。经过一定破乳时间后，乳液上部油滴层厚度越小，说明残留在乳液中的油滴越少，且油滴层中油滴能够快速转化为连续油相，破乳效果也越好。因此，当占空比为 50%时，乳液破乳效果较优。

BPEF占空比对破乳过程中连续油相层厚度的影响研究中，由结果可以看出，对于不同的BPEF占空比，连续油相层厚度均随时间增加而增大，在破乳30 min内连续油相层厚度快速增大，随后增幅减缓。在相同破乳时间内，当占空比不超过50%时连续油相层厚度随占空比的升高而增大，当占空比由50%升高到90%后，连续油相层厚度随占空比的升高反而减小。BPEF占空比增大时，BPEF一个脉冲周期内输出时间所占比例增大，乳液中油滴所受电场力作用时间延长，油滴迁移速度和位移增大且油滴碰撞的力度和次数增加，BPEF的震荡聚结作用增强使得油滴聚并效果提高，促使连续油相厚度增加。当占空比为50%时，连续油相层厚度达到最大。而当BPEF占空比继续增大时，油滴所受电场力持续时间进一步延长，油滴迁移速度和运动距离更大，且油滴间碰撞的力度和次数进一步增大，使得油滴相互碰撞时由于过大动能发生破裂或弹开，油滴聚并效果由此减弱，导致所形成的连续油相层厚度降低，则乳液破乳效果也随之降低。因此，本研究得出的连续油相层厚度达到最佳时的BPEF占空比为50%。

BPEF占空比对连续油相转化率 k 的影响研究中，当占空比为10%时，k 值随破乳时间缓慢增大；而当占空比增大到50%，k 值在破乳30 min内快速增大随后减小。在相同破乳时间内，占空比为50%时的 k 值远大于其他占空比时的 k 值，说明BPEF占空比达到50%时，O/W乳液中所形成的油滴层向连续油相层转化的效率最高。综合以上占空比对乳液中油滴层厚度和连续油相层厚度的影响规律可以得出，连续油相转化率最大时的BPEF占空比为50%。BPEF占空比对破乳后清液含油量和浊度的影响规律研究中，从结果可以看出，清液含油量和浊度均随占空比的增大先减小后增大。当占空比为50%时，清液含油量和浊度均为最小值，分别为130.12 mg/L和59.9 NTU，此时破乳效果达到最佳。

5.2.2.4 脉冲电场正负输出时间比对含乳化剂水包油乳液破乳的影响

BPEF正负输出时间比（t_p/t_n）对含乳化剂O/W乳液破乳效果的影响研究中，其中BPEF输出电压为300 V，频率为50 Hz，占空比为50%。通过改变不同 t_p/t_n，破乳过程中油滴层厚度随时间的变化情况可知，当 t_p/t_n 分别为1∶1、1.5∶1、4∶1和9∶1时，油滴层厚度在破乳10 min内快速增加，之后 t_p/t_n 为1∶1和1.5∶1的油滴层厚度有所下降并保持稳定；t_p/t_n 为4∶1和9∶1的油滴层厚度继续随时间缓慢增大，破乳60 min后缓慢降低。当 t_p/t_n 为2.33∶1和19∶1时，油滴层厚度随时间先增大后减小。同一时间，t_p/t_n 为19∶1的油滴层厚度均高于其他 t_p/t_n 的油滴层厚度。油滴层厚度越大，乳液中被聚集在一起但没有发生聚并的油滴越多，乳液中残余的游离油滴也越多，乳液破乳效果较差[14]。

对不同 t_p/t_n 的连续油相层厚度随破乳时间的变化进行了研究，由结果可知，不同 t_p/t_n 的连续油相层厚度均随时间增加而增大。在相同破乳时间内，当 t_p/t_n 从1∶1升高为4∶1时，连续油相层厚度随之增大，但 t_p/t_n 在1∶1~2.33∶1，增大幅度较小；而当 t_p/t_n 增大到4∶1时，连续油相层厚度在破乳30 min内迅速增大后增幅减缓，此时连续油相层厚度远大于其他 t_p/t_n 时的连续油相层厚度。当 t_p/t_n 从4∶1增大到19∶1时，在相同破乳时间内连续油相层厚度反而减小。当 t_p/t_n 升高到19∶1时，连续油相层厚度降到最小。

BPEF正负输出时间比（t_p/t_n）对连续油相转化率 k 值的影响规律中，可以得出不同 t_p/t_n

时的 k 值均随破乳时间增加而增大。在相同破乳时间内，当 t_p/t_n 由 1∶1 增大到 1.5∶1 时，k 值随 t_p/t_n 的增加而增大。实验结果中可以看出，当 t_p/t_n 为 2.33∶1 时，破乳过程中和破乳后的油滴层厚度均较大，导致其连续油相转化率较小。当 t_p/t_n 升高到 4∶1 时，k 值达到最大，此时的连续油相层厚度也达到最大而油滴层厚度较小，说明在 t_p/t_n 为 4∶1 时 BPEF 对油滴层转化为连续油相的能力达到最大。当 t_p/t_n 继续增大到 19∶1 时，k 值降到最小，说明此时 BPEF 对油滴层转化为连续油相的能力较差，乳液的破乳效果变差。BPEF 正负输出时间比（t_p/t_n）对破乳后清液含油量及浊度的影响中，乳液破乳后清液含油量和浊度均随 t_p/t_n 增大先减小后增大。当 t_p/t_n 为 4∶1 时清液含油量和浊度均达到最小，分别为 68.55 mg/L 和 43.5 NTU，此时破乳效果达到最佳。结合前面结果可以得出，乳液破乳效果达到最优时的正负输出时间比 t_p/t_n 为 4∶1。

5.2.3 乳液自身性质对含乳化剂水包油乳液破乳的影响规律

BPEF 对含乳化剂 O/W 乳液破乳时，乳液性质诸如乳化剂的种类、含量以及油分含量和黏度都会对破乳效果产生重要影响。因此，本节主要研究乳化剂种类、乳化剂含量、油分含量及油分黏度对 BPEF 破乳效果的影响,并考察了 BPEF 对油分为原油的含乳化剂 O/W 乳液的破乳效果，对比分析了相同条件下含乳化剂乳液与不含乳化剂乳液的破乳过程及效果。同样，含乳化剂 O/W 乳液的强制循环流动也削弱了 BPEF 的破乳效果，此处不再赘述。

5.2.3.1 乳化剂种类对含乳化剂水包油乳液破乳的影响

本节主要研究阳离子型乳化剂十二烷基三甲基溴化铵（DTAB）、阴离子型乳化剂十二烷基硫酸钠（SDS）以及非离子型三种乳化剂聚山梨酯-80（Tween-80）对 BPEF 作用下 O/W 乳液破乳效果的影响。BPEF 的输出电压为 400 V，频率为 25 Hz，占空比 50%，正负输出时间比为 4∶1，三种乳化剂的添加量均为 0.01%（质量分数）。在破乳过程中以油滴层厚度、连续油相层厚度、连续油相转化率以及清液含油量和浊度来评价破乳效果。

含不同种类乳化剂的 O/W 乳液破乳过程中油滴层厚度随时间的变化情况研究中，含 DTAB 乳液的油滴层厚度随破乳时间先增大随后保持不变，而含 SDS 和 Tween-80 的乳液的油滴层厚度随时间先增大后减小，且含 SDS 的乳液的油滴层厚度降低幅度更大。在相同破乳时间内，含 SDS 乳液的油滴层厚度最小，Tween-80 次之，DTAB 的最大。这是由于阴离子乳化剂 SDS 使油滴表面的荷电量增多，油滴所受电场力增大，其运动速度和迁移距离也随之增大，油滴碰撞的力度和次数增加，油滴聚并效果增强，油滴层厚度快速减小，因此，添加 SDS 的乳液的油滴层厚度最小。阳离子乳化剂 DTAB 对油滴作用与 SDS 正相反，其使得油滴聚并效果减弱，油滴层厚度增大后保持稳定。而含 Tween-80 的乳液的油滴层厚度介于添加 SDS 和 DTAB 乳化剂的油滴层厚度之间。

三种乳化剂对乳液破乳过程中连续油相层厚度的影响规律显示，连续油相层厚度在破乳 30 min 内增长较快，之后减缓并趋于稳定。在相同破乳时间内，含 SDS 乳液的连续油相层厚度最大，含 Tween-80 的乳液次之，而含有 DTAB 的乳液连续油相层厚度最小。乳化剂类型不同，其对乳液中油滴表面荷电的影响不同。O/W 乳液中油滴表面荷负电，阴离子型乳化剂 SDS 加入后，其分子吸附在油滴表面提高了油滴表面的荷电量，油滴所受电场力增大，聚并效果增强，因此连续油相层厚度增大[15]。而阳离子型乳化剂 DTAB 的加入，中和了油滴表面部分负电荷，油滴所受的电场力减小，油滴聚并效果减弱，连续油相层厚度变薄，破乳效果也随之减弱。而非离子表面活性剂 Tween-80 的加入，对乳液油滴表面荷电没有改变，油滴所受电场力和聚并效果也基本不变，因此，其连续油相层厚度相对不变，并介于添加 SDS 和 DTAB 的乳液的连续油相层厚度之间。

在含三种乳化剂乳液的破乳过程中，连续油相转化率 k 随破乳时间的变化有明显的规律性可寻，其中含有三种乳化剂乳液的 k 值均随时间先快速增大后保持稳定。在相同破乳时间内，含 SDS 的乳液的 k 值最大，含 Tween-80 的次之，而含 DTAB 的最小。SDS 有助于油滴表面荷电量的提高，油滴所受电场力增大，油滴运动速度和迁移距离也随之增大，分散相油滴碰撞的力度和次数增加，油滴聚并以及向连续油相的转化能力增强，因此 k 值较大。分别添加非离子型和阳离子型乳化剂的乳液的连续油相转化率 k 的变化规律也就不难解释。而含三种乳化剂的 O/W 乳液破乳后清液含油量及浊度的变化结果中，可以看出含 DTAB 的乳液破乳后清液油含量和浊度均为最大，Tween-80 的次之，而 SDS 的最小。结合前面的研究结果可以得出，BPEF 对含 SDS 的乳液的破乳效果最好，对含 Tween-80 的乳液破乳效果次之，而对含 DTAB 的破乳效果最差。

5.2.3.2 乳化剂含量对含乳化剂水包油乳液破乳的影响

在以上研究乳化剂用量对乳液破乳效果的影响时，发现三种乳化剂的用量（添加量范围为 50~250 mg/L）对破乳效果的影响趋势基本一致，因此本节只针对非离子型乳化剂 Tween-80 的用量对破乳效果的影响进行研究。Tween-80 添加量为 50、100、150、200 和 250 mg/L 时，所制得乳液的初始含油量分别为 7800、9600、10 800、11 600 和 12 200 mg/L。乳液初始含油量均为 7800 mg/L。实验中 BPEF 输出电压为 400 V，频率为 25 Hz、占空比为 50%，正负输出时间比为 4∶1。乳化剂 Tween-80 含量对油滴层厚度的影响中，乳化剂含量不同时油滴层厚度均在破乳 10 min 内快速增大随后持续减小。这是由于破乳 10 min 内乳液中的分散油滴数目较多且不断聚集并迅速上浮形成油滴层，随后油滴层内油滴不断聚并转化为连续油相使得油滴层厚度减小。在相同破乳时间内，乳化剂含量增大乳液上部的油滴层厚度随之增大。在一定范围内乳化剂含量越大，乳液中油滴表面吸附的乳化剂分子也越多，油滴聚并阻力随之增大，因此油滴层厚度也越大。当乳化剂含量为 250 mg/L 时，油滴层厚度达到最大。

Tween-80 含量对连续油相层厚度变化的影响结果中，可以看出当乳化剂含量不同时，连续油相层厚度均随破乳时间先快速增大随后趋于稳定。在相同破乳时间内，随乳化剂含量的增大，连续油相层厚度减小。当乳化剂含量达到 250 mg/L 时，乳液连续油相层厚度最小，而不含乳化剂乳液的连续油相层厚度大于含乳化剂的连续油相层厚度。这是由于乳化剂含量越大，乳液中油滴表面吸附的乳化剂分子越多，形成的界面膜越致密，对油滴聚并阻力也越强，油滴聚并效果变差，因此在相同时间内破乳形成的连续油相层的厚度减小[16]。

Tween-80 含量对破乳过程中连续油相转化率 k 的影响规律中，可以得出在破乳 10 min 内 k 值快速增大随后减缓并渐趋稳定。在相同破乳时间内，k 值随乳化剂含量的增大而降低，乳液不含乳化剂时的 k 值大于含乳化剂的结果。乳化剂含量增加，使油滴层中油滴间的聚结屏障增强，油滴向连续油相转化能力减弱，因此 k 值减小。Tween-80 含量对破乳后清液含油量和浊度的影响规律中，从结果中可以看出，当 Tween-80 含量不同时，清液含油量和浊度均随 Tween-80 含量的增加而升高，破乳后乳液中残余的油分增多，破乳效果也随之降低。结合前面的研究结果说明乳化剂含量的增加使乳液的破乳效果下降。因此，针对不同乳化剂含量的乳液应适当改变 BPEF 参数和作用时间来增强电场对油滴间乳化剂分子膜的破坏作用，从而提高乳液破乳效果。

5.2.3.3 乳液初始含油量对含乳化剂水包油乳液破乳的影响

在本研究中乳液含油量分别为 1200、2400、4800 和 9600 mg/L，油相黏度大小选择通过改变油分种类而实现，选择的油分分别是汽油、柴油、液压油、豆油和润滑油，在 20 ℃时测得的黏度分别为 0.8、5.9、20.1、51.2 和 204 mP·s。当乳液中油分含量较小或油相黏度较大时，破乳过程中形成的油滴层厚度较薄，不便于测量，因此实验中以破乳过程中连续油相层厚度、破乳后清液含油量和浊度来衡量破乳效果。乳液中添加的 Tween-80 的含量为 0.01%（质量分数）。BPEF 输出电压为 400 V，频率为 25 Hz、占空比 50%，正负输出时间比为 4∶1。

含油量不同的乳液连续油相层厚度随时间的变化结果显示出，当乳液初始含油量为 1200 mg/L 时，连续油相层厚度随时间近似呈线性增长。当含油量升高到 9600 mg/L 时，连续油相层厚度在破乳 30 min 内先快速增长随后增幅减缓并渐趋稳定。在相同破乳时间内，随着乳液初始含油量的增大，连续油相层厚度也增加。BPEF 破乳 2 h 后清液含油量和浊度结果见表 5-8。

表 5-8 乳液初始含油量对破乳后清液含油量及浊度的影响

乳液初始油含量/$mg·L^{-1}$	破乳化后清液油含量/$mg·L^{-1}$	破乳化后清液浊度/NTU
1200	12.03	3.3
2400	34.82	11.5
4800	76.41	19.8
9600	109.38	37.6

从表 5-8 中可以看出，随初始乳液含油量的增大，清液含油量和浊度升高，乳液中残余油分增加，破乳效果变差。这是由于乳液初始含油量较高时，乳液中油滴数目相对较多，油滴间距较小，油滴可快速团聚形成油滴聚集体且形成的油滴聚集体数目也较多，上浮后油滴层中聚集的油滴数目增加，油滴聚并后形成的连续油相也增多。当然，在经历相同破乳时间后乳液残余油含量仍较大。由于油滴聚集体上浮后，乳液中剩余的游离油滴间距加大，油滴运动、聚集缓慢，产生的油滴聚集体和油滴层大量减少，使得油滴层厚度趋于稳定，乳液中残留的游离油滴也相对较多。因此，针对初始含油量较高的乳液应适当延长 BPEF 作用时间来保证破乳效果，而对油分含量较低的乳液应通过调整 BPEF 电压、频率以及占空比来增强油滴的接触聚并速率，从而提高破乳效果[17]。

5.2.3.4 乳液油相黏度对含乳化剂水包油乳液破乳的影响

油相黏度对连续油相层厚度的影响规律中，结果显示即使乳液中油相的黏度不同，但连续油相层厚度均随破乳时间的增加而增大。在相同破乳时间内，随油相黏度的增大连续油相层厚度相应减小。不同油相黏度的乳液破乳后清液含油量和浊度见表 5-9。由表 5-9 可以看出，清液含油量和浊度均随油相黏度的增大而升高，乳液中残留油分较多，破乳效果随之变差。因此，针对高油相黏度的乳液破乳时，应适当延长 BPEF 的作用时间以及调整 BPEF 的输出参数来增大油滴的迁移速度和电场的聚结作用，从而提高乳液的破乳效果。

表 5-9 油相黏度对破乳后清液含油量及浊度的影响

油相黏度/mPa·s	破乳化后清液油含量/mg·L^{-1}	破乳化后清液浊度/NTU
0.8	69.14	18.7
5.9	110.27	30.6
20.1	237.02	81.3
51.2	356.94	171.4
204	583.19	206.3

5.3 脉冲电场对水包原油乳液的破乳过程及效果

本节对油分为原油的含乳化剂 O/W 乳液进行破乳研究，原油取自中石油大港油田，乳液制备方法和流程参见 5.1.1 节。乳化剂 Tween-80 的用量为 0.025%（质量分数）。BPEF 的输出电压为 400 V，频率为 25 Hz、占空比 50%，正负输出时间比为 4∶1。破乳过程如图 5-6 所示，破乳效果如图 5-7、图 5-8 所示。

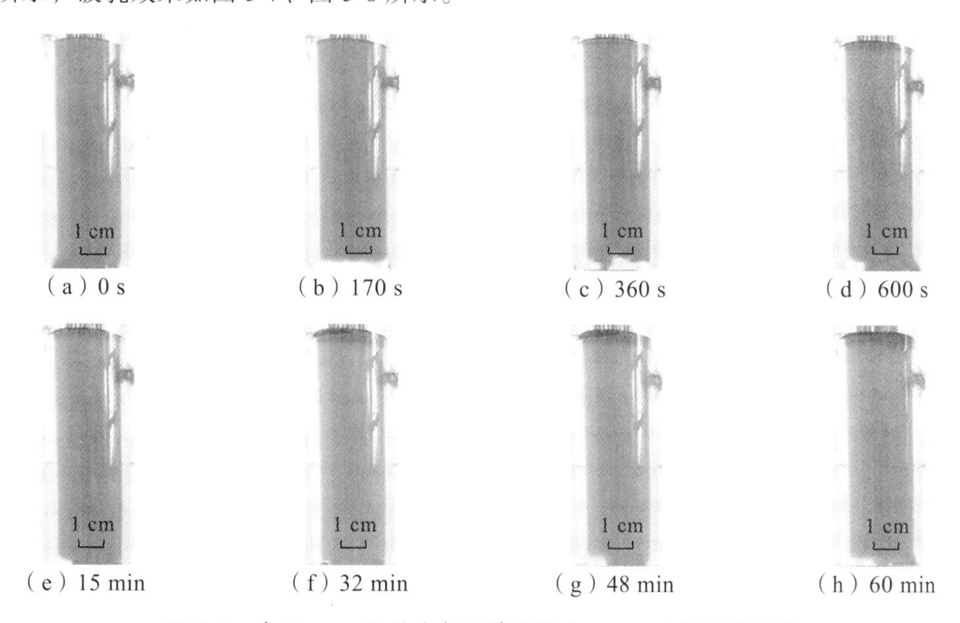

（a）0 s （b）170 s （c）360 s （d）600 s
（e）15 min （f）32 min （g）48 min （h）60 min

图 5-6 含 Tween-80 的水包原油乳液在 BPEF 中的破乳过程

图 5-7 2 h 后的破乳效果

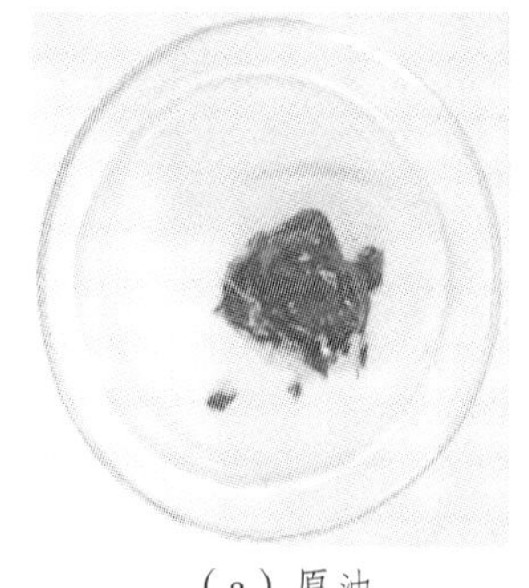

（a）原油

（b）破乳前乳液

（c）破乳后出水

图 5-8 破乳前后对比

由图 5-6（a）可以看出，BPEF 施加前乳液保持均匀稳定。当 BPEF 施加 360 s 后，乳液表面出现连续油相层，如图 5-6（c）所示。BPEF 持续作用 60 min 后，乳液上部形成的连续油相层厚度不断增大，下层乳液颜色持续变浅如图 5-6（d）至（h）所示。BPEF 对水包原油乳液作用 2 h 后的破乳效果如图 5-7 所示。从图中可以看出，乳液表面明显形成连续油相层，如图 5-8（a）所示。BPEF 作用 2 h 后原油的去除率为 90.35%。将连续油相层下部液体取出与原始水包原油乳液进行对比，如图 5-8（b）（c）所示，可以看出 BPEF 破乳后的乳液颜色明显变浅，与原始水包原油乳液对比说明 BPEF 能够对水包原油乳液进行破乳，且破乳效果明显。

5.4 含乳化剂与不含乳化剂乳液的破乳效果对比

在其他相同破乳条件下，含乳化剂与不含乳化剂 O/W 乳液的破乳过程及效果见表 5-10。实验中分别制备了含乳化剂与不含乳化剂的柴油/水乳液，柴油含量为 9600 mg/L，所用乳化剂为 Tween-80，添加量为 0.01%（质量分数）。BPEF 的输出电压为 400 V，频率为 25 Hz、占空比 50%，正负输出时间比为 4∶1。

从表 5-10 中经历不同破乳时间的乳液外观照片可以看出，BPEF 施加前乳液均保持稳定均一。当 BPEF 作用 6 min 后，两种乳液中均出现涡流，但不含乳化剂的乳液涡流比含乳化剂乳液的运动剧烈。含乳化剂乳液中形成油滴聚集体，乳液上部出现油滴层。而不含乳化剂乳液中也形成了少量的油滴聚集体，但油滴聚集体上浮后直接形成连续油相层，且油滴聚集体持续时间较短，这是因为 BPEF 正负脉冲输出时间不等，乳液中油滴产生电泳运动，部分油滴接触后没有立刻聚并而是聚集在一起发生定向运动，因此乳液中产生了油滴聚集体。当 BPEF 作用 10 min 后，不含乳化剂乳液中出现连续油相且涡流消失；而含乳化剂乳液也出现连续油相层，但乳液中的油滴聚集体数量和乳液上部的油滴层厚度不断增加，涡流持续进行。当 BPEF 作用 32 min 时，不含乳化剂乳液连续油相层厚度增长幅度较大，而含乳化剂乳液连续油相层厚度增长缓慢，乳液中的油滴聚集体数量减少，乳液上部的油滴层厚度变薄，涡流强度减弱。BPEF 继续作用到 60 min 时，不含与含乳化剂的乳液的连续油相层厚度均继续增大，但含乳化剂乳液中的油滴聚集体显著减少，油滴层以及乳液涡流最终消失。

表 5-10 不含乳化剂与含乳化剂的乳液破乳效果对比

乳状液类型	不同时间的乳液破乳现象及其效果					
	0 s	6 min	10 min	32 min	48 min	60 min
不含乳化剂	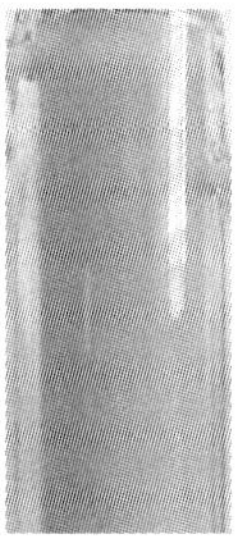	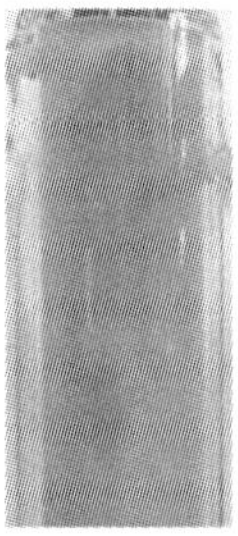	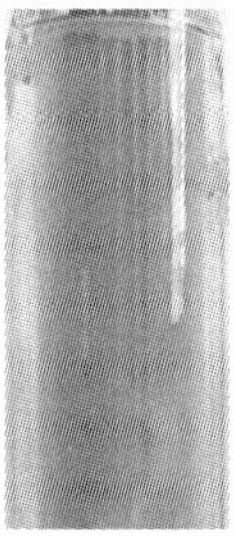	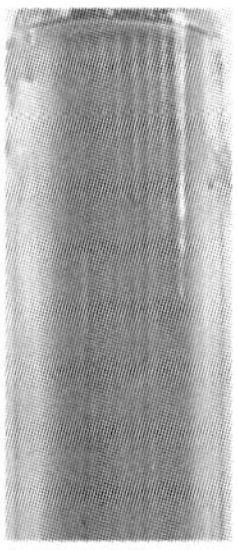	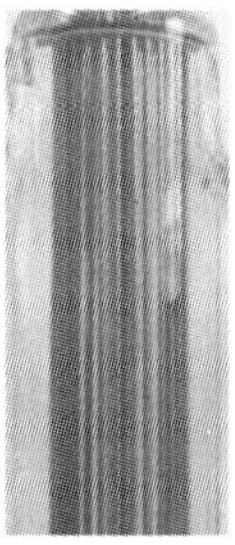	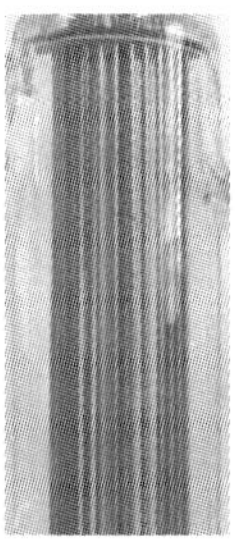
含乳化剂			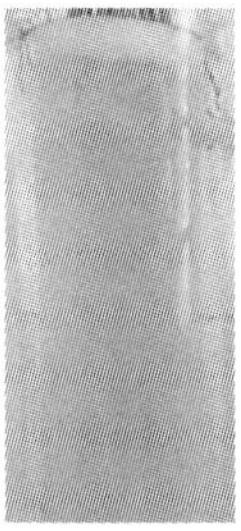		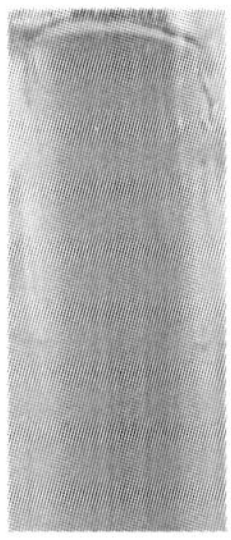	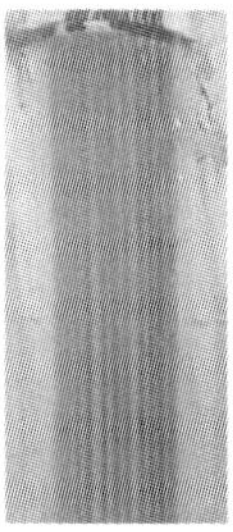

通过对比发现，不含乳化剂的乳液破乳时乳液内部快速形成涡流，乳液中油滴能够快速地聚并上浮形成连续油相层，油滴聚集体较少且存在时间短。含乳化剂的乳液破乳过程中，首先在乳液中形成油滴聚集体，油滴聚集体上浮形成油滴层，油滴层中油滴聚并最终形成连续油相层。油滴聚集体以及油滴层的出现使得相同条件下含乳化剂乳液的破乳效率较低。破乳后不含乳化剂乳液的出水明显比含乳化剂乳液的出水透明清澈，破乳 2 h 后不含乳化剂乳液的清液含油量及浊度分别为 43.34 mg/L 和 7.8 NTU，含乳化剂乳液的清液含油量及浊度分别为 129.86 mg/L 和 45.9 NTU，说明相同条件下不含乳化剂乳液的破乳效果优于含乳化剂的乳液的破乳效果[18]。

5.5 电场类型对含乳化剂水包油乳液破乳效果的影响

本节主要对比研究了 BPEF 与 DCEF、ACEF 以及 UPEF 四种电场对含乳化剂 O/W 乳液的破乳过程及效果，将相同的含乳化剂 O/W 乳液分别在四种电场下进行破乳，乳液中油分为柴油，其含量为 9600 mg/L，所用乳化剂为 Tween-80，添加量为 0.01%（质量分数）。

5.5.1 双向脉冲电场与交直流电场破乳效果的对比

由于 DCEF 频率为 0 Hz 而占空比与 ACEF 均为 1，因此实验中控制三种电场的输出电压均为 400 V。BPEF 和 UPEF 的频率设置为 50 Hz，占空比固定为 50%，BPEF 的正负输出时间比为 4∶1。BPEF、DCEF 和 ACEF 对乳液的破乳效果照片见表 5-11。

表 5-11 四种电场对含乳化剂 O/W 乳液的破乳效果对比

电场类型	不同破乳时间的乳液现象及其效果					
	0 s	6 min	10 min	32 min	48 min	60 min
BPEF		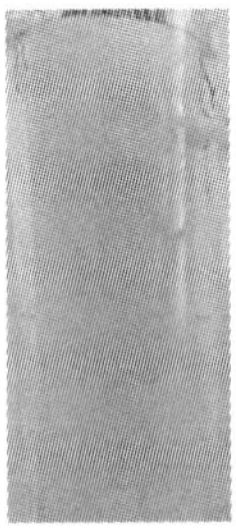				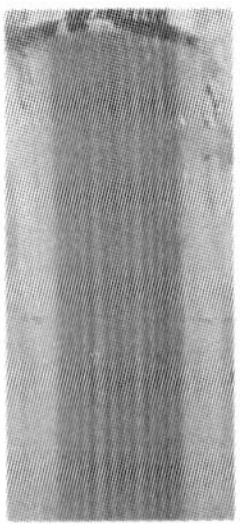
DCEF	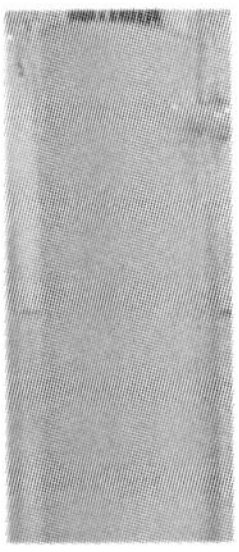		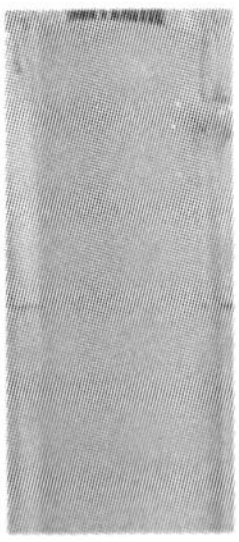			
ACEF	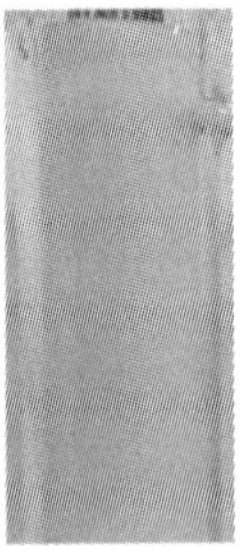		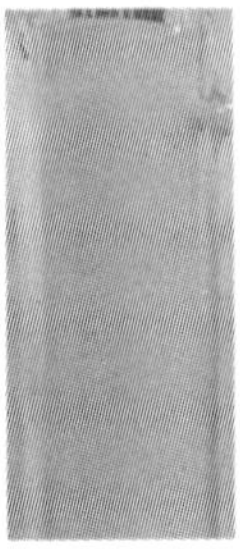			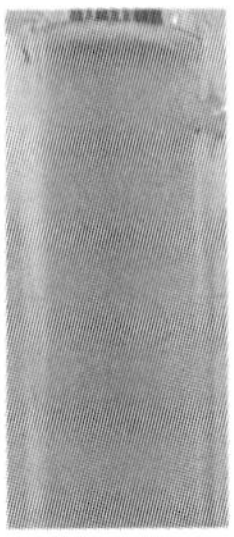

续表

电场类型	不同破乳时间的乳液现象及其效果					
	0 s	6 min	10 min	32 min	48 min	60 min
UPEF						

从表 5-11 可以看出，当施加三种电场前，含乳化剂 O/W 乳液均保持均匀稳定。当破乳 6 min 后，BPEF 作用的乳液中产生涡流，油滴聚集形成油滴聚集体和油滴层。而 DCEF 和 ACEF 的乳液均未发生明显变化。当破乳 10 min 后，施加 BPEF 的乳液出现连续油相层，乳液中油滴聚集体、油滴层不断产生，涡流持续形成，乳液澄清度有所提高。而 DCEF 和 ACEF 作用下的乳液仍与初始状态一致。当破乳 32 min 后，施加 BPEF 的乳液连续油相层厚度持续增大，乳液澄清度进一步提高。ACEF 作用下的乳液上层出现油滴层，乳液颜色变浅，而 DCEF 的乳液上层出现较薄油滴层，乳液外观与初始状态基本相同。当破乳 60 min 后，施加 BPEF 的乳液澄清度显著提高，破乳效果明显。ACEF 作用下的乳液上层油滴层不断增厚，乳液颜色变浅，但仍然浑浊。而 DCEF 作用的乳液较初始状态颜色略有变淡，乳液上部油滴层的厚度稍有增加，乳液浑浊。

三种电场对乳液破乳 2 h 后的出水含油量和浊度结果见表 5-12。从表 5-12 可以看出，BPEF 对含乳化剂 O/W 乳液破乳后的出水含油量和浊度远低于 DCEF 和 ACEF 的对应指标。因此，与 DCEF 和 ACEF 相比，BPEF 对含乳化剂 O/W 乳液的破乳效果更为明显。

表 5-12　四种电场对含乳化剂 O/W 乳液破乳 2 h 后出水含油量及浊度对比

电场类型	破乳化后清液油含量/$mg \cdot L^{-1}$	破乳化后清液浊度/NTU
BPEF	93.62	37.3
DCEF	6038.61	> 4000
ACEF	3934.07	2631.8
UPEF	402.85	331.5

5.5.2　双向脉冲电场与单向脉冲电场破乳效果的对比

BPEF 和 UPEF 对含乳化剂 O/W 乳液的破乳经历中，两种电场作用时乳液中均出现涡流、乳液上部的油滴层以及连续油相层，但 BPEF 的破乳效果明显优于 UPEF。两种电场破乳过程中所形成的连续油相层厚度随时间发生了变化。结果显示，BPEF 破乳 30 min 内连续油相层厚度增长较快，之后增速渐缓。UPEF 作用下连续油相层厚度随时间增加缓慢，且在相同破乳时间内 BPEF 作用下的连续油相层厚度大于 UPEF 的对应结果，说明 BPEF 对含乳化剂乳液的破乳速率明显大于 UPEF 的作用。BPEF 破乳后清液的含油量和浊度分别为 93.62 mg/L 和 37.3 NTU，而 UPEF 破乳后的清液含油量和浊度分别为 402.85 mg/L 和 331.5 NTU，破乳效果较差。由此可见，BPEF 对含乳化剂 O/W 乳液的破乳效果明显优于 UPEF[19]。

5.5.3 小 结

本节内容主要研究了 BPEF 对含乳化剂 O/W 乳液的破乳行为及效果，考察了 BPEF 输出参数和乳液性质对破乳过程及效果的影响，对比研究了 BPEF、DCEF、ACEF 和 UPEF 四种电场的破乳效果，并对水包原油乳液的破乳效果进行了研究，总结如下：

（1）BPEF 对含乳化剂 O/W 乳液破乳效果明显，使含乳化剂 O/W 乳液形成涡流，驱动乳液中的油滴形成油滴聚集体并上浮形成油滴层，油滴层中油滴聚并转化为连续油相，乳液实现破乳。该过程可划分为三个阶段，即油滴聚集体和油滴层形成阶段、连续油相层形成阶段以及油滴聚集体和油滴层消失阶段。

（2）含乳化剂乳液的破乳效果随着 BPEF 电压的升高而增强，电压 400 V 时破乳效果最优。破乳效果随 BPEF 频率的升高而变差，最佳破乳频率为 25 Hz。当 BPEF 占空比为 50% 以及正负输出时间比为 4∶1 时，破乳效果最优。

（3）乳液中含有阳离子乳化剂时破乳效果较差，含有阴离子乳化剂时对破乳效果的影响较小，非离子型乳化剂的影响介于前两者之间。乳化剂含量越大越不利于破乳。相同破乳条件下乳液含油量越高，BPEF 对乳液的破乳速率也越大，但最终破乳效果不好。随着油相黏度的升高，乳液破乳效果也降低。

（4）BPEF 对含乳化剂水包原油乳液破乳效果明显，原油去除率可达 90.35%。在相同条件下，BPEF 的破乳速率和破乳后清液水质指标均优于 DCEF、ACEF 和 UPEF 的对应结果。

5.6 电极形式对脉冲电场作用下水包油乳液破乳的影响

近年来，随着全球工业化的发展，含油废水污染日益严重。由于其成分复杂、生物降解困难、环境危害巨大，含油废水一直是环保领域的研究热点之一。含油废水中的乳化油难以用传统方法去除，以 O/W 型乳状液的形式稳定地分散在水中，因此有必要开发新型高效的方法去除 O/W 型乳状液中的乳化油。

电场破乳化法具有处理流程短、设备简单、无二次污染等诸多优点，多用于油包水型（W/O）乳化领域的破乳化，很少用于油包水型乳化。一般认为，油包水型乳液连续相的电导率远高于油包水型乳液，在高电场下会有过大的电流通过油包水型乳液，从而导致油包水型乳液中水相的电解。但事实上，外加电场可促进油滴表面电荷的迁移和再分布，降低油滴表面的能量屏障高度，加速油滴聚结。Ichikawa 等人利用直流电场实现了高密度 O/W 型乳液的快速破乳。Hosseini 等人将非均匀交流电场应用于 O/W 型乳液，85%的油相从乳液中分离出来。国内科技人员则将双向脉冲电场引入 O/W 型乳液，证明双向脉冲电场的破乳化性能明显优于直流或交流电场。为了避免 O/W 型乳液中连续相的电解，以往的电场破乳研究都是基于无盐 O/W 型乳液。在电场破乳过程中避免电解含无机盐的油/水乳液具有重要的现实意义。此外，以往研究中的电极排列一般为平行电极排列（PEA）或同心电极排列（CEA），导致电场强度低，破乳效率低。

本节内容利用杆状钛电极和双向脉冲电源，在圆柱形容器中建立了星状电极排列的双向脉冲电场（BPEF），并系统研究了其对 O/W 乳液破乳性能的影响。利用 COMSOL Multiphysics 模拟了相同电极数的 PEA、CEA 和 SEA 条件下圆柱形容器破乳空间横截面上的电场强度分布。研究了 BPEF 的电压、频率和占空比以及乳液电导率对油/水乳液破乳性能的影响，获得了油/水乳液的最佳破乳参数。主要研究了由棒状电极构建的星形电极排列双向脉冲电场（BPEF）对水包油（O/W）乳液的破乳化作用。通过分别模拟平行电极排列（PEA）、同心电极排列（CEA）和星形电极排列（SEA）的电场强度分布，发现 SEA 的低场强区域所占比例最小，而高场强区域所占比例最大，可为 O/W 型乳液的破乳化提供合适的电场环境。实验探讨了电压、频率、占空比和乳液电导率对 O/W 型乳液破乳的影响。对于初始含油量为 3200 mg/L 的油包水型乳液，破乳化率随电压、占空比和乳液电导率的增加而上升，但随频率的增加而下降。随着电压、频率和占空比的增加，出水的含油量和浊度先下降后上升，但随着乳液电导率的增加，出水的含油量和浊度稳步上升。当电压为 500 V、频率为 50 Hz、占空比为 40%、乳液电导率为 2 μS/cm 时，O/W 型乳液的破乳化性能最佳，出水含油量可降至 5.39 mg/L[20]。

5.6.1 电极形式及电场分布计算

如图 5-9 所示，利用 SOLIDWORKS 建立了使用 PEA、CEA 和 SEA 的破乳化容器的几何模型，并将每个模型导入 COMSOL Multiphysics 5.3 软件生成网格。网格序列类型设置为物理控制网格，元素尺寸设置为极细。电极材料设置为与实验一致的钛棒材料。导电介质设置为无盐 O/W 乳化液，根据公式（5-1）将其相对介电系数设置为 79.69。

$$\varepsilon_r=\varepsilon_{r1}V_{f1}+\varepsilon_{r2}V_{f2} \tag{5-1}$$

式中　ε_{r1}，ε_{r2}——水和油的相对介电常数，其中 $\varepsilon_{r1}=80$，$\varepsilon_{r2}=2.2$；

V_{f1}，V_{f2}——水和油的体积分数，其中油在 O/W 型乳液中的体积分数为 0.4%。

（a）平行排列

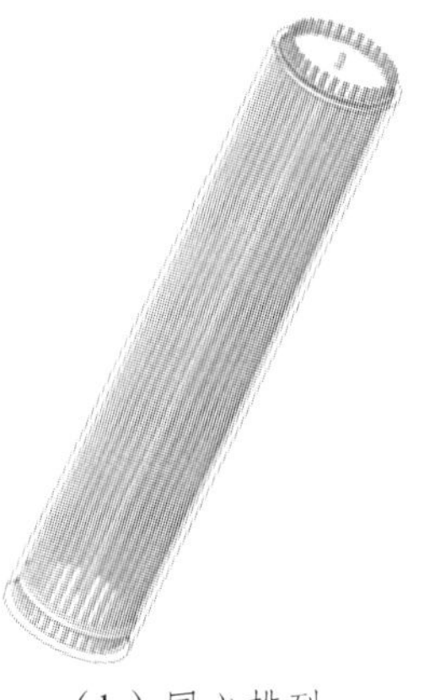
（b）同心排列

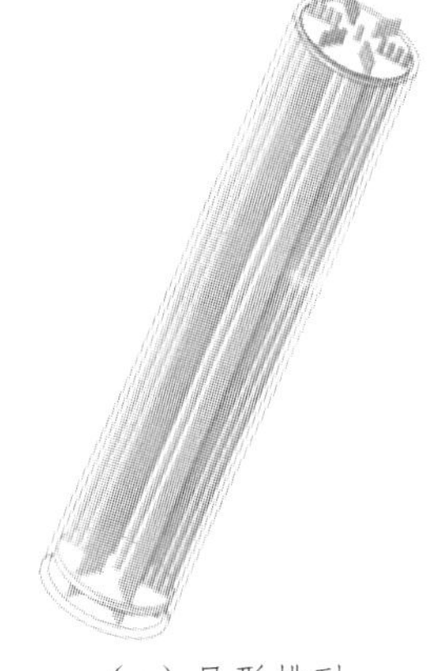
（c）星形排列

图 5-9　多电极组件几何模型

根据麦克斯韦方程，电场控制方程如公式（5-2）所示。

$$-\nabla\cdot(\varepsilon_0\varepsilon_r\nabla U)=0 \tag{5-2}$$

式中 ε_0——真空的介电常数；

ε_r——相对介电常数；

U——电势。

电场边界条件设定如下：PEA 时，中间一排电极的电位设定为 500 V，其他两排电极接地；CEA 时，中央电极的电位设定为 500 V，周围电极接地；SEA 时，中央电极和夹角为 120°的三排电极的电位设定为 500 V，其他三排电极接地。使用稳态求解器计算 es.normE 指数，以评估各电极排列的电场强度分布。

实验装置由油/水乳液制备单元、电场破乳单元和测量单元组成，其中主要由乳化液储存罐（a）、均质机（b）、电导率仪（c）、脉冲电源（d）、电乳化罐（e）、冷却水罐（f）、冷却水循环泵（g）、显微图像分析系统（h）、浊度计（i）、紫外分光光度计（j）、比色皿（k）、集水瓶（l）、集油瓶（m）、多电极组件（n）组成。O/W 乳液制备装置由 2 L 有机玻璃乳液储存罐、均质机（D-8401WZ）和电导率仪（DDSJ-318）组成。制备 O/W 型乳液的材料包括去离子水（电导率：2 μS/cm）、0#柴油（密度：842.7 kg/m^3，黏度：5.93 mPa·s）和氯化钠（纯度：AR）。水包油型乳液的制备过程包括以下步骤：首先，将 1.8 L 去离子水倒入乳液储存罐（a），并根据后续实验条件的需要加入适量 NaCl 以调节乳液的电导率，电导率由电导率仪（c）测得。打开均质机（b），将转速设定为 1000 r/min。然后按照 1∶50 的油水体积比在乳化液储存罐（a）中加入 0#柴油，并以 3000 r/min 的转速搅拌乳化液 15 min。静置 2 h 后，再次以 3000 r/min 的转速搅拌乳化液 15 min。静置 4 h 后，除去乳液的上层油，得到含油量约为 3200 mg/L 的制备好的 O/W 型乳液，用于下一步的破乳化实验。

电场破乳装置由脉冲电源（10002DM）、电乳化罐（e）、冷却水箱和冷却水循环泵（AT303s）组成。脉冲电源（d）通过铜线与多电极组件（n）相连，其输出电压为 0~1000 V，频率为 25~5000 Hz，占空比为 0~100%。电乳化罐（e）是一个有效容积为 300 mL 的夹套圆柱形玻璃容器，里面装有多电极组件（n）和 O/W 型乳液。多电极组件（n）由 25 个直径为 2 mm、长度为 240 mm 的棒状钛电极组成，呈星形分布，由两块外径为 40 mm、孔径为 2 mm、厚度为 5 mm 的有机玻璃孔板固定。电乳化罐的夹套中装有冷却水，冷却水由冷却循环泵（g）注入，以确保 O/W 乳化液的温度保持在 38~39 ℃，从而排除温度对 O/W 乳化液破乳性能的影响。

测量单元由紫外分光光度计（L6S）、浊度仪（WGZ-100）和显微镜图像分析系统（BX43）组成。透射率表示入射光通量中通过油包水型乳液的光通量的比例，随着油包水型乳液中油滴数量的减少，透射率也随之增加。因此，本研究将乳液的透射率作为破乳的评价指标。用紫外分光光度计（j）测量乳液的吸光度，然后根据透射率和吸光度的函数 $A=-\lg T$，将其换算成乳液的透射率。每次实验后，用紫外分光光度计（j）测量出水的含油量，用浊度计（i）测量出水的浊度，用显微镜图像分析系统（h）观察乳液中油滴的数量。

实验前，打开乳化液储存罐（a）的阀门，将制备好的 200 mL 水包油型乳化液注入电乳化罐（e）。打开冷却水循环泵（g），向电乳化槽（e）的夹套注入循环冷却水。多电极组件（n）的阳极和阴极通过铜线分别连接到脉冲电源（d）的正负输出端。事先设定好脉冲电源的输出参数后，启动电源进行破乳实验。在实验过程中，每 5 min 暂停一次，并从电乳化罐（e）的中间取样口收集 2 mL 水包油乳化液。在紫外分光光度计上测量三次取样乳化液并取平均值，然后将其倒回罐中进行下一组实验。每次实验的破乳化时间为 1 h。实验结束后，将破乳化液收集在集水瓶（l）中，以测量其含油量和浊度。

5.6.2 电场分布的数值模拟

图 5-10 显示了使用 PEA、CEA 和 SEA 的破乳化容器横截面电场强度分布图。从图中可以看出，PEA 的电场在三排电极之间均匀分布，CEA 的高电场强度主要集中在中央电极周围区域，并沿径向向周围电极逐渐减弱。SEA 的中央电极周围有三个电场强度较低的区域，这是因为中央电极和周围三排电极都是阳极，导致电场相互抵消。此外，相邻两排电极之间形成了不均匀电场，电场强度随相邻两排电极之间距离的增大而降低。

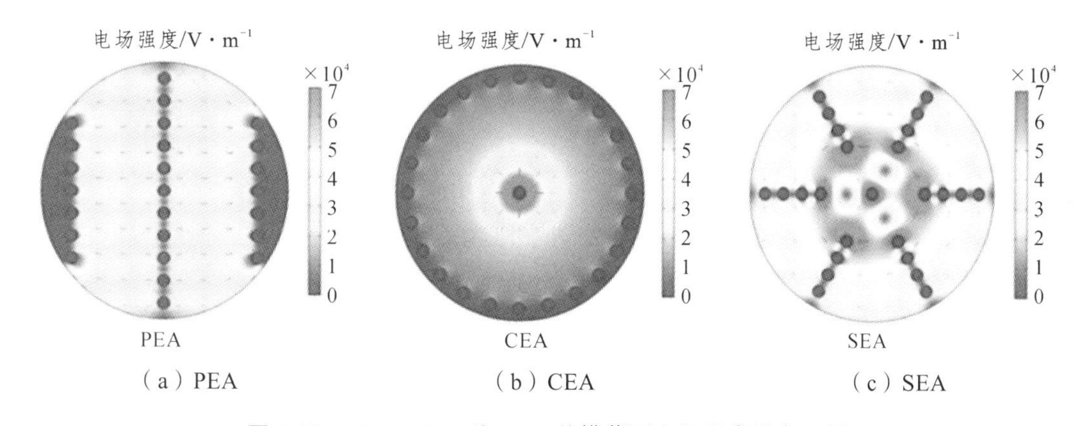

（a）PEA （b）CEA （c）SEA

图 5-10 PEA、CEA 和 SEA 的横截面电场强度分布云图

图 5-10 所示的电场强度可分为四个区域级别：近零电场强度区（E<1 kV/m）、低电场强度区（1 kV/m<E<20 kV/m）、中电场强度区（20 kV/m<E<50 kV/m）和高电场强度区（E>50 kV/m）。图 5-10 显示了 PEA、CEA 和 SEA 各级电场强度分布比例。可以看出，与 PEA 和 CEA 相比，SEA 的近零电场强度区域比例仅占 0.04%，表明电场几乎覆盖了整个区域。在 PEA、CEA 和 SEA 三种电极排列方式中，SEA 形成的低电场强度区域比例最小，而形成的高电场强度区域比例最大。SEA 形成的中、高电场强度区域比例之和超过 95%，远高于 PEA 和 CEA。因此，本研究采用星状电极排列（SEA）进行破乳，可显著提高应用于 O/W 型乳液的电场强度。

在电压为 500 V、频率为 50 Hz、占空比为 40%的条件下，通过研究电极排列对水包油型乳液透射率的影响，来验证电场分布的模拟。由结果可以得出，PEA 的乳液透过率增大幅度最小，其最终透过率仅为 11%。根据电场模拟结果，由于 PEA 形成的电场强度较低，油滴之间的静电吸引力较小，导致破乳过程缓慢。CEA 的乳状液透过率的增大幅度高于 PEA，这是因为 PEA 的高场强区域所占比例大于 CEA，因此破乳过程加快。SEA 的乳液透射率上升幅度远高于 PEA 和 CEA，这是因为 SEA 的高场强区域比例远大于 PEA 和 CEA。从 O/W 型乳液的破乳化率来看，可以认为 SEA 的电极排列比 PEA 和 CEA 好得多。

在电压为 500 V、频率为 50 Hz、占空比为 40%的条件下，电极排列对污水含油量和浊度的影响中，由结果可以看出，PEA 乳化液的含油量和浊度最高，其次是 CEA，而 SEA 乳化液的含油量和浊度最低。从流出物的质量来看，SEA 的电极布置优于 PEA 和 CEA。总之，SEA 对 O/W 型乳液的破乳化性能明显优于 PEA 和 CEA，这验证了电场模拟结果[21]。

5.6.3 不同电极形式下的水包油乳液破乳性能

在电压为 500 V、频率为 50 Hz、占空比为 40%的 SEA BPEF 的条件下，研究了 O/W 乳液的破乳化情况。原始 O/W 乳化液与处理过的 O/W 乳化液进行了比较。结果显示对在 BPEF 中使用 SEA 的 O/W 乳化液的电场破乳过程中，经过 10 min 的电破乳后，O/W 乳液逐渐澄清。可以看到，杆状电极开始出现，连续相油层浮在 O/W 乳化液上。电去乳化 20 min 后，油包水型乳液完全澄清，所有棒状电极清晰可见。乳液上连续相油层的厚度基本稳定。水包油型乳液已从最初的浑浊状态变为最终的透明状态。

在电压为 500 V、频率为 50 Hz、占空比为 40%的 SEA+BPEF 条件，研究了不同时间油滴聚集的显微图像。在 BPEF 作用下，O/W 乳液中油滴的迁移和聚集过程中，BPEF 的输出电压为 500 V，频率为 50 Hz，占空比为 40%，乳液电导率为 2 μS/cm。施加 BPEF 后，随机分散的油滴沿着电场方向逐渐聚集成油滴链。这可能是因为在 BPEF 的作用下，油滴双电层中的正负电荷聚集在油滴的两极，使油滴相邻两侧的正负电荷产生静电吸引力，促使油滴相互靠近并聚集成油滴链。在油滴链的形成过程中，由于相邻油滴之间的挤压，油滴链上的油滴界面膜被破坏，导致油滴聚结。随着油滴的不断增大和上浮，油包水型乳液最终被破乳化。

5.6.3.1 电压对水包油乳液破乳性能的影响

在频率为 25 Hz、占空比为 50%、乳液电导率为 2 μS/cm 时，研究了电压对乳液透射率的影响。结果显示了电压对破乳化过程中油/水乳液透射率的影响。电压为 100 V 时，BPEF 下乳液的透射率没有明显变化，说明油滴仍处于油滴链的早期形成阶段，油滴数量没有明显减少。施加 150 V 电压 40 min 后，乳液的透射率开始上升，原因是油滴链中的油滴聚结上浮，乳液中油滴的数量减少。随着电压的升高，破乳开始时间提前，这是因为电场强度随着电压的升高而增加，导致油滴之间的静电吸引力增强，从而促进了油滴的聚结，缩短了油滴上浮的时间。电压在 300~500 V 内，乳液的最终透射率约为 70%，油包水型乳液基本澄清。当电压升至 600 V 时，乳液透射率在达到峰值后缓慢下降，原因是过大的电场强度导致剩余的分散油滴破碎成更多的小油滴。

在频率为 25 Hz、占空比为 50%、乳液电导率为 2 μS/cm 时，考察了电压对乳液透射率变化率的影响。电压对乳液透射率变化率的影响反映了不同电压下乳化的峰值周期和峰值速率。随着电压的升高，乳化液透射率的峰值变化率增大，破乳峰值周期提前。这可能是因为单位时间内积累的油滴数量随着电压的升高而增加，从而缩短了油滴聚结的时间，促进了油滴的上浮。

在频率为 25 Hz、占空比为 50%、乳液电导率为 2 μS/cm 时，研究了电压对油含量和污水浊度的影响。结果显示了电压对破乳化后污水含油量和浊度的影响。在电压在 100~500 V

内，污水的含油量和浊度随着电压的升高而降低。当电压为 500 V 时，污水的含油量和浊度分别达到 12.2 mg/L 和 0.7 NTU 的最低值，破乳效率为 99.61%。然而，当电压达到 600 V 时，污水的含油量和浊度略有上升，表明在 600 V 电压下破乳化性能变差。

5.6.3.2 频率对水包油乳液破乳性能的影响

在电压为 500 V、占空比为 50%、乳液电导率为 2 μS/cm 的条件下，考察了频率对乳液透射率的影响。研究结果显示了频率对破乳化过程中油/水乳液透射率的影响。可以看出，乳液的透过率曲线随着频率的增加而下移，达到完全破乳所需的时间也延长了。在不同的频率下，乳化液的透射率曲线都有明显的上升，且最终值都比较接近，说明频率只是在一定程度上影响了乳化速度，但对乳化液的最终乳化结果影响不大。由此可见，频率并不是乳化性能的决定性参数。

在电压为 500 V、占空比为 50%、乳液电导率为 2 μS/cm 时，研究了频率对乳液透射率变化率的影响。结果显示了频率对乳化液透射率变化率的影响，可以得出结论：随着频率的增加，破乳化的峰值速率降低，破乳化的峰值周期推迟。这是因为脉冲周期随着频率的增加而缩短，从而减少了油滴间静电吸引力的持续时间，导致单位时间内链上油滴数量减少，油滴上浮时间延缓。

在电压为 500 V、占空比为 50%、乳液电导率为 2 μS/cm 的条件下，考察了频率对污水含油量和浊度的影响。研究内容显示了频率对破乳化后污水含油量和浊度的影响。随着频率的增加，含油量和浊度先下降后上升。当频率为 50 Hz 时，含油量和浊度分别达到最小值 11.03 mg/L 和 0.236 NTU，破乳效率为 99.65%。这可能是因为 50 Hz 的脉冲周期与油滴双电层中电荷的迁移和聚集时间相近。如果频率过高，部分电荷不能及时响应电场方向的变化，导致油滴两极的电荷密度降低，油滴聚集性能减弱。如果频率过低，相应的脉冲间隔时间过长，电荷又会重新均匀地分布在油滴周围，导致链上的油滴再次相互分离，破乳性能减弱。从破乳化率和出水水质来看，最佳破乳化频率为 50 Hz[22]。

5.6.3.3 占空比对水包油乳液破乳性能的影响

在电压为 500 V、频率为 50 Hz、乳液电导率为 2 μS/cm 时，考察了占空比对乳液透射率的影响。结果显示研究了占空比对破乳化过程中 O/W 乳化液透射率的影响过程中，当占空比为 10%时，乳液的透过率在 30 min 后开始上升，最终的透过率仅为 15%，表明乳液远未达到完全破乳的程度。在占空比为 20%~70%时，乳液的透射率从初始时刻开始立即增加，并且乳液的透射率曲线随着占空比的增加而上移。当占空比为 40%时，乳剂的最终透射率达到 75%的峰值。然而，随着占空比的继续增加，透射率在达到峰值后缓慢下降。这是因为占空比过大导致脉冲输出时间过长，乳液中剩余的分散油滴会破裂成更多更小的油滴，从而导致透射率下降。

在电压为 500 V、频率为 50 Hz、乳液电导率为 2 μS/cm 的条件下，考察了占空比对乳液透射率变化率的影响。结果显示了占空比对乳液透射率变化率的影响。可以看出，随着占空比的增大，乳液透射率的峰值变化率增大，破乳峰值时间提前。这是因为随着占空比的增加，脉冲输出时间增加，导致油滴两极电荷聚集时间和油滴间静电吸引力持续时间延长，从而使单位时间内油滴聚集在链上的数量增加，油滴上浮时间提前。

在电压为 500 V、频率为 50 Hz、乳化液电导率为 2 μS/cm 时，研究了占空比对污水含油量和浊度的影响。结果显示了占空比对破乳化后污水含油量和浊度的影响中，可以看出，随着占空比从 10%上升到 40%，含油量和浊度都明显下降。当占空比为 40%时，污水的含油量和浊度分别达到最低值 5.39 mg/L 和 0.182 NTU，破乳效率为 99.83%。随着占空比的继续增加，污水的含油量和浊度略有上升，这与前述结果中透光率在 50%~70%内缓慢下降的结果一致。考虑到破乳化率和污水质量，可以认为破乳化的最佳占空比为 40%。

5.6.3.4 乳液电导率对水包油乳液破乳性能的影响

在电压为 500 V、频率为 50 Hz、占空比为 40%的条件下，考察了乳液电导率对乳液透射率的影响。结果显示在探究乳液电导率对破乳化过程中油/水乳液透射率的影响的过程中，不同电导率的 O/W 乳化液在破乳化过程中没有发生电解。在破乳化初期（0~10 min），透射率曲线随着乳液电导率的上升而上移，表明破乳化过程加快了。根据 DLVO 理论，油滴扩散层中的反离子在水相反离子的斥力作用下被挤入内层，从而压缩了扩散层的厚度，导致油滴间的静电斥力减小，油滴聚结的概率增加，从而加速了破乳化过程。

此外，透射率的峰值随乳液电导率的升高而降低，这是因为盐浓度的升高压缩了油滴电双层的厚度，导致相邻油滴在油滴链上聚结的概率增加，油滴链的长度缩短，从而使分散在乳液中的油滴数量增加。达到峰值后，透射率曲线呈下降趋势，这是因为随着乳液电导率的上升，连续相的湍流效应增强，分散在乳液中的剩余油滴在电场力和水相剪切力的共同作用下破碎成更多更小的油滴，导致乳液透射率下降。

在电压为 500 V、频率为 50 Hz、占空比为 40%时，进一步研究了乳化液电导率对污水含油量和浊度的影响。结果显示了乳液电导率对破乳化后污水含油量和浊度的影响的过程中，可以看出，随着乳化液电导率的增加，流出物的含油量和浊度显著增加，这与前面乳化液的最终透射率随电导率的增加而降低的结果一致。因此可以推断，破乳化率随乳液电导率的增加而增加，但污水质量却随乳液电导率的增加而恶化[23]。

因此，综上所述，星形电极排列的双向脉冲电场（SEA）可显著加速 O/W 型乳液的破乳化过程。电场强度分布的模拟结果表明，与平行电极排列（PEA）和同心电极排列（CEA）相比，SEA 的电场有效覆盖面积和高场强面积比例最大。实验结果表明，增加电压、占空比和乳液电导率可有效提高乳液破乳化率，但增加频率会导致破乳化率降低。此外，随着乳液电导率的升高，出水质量也会下降。在电压为 500 V、频率为 50 Hz、占空比为 40%、乳液电导率为 2 μS/cm 的破乳化运行参数下，O/W 型乳液的含油量从最初的 3200 mg/L 降至 5.39 mg/L，破乳化效率达到 99.83%。因此，SEA 和 BPEF 的组合既能提高 O/W 型乳液的破乳化性能，又能避免水相电解，为低盐含油废水的破乳化提供了新思路。

参考文献

[1] 杨东海，何利民，叶团结，等. 高压交流电场中单液滴振荡特性实验[J]. 石油学报，2012，28（4）：676-682.

[2] BAILES J. An electrical model for coalescers that employ pulsed DC fields[J]. Chemical Engineering Research and Design, 1995, 73(5): 559-566.

[3] LESAINT C, GLOMM R, LUNDGAARD E, et al. Dehydration efficiency of AC electrical fields on water-in-model-oil emulsions[J]. Colloids and Surfaces A: Physicochemical and Engineering Aspects, 2009, 352(1): 63-69.

[4] LEE M, SAMS W, WAGNER P. Power consumption measurements for AC and pulsed DC for electrostatic coalescence of water-in-oil emulsions[J]. Journal of Electrostatics, 2001, 53(1): 1-24.

[5] 康万利，张凯波，刘述忍，等. 高频脉冲交流电场对 W/O 型原油乳状液的破乳作用[J]. 油气储运，2011，30（10）：771-774.

[6] 丁艺，陈家庆，尚超，等. W/O 型乳化液在矩形流道中的静电聚结破乳研究[J]. 石油化工高等学校学报，2010，23（3）：11-16.

[7] 孙治谦，金有海，王振波，等. 高压高频动态脉冲电场参数对水滴聚并速率的影响[J]. 高校化学工程学报，2015，29（4）：823-829.

[8] ALBERINI F, DAPELO D, ENJALBERT R, et al. Influence of DC electric field upon the production of oil-in-water-in-oil double emulsions in upwards mm-scale channels at low electric field strength[J]. Experimental Thermal and Fluid Science, 2017, 81(2): 265-276.

[9] YANG X, VERRUTO J, KILPATRICK K. Dynamic asphaltene-resin exchange at the oil/water interface: time-dependent W/O emulsion stability for asphaltene/resin model oils[J]. Energy and Fuels, 2007, 21(3): 1343-1349.

[10] ZHANG L, CHEN J, CAI X, et al. Research on electrostatic coalescence of water-in-crude-oil emulsions under high frequency/high voltage AC electric field based on electro-rheological method[J]. Colloids and Surfaces A: Physicochemical and Engineering Aspects, 2017, 520(26): 246-256.

[11] HA W, YANG M. Breakup of a multiple emulsion drop in a uniform electric field[J]. Journal of Colloid and Interface Science, 1999, 213(1): 92-100.

[12] FUHRMANN L, KALISVAART M, SALA G, et al. Clustering of oil droplets in O/W emulsions enhances perception of oil-related sensory attributes[J]. Food Hydrocolloids, 2019, 97(6): 105215.

[13] WASAN T, SHAH M, ADERANGI N, et al. Observations on the coalescence behavior of oil droplets and emulsion stability in enhanced oil recovery[J]. Society of Petroleum Engineers Journal, 1978, 18(6): 409-417.

[14] CUI Z, YANG L, CUI Y, et al. Effects of surfactant structure on the phase inversion of emulsions stabilized by mixtures of silica nanoparticles and cationic surfactant[J]. Langmuir, 2009, 26(7): 4717-4724.

[15] PETROVIC B, SOVILJ J, KATONA M, et al. Influence of polymer-surfactant interactions on O/W emulsion properties and microcapsule formation[J]. Journal of Colloid and Interface Science, 2010, 342(2): 333-339.

[16] BLEIER J, YEZER A, FREIREICH J, et al. Droplet-based characterization of surfactant efficacy in colloidal stabilization of carbon black in nonpolar solvents[J]. Journal of

Colloid and Interface Science, 2017, 493(9): 265-274.

[17] ZHANG Y, LIU Y, JI R. Dehydration efficiency of high-frequency pulsed DC electrical fields on water-in-oil emulsion[J]. Colloids and Surfaces A: Physicochemical and Engineering Aspects, 2011, 373(2): 130-137.

[18] MHATRE S, VIVACQUA V, GHADIRI M, et al. Electrostatic phase separation: A review, Chemical Engineering Research and Design, 96 (2015) 177-195.

[19] MOHAMMADIAN E, TAJU ARIFFIN T S, AZDARPOUR A, et al. Demulsification of light malaysian crude oil emulsions using an electric field method[J]. Industrial & Engineering Chemistry Research, 2018, 57: 13247-13256.

[20] REN B, KANG Y. Demulsification of oil-in-water(O/W) emulsion bidirectional pulsed electric field[J]. Langmuir, 2018, 34: 8923-8931.

[21] GOMEZ-GOMEZ A, BRITO-DE LA FUENTE E, GALLEGOS C, et al. Combined pulsed electric field and high-power ultrasound treatments for microbial inactivation in oil-in-water emulsions[J]. Food Control, 2021, 130.

[22] LU H, PAN Z, MIAO Z, et al. Combination of electric field and medium coalescence for enhanced demulsification of oil-in-water emulsion[J]. Chemical Engineering Journal Advances, 2021, 6.

[23] ZHAO Z, KANG Y, WU S, et al. Demulsification performance of oil-in-water emulsion in bidirectional pulsed electric field with starlike electrodes arrangement[J]. Journal of Dispersion Science and Technology, 2021, 43: 2082-2091.

6

水包油乳状液电破乳的油滴动力学机理

油类污染物主要存在于石油开采和提炼、金属加工和食品加工等不同行业的废水中。在大体积水溶液中，由于油和水的密度不同，分散油可以通过沉淀法和浮选法等传统工艺分离出来。与分散油相比，残留的乳化油滴更难去除。破乳过程是将乳化油滴从水中去除的必要步骤。众所周知，化学破乳化技术在含油污水处理厂中得到了广泛应用。然而，处理化学混凝/絮凝过程中产生的含油污泥会大大增加总成本和二次污染风险。此外，还有其他几种破乳技术，包括热处理、离心沉降、微波辐射、生物方法和静电聚结。这些技术中，静电聚结法效率高、结构紧凑，而且在实验室研究中产生的含油污泥较少，因此是一种很有前景的选择[1]。

虽然电场在油包水（W/O）乳状液的破乳化方面的研究和应用由来已久，但其在水包油（O/W）乳状液（如含油废水）破乳化方面的应用却相对较新，而且更难实现。因为在O/W 型乳液中，连续水相的导电性更高。虽然 O/W 型乳液的电脱稳是一个复杂的过程，但一些研究人员已经证明这种方法在实验和理论上都是有效的。在施加电场时，油滴表面电荷会重新分布以补偿外部电场梯度，从而使油滴表面电位极化。极化降低了带负电的油滴之间的静电排斥力，进而加速了油滴之间的聚结。此外，电流体动力（EHD）流也会在水溶液中的稳定或振荡电场作用下诱导油滴聚集和聚结。众所周知，电场中的 EHD 流动引起的油滴间的流体流动对聚结结果有显著影响。显然，由输送泵驱动的动态反应器中的流体流动更为剧烈，这可能会对液滴聚结产生一些积极影响[2]。

6.1 外电场作用下水包油乳液破乳过程中油滴粒径变化及其规律

然而，这些研究大多侧重于静态电反应器和静液条件下的电聚结效应和理论。最近，国内天津大学的科研人员则通过动态电聚结实验研究了 O/W 型乳液的除油结果，但有关动态电聚结后油滴粒度分布的信息非常有限。事实上，油滴的粒度分布对传统物理分离过程的分离效率至关重要。例如，浮选技术被广泛用于去除水中的油，而去除效率可随着油滴粒径的增大而提高。特别是，国外的 Zouboulis 和 Avranas 报道称，溶气气浮（DAF）技术可有效分离直径大于 40 μm 的油滴。Aliff 和 Radzuana 等人也得出结论，当油滴直径大于45 μm 时，使用 DAF 可达到可接受的除油效率[3]。总地来说，迄今为止，有关动态静电聚结后油/水乳液中油滴大小分布的结果报道很少。为了给电聚结与传统油分离工艺的实际结合提供合适的油滴粒度参数，在不同的电压、脉动频率、乳液含水量和水力停留时间（HRT）

条件下的动态电聚结实验中研究了 O/W 型乳液中油滴的粒度分布特征。此外，还测定了连续破乳操作下油/水乳液的水分离效率。

6.1.1 外电场作用下水包油乳液破乳过程中油滴粒径变化实验

水包油（O/W）乳化液，尤其是来自油田的含油废水，通常在连续水相中含有小油滴，难以通过沉淀、浮选等常规油分离工艺去除。静电聚结是一种很有前景的预处理步骤，可诱导油滴聚结，提高常规方法的油分离效率。为了探索静电破乳化 O/W 型乳液的可行性，利用动态破乳化实验研究了包括电压、脉动频率、乳液含水量和水力停留时间（HRT）在内的操作参数对乳液油直径分布的影响。以直径超过 40 μm（记为 DG_{40}）的油滴的体积分数作为破乳结果的主要指标，在最佳操作参数[包括乳液含水量 90%（体积分数）、电压 150 V、脉动频率 1000 Hz、占空比 0.5、水力停留时间（HRT）60 s]下，该指标从 0（原始乳液）增加到 65.62%（处理后的乳液）。已有研究结果表明，应用脉冲电场对 O/W 型乳液中的乳化油滴进行聚结是一项可行且有效的技术。

首先，电聚结实验装置包括：① 管式电聚结反应器；② 脉冲电源；③ 乳化液槽；④ 蠕动泵；⑤ 剪切机；⑥ 样品或排放口。脉冲直流电场由脉冲电源提供，电压可达到 1~1200 V，电流为 0~3A，脉冲频率为 50~5000 Hz，占空比 0.5。装有搅拌器的乳化罐有效容积为 15 L。蠕动泵（WT600S）用于将乳化罐中的油水混合物泵送至剪切机（T52）。刚从剪切机中制备出来的稳定的 O/W 型乳液在内部尺寸为 80 mm（深）× 800 mm（高）的管式电聚结反应器中进行反乳化。在管式电聚结反应器的输出端，乳化液被泵送到剪切机的输入端并循环，以减小乳化液的总消耗量。三对钢板电极（长 800 mm、宽 35 mm、厚 2 mm）平行排列在反应器内，相邻两电极之间的距离为 15 mm。由于钢材成本低、强度高，因此被用作电极材料[4]。

O/W 型乳液的制备包括以下步骤。首先，将煤油、去离子水（含水量为 90%）和乳化剂 Span 80（质量分数为 0.2%）加入乳化罐，在 600 r/min 的搅拌速率下均化混合物 1 min。其次，将混合物泵入 T50 剪切机，该机器以 8000 r/min 的速度连续运转。然后，在不开启脉冲电源的情况下，将 T50 剪切机中的混合物在电聚结实验装置中循环使用 15 min。最后，制备出 O/W 型乳液，准备进行动态实验。所用煤油的含水量小于 0.01%（质量分数），黏度为 2.74 mPa·s，在 20 °C 温度下的密度为 0.83 g/cm^3。在制备 O/W 型乳液时，没有添加无机盐，如 NaCl、$MgCl_2$、$CaCl_2$ 和 Na_2SO_4。这有几个原因：① 无机盐会显著增大乳液的电导率，导致铁离子从金属电极上溶解，从而降低乳液的稳定性。② 在连续动态操作过程中，高电导率可能会提高油包水型乳液的温度，从而导致热破乳化效应，干扰静电聚结的结果。在使用之前，要对 O/W 型乳液进行取样，并分析其稳定值和油滴尺寸分布，以确保其稳定性和合格特性[5]。

制备好 O/W 型乳液后，关闭剪切机，然后进行破乳实验。将乳化液从乳化罐连续泵入管式电聚结反应器。脉冲电源在运行前设定了不同的运行参数，包括电压、脉冲频率和占空比，每次破乳实验工作 60 s。管式电聚结反应器出口处的流出物被立即收集和测量。在连续破乳操作实验中，O/W 型乳液连续破乳 19 min，然后循环回乳液罐。处理后的乳液每隔 1 min 取样一次。

6.1.2 外电场作用下水包油乳液破乳过程中油滴粒径变化的测量

油包水型乳液的 Turbiscan 稳定指数（TSI）值是通过 Turbiscan LAB 获得的。Turbiscan 的基本原理是用两个同步光学探测器检测装有悬浮液样品的垂直透明瓶子对近红外脉冲光（880 nm）的透射和后向散射。其显著优点之一是，Turbiscan 测量的 TSI 值可显示乳液稳定性值与扫描时间的函数关系，而不会对样品造成任何外部机械应力或影响。TSI 值的计算公式如下：

$$TSI=\sqrt{\frac{\sum_{i=1}^{n}(x_i-x_{\mathrm{BS}})^2}{n-1}} \tag{6-1}$$

式中 x_i——每次扫描散射光强度的平均值；

x_{BS}——x_i 的平均值；

n——扫描次数。

本研究立即取样 20 mL 静电聚结后的 O/W 型乳液，放入垂直透明瓶中，并进行 TSI 分析。样品每隔 1 min 扫描一次。TSI 是研究 O/W 型乳液稳定性的有效指标，TSI 值越大，乳液的稳定性越差。使用激光颗粒分析仪（Mastersizer 2000，）分析了油滴的粒度分布。脉冲电源产生的电场由数字示波器（TPS2024）监测和测量。直径大于 40 μm 的油滴（DG_{40}）的体积分数为

$$\mathrm{DG}_{40}=\sum_{n=40}^{\max}D_n \tag{6-2}$$

式中 D_n——直径为 n μm 时油滴的体积分数%；

max——Mastersizer 2000 检测到的最大直径值，即 3500 μm。

水分离效率的计算公式如下：

$$\eta=(V_1+V_2)/V \tag{6-3}$$

式中 V——乳液样品的体积，mL；

V_1——位于底层水和顶层油之间的扩散层的体积，mL；

V_2——水层的体积，mL。

所有样品均进行了 3 次重复测量，本节内容中的结果为平均值[6]。

6.1.3 外电场作用下水包油乳液破乳过程中油滴粒径变化情况

6.1.3.1 制备水包油型乳液的稳定性

为了评估动态电聚结实验装置的稳定性和可重复性，使用含水量为 90%（体积分数）的乳液在相同的实验条件下进行了 5 次破乳化测试，同时保持电压为 150 V，脉动频率为 1000 Hz，占空比为 0.5，管式电聚结反应器的水力停留时间（HRT）为 60 s。静电聚结后 O/W 型乳液的 TSI 值具有良好的重现性和一致性，TSI 值的相对标准偏差在 4.38%~24.59%。这表明实验装置中新制备的乳液相对稳定，装置也处于良好的控制之下。此外，随着扫描时间的延长，TSI 值从 0.42 增至 3.20，这表明经过电聚结处理的 O/W 型乳液稳定性较低。

6.1.3.2 电压对油滴粒径的影响

通过对在频率为 1000 Hz、占空比为 0.5、管式电聚结反应器的 HRT 为 60 s 和乳液含水量为 90%（体积分数）的条件下，直径大于 40 μm 的油滴（DG_{40}）的体积分数与电压的函数关系进行研究，来揭示了电聚结处理后电压对油滴粒度分布的影响。为了探讨动态实验过程中电压对油滴粒度分布的影响，在 0~250 V 的不同电压下处理 O/W 型乳液。从结果中可以看出，O/W 乳液在动态实验（0 V）中制备良好，直径大于 10 μm 的油滴的体积分数约为 25.15%。O/W 型乳液中的大部分油滴都得到了稳定乳化，且所有油滴的直径都小于 40 μm。本研究之所以选择 40 μm 作为破乳效果的指标，是因为在工程实践中，大于 40 μm 的油滴比较容易通过浮选去除。从应用方便的角度出发，我们将 DG_{40} 定义为聚结分数，表示直径大于 40 μm 的油滴的体积分数。实验表明，DG_{40} 随电压从 0 V 到 150 V 的增加而逐渐增大，然后随电压从 150 V 到 250 V 的进一步增加而减小[7]。当施加外部电场时，油滴界面上的表面离子可能会迁移，以降低外部电场引起的静电势差。油滴上重新分布的表面电荷降低了相邻油滴之间的静电排斥力，从而加速了聚结过程。当电压超过临界值（静电聚结最大化）时，乳液的黏度会随着电压的升高而增加。因此油滴变得更有弹性，这可能会对静电聚结产生不利影响。

在不添加无机盐的 O/W 型乳液中,本研究的最佳电压值 150 V 低于之前报道的相应值。科研工作者们发现，当电压大于 500 V 时，电聚结反应器中的浮油厚度随电压的增加而增加，但当电压低于 500 V 时，2 h 内未观察到明显的浮油。这可能是因为直径分布指标比反应器中的浮油厚度更敏感。电聚结过程的主要目的是在短时间内扩大油的直径，提高后续分离过程的除油效率，而不是在电聚结反应器内直接分离。因此，150 V 的电压足以达到反乳化的目的，而且在实际操作中，降低最佳电压还能显著降低能源成本。然而，乳液中的无机盐会大大降低电聚结的最佳电压，因此出现了一些不一致的结果[8]。在连续相为 1 mmol/L NaCl 的高电导率 O/W 型乳液中，随着电压升高至 3 V 以上，聚结效果增强，该电压远低于本研究。无机盐可加速电聚结过程，其原因在 6.1.1 节中已有阐述。

6.1.3.3 频率对油滴粒径的影响

在电压为 150 V、占空比为 0.5、管式电聚结反应器的 HRT 为 60 s 和乳液含水量为 90%（体积分数）的条件下，通过考察直径大于 40 μm 的油滴（DG_{40}）的体积分数与脉冲频率的函数关系，来研究电聚结处理后频率对油滴粒度分布的影响。结果显示，在 500~4000 Hz 的不同脉冲频率下，考察了脉冲频率对静电聚结后油滴粒度分布的影响。与其他脉动频率条件相比，在频率为 1000 Hz 时，直径小于 0.5 μm 的小乳化油滴的比例明显降低。频率在 0~1000 Hz 内，DG_{40} 随着频率的增加而快速增加，但在 1000~4000 Hz 内，随着频率的持续上升，DG_{40} 逐渐减小。当脉动频率高于 1000 Hz 时，频率的增加会对破乳化过程产生不利影响。由于正负电荷没有足够的时间在油表面完全重新分布，油滴上的电荷会重新排列以补偿外场梯度，因此在外场方向的一侧油滴的表面电荷密度最低，从而降低了静电能障，导致静电聚结。另一种解释是，每个油滴周围产生的电流体动力（EHD）流可能会将油滴推到一起，促使它们聚集和聚结。EHD 流动的速度随着频率的降低而加快，这可能会在相对较低的频率下为聚结提供更多的额外驱动力。不同的研究结果存在一些矛盾，脉动频率对破乳化的影响可能取决于电波形式。在双向脉冲电场中，破乳效果在 25~125 Hz 内的最低频率时达到最大[9]。

6.1.3.4 水力停留时间对油滴粒径的影响

通过对在电压为 150 V、脉动频率为 1000 Hz、占空比为 0.5 和乳液含水量为 90%（体积分数）的条件下，研究直径大于 40 μm 的油滴（DG_{40}）的体积分数与水力停留时间的函数关系，来揭示水力停留时间对油包水乳液粒度分布的影响。发现随着水力停留时间从 38 s 延长到 60 s，O/W 乳液的 DG_{40} 从 32.12%显著增加到 65.62%。当水力停留时间较短时，电聚结反应器中油滴的破乳化时间也较短。油滴直径主要受油滴表面电荷再分布、聚集、碰撞和聚结等复杂步骤组成的聚结过程速率的影响。反应器中的乳液没有足够的时间完成和补充聚结过程。因此，DG_{40} 没有在 60 s 内达到高点。观察到的类似效果是，通过施加低压电场，大部分油滴在 40 s 内聚集和聚结。下文将介绍连续运行实验中的破乳化结果[10]。

从另一个角度来看，油包水型乳液中的剪切可能会影响油滴的聚结。据报道，在低剪切速率下，油滴大小会随着剪切时间的延长而逐渐增大。可控剪切可能会促进油滴碰撞，从而提高聚结速度。在不同的 HRT 条件下，剪切强度不同。这可能会影响动态实验中油滴的大小分布。

6.1.3.5 水含量对油滴粒径的影响

一般来说，油包水型乳液中的含水量是影响流体流变性和破乳化结果的重要因素。在电压为 150 V、脉动频率为 1000 Hz、占空比为 0.5、管式电聚结反应器的 HRT 为 60 s 的条件下，考察不同含水量的 O/W 型乳液在电聚结处理前（a）和处理后（b）的直径分布，通过进行实验对含水量分别为 80%和 90%的油包水乳液进行了破乳化研究。在本实验中，含水量较高的 O/W 型乳液的油滴直径值较小。在施加电场之前，含水量为 90%的乳液中有 79.76%的油滴直径小于 10 μm，高于含水量为 80%的乳液的相应值 64.86%。经过动态电聚结处理后，随着原乳液含水量从 90%降至 80%，O/W 型乳液的 DG_{40} 值从 65.62%降至 58.32%。这种差异可能是由于不同含水量的油包水乳液的黏度变化造成的。当水的体积分数增加到超过相反转点时（从 W/O 型乳液到 O/W 乳液），连续相中的水会将乳液的黏度耗散效应降至最低。因此，对于含水量较低的乳液，油滴在聚集和聚结过程中的运动需要消耗更多的能量，从而降低了油滴克服静电排斥障碍的能力。然而，一些相互矛盾的结果表明，油滴较小的 O/W 型乳液更稳定[11]。因此，在本研究中，含水量为 90%的油包水型乳液应该更不易聚结。直径分布的结果可能是与含水量有关的某种复杂平衡的结果。

6.1.3.6 连续破乳操作对油滴粒径的影响

在电压为 150 V、脉动频率为 1000 Hz、占空比为 0.5、管式电聚结反应器的 HRT 为 60 s 和乳液含水量为 80%（体积分数）的条件下，通过连续破乳实验来研究水分离效率和温度与运行时间的函数关系。为了验证连续操作条件下的电聚结结果，在动态实验装置中对 O/W 型乳液进行了连续破乳。由于大部分油滴已聚结，且 O/W 型乳液中残留油滴的粒度分布曲线无法反映真实结果，因此采用水分离效率来评估破乳结果。当运行时间（即连续运行时间）为 1~11 min 时，油包水型乳液的水分离效率随着运行时间的增加而提高。在 11 min 的运行时间内，水分离效率达到约 82.5%的峰值。破乳过程伴随着电极释放的热量和 T50 剪切机对乳液施加的高强度剪切作用，使 O/W 型乳液的温度从 18 ℃升至 32.6 ℃。在低温（<45 ℃）范围内，油滴的极化强度随温度升高而增加，从而提高了静电聚结的效率。与上述 O/W 型乳液的 DG_{40} 相比，水分离效率的提高更为缓慢。在浮力的作用下，聚结的油滴仍需要足够的时间浮到乳液表面。这些研究结果表明，当使用管式电聚结反应器处理油包水型乳状液至少 11 min 后，可实现直接油分离。然而，对于大多数现有含油污水处理厂来说，用电聚结工艺使油滴破乳化并增大其直径，然后再用现有的油分离工艺（如沉淀或气浮）将其有效去除更为经济。研究结果为其在实际破乳工程中的应用奠定了必要的基础[12]。

本研究在电聚结实验装置中对 O/W 型乳液的动态破乳进行了研究。将破乳化后直径超过 40 μm 的油滴的体积分数（用 DG_{40} 表示）作为破乳化结果的主要评价指标。研究了电动电压、脉动频率、乳化液含水量和水力停留时间（HRT）等操作参数对乳化液油滴粒度分布的影响。结果表明，随着电压从 0 V 升至 150 V，DG_{40} 逐渐增大，然后随着电压的进一步升高而减小。脉动频率也有类似的变化趋势，当脉动频率为 1000 Hz 时，DG_{40} 达到最大值 65.62%。含水量为 90%的乳液的 DG_{40} 值高于含水量为 80%的乳液的相应值。在 38~60 s 内，DG_{40} 随着 HRT 的增加而增加。动态实验持续时间为 11 min 时，O/W 型乳液的水分离效率达到 82.5%。研究结果表明，电聚结过程是一种可行且有效的 O/W 型乳液乳化油液滴聚结技术，这对于沉淀、浮选等后续传统油分离过程至关重要。此外，在足够长的 HRT 条件下，也可以直接通过电聚结实现水分离。不过，为了评估使用含无机盐乳液的电极的长期稳定性，还需要进一步开展一些重要的研究。

6.2 外电场作用下水包油乳液破乳过程中油滴运动行为及其变化规律

通过对不含（含）乳化剂 O/W 乳液在 BPEF 中的破乳效果及其影响因素进行了系统研究，发现在破乳过程中乳液在破乳器内均发生团聚、形成多方向的涡流等现象，这是因 BPEF 驱动乳液中油滴运动引起的。运动的油滴聚并形成大油滴或随涡流上浮于乳液表面，最终实现油水分离。在乳液运动过程中，乳液中的油滴形成了一定的聚集体，这些聚集体进一步汇聚形成油滴层并最终转化为乳液表面的连续油相层。油滴聚集体的形成是破乳过程中必不可少的重要阶段，其对 BPEF 的破乳过程和机理有着重要影响。油滴聚集体的数量以及形成的快慢也直接影响着最终的破乳效果，因此，对 BPEF 作用下乳液中油滴的聚集行为及聚集效果的研究显得十分必要。本节内容主要通过显微镜观察含乳化剂 O/W 乳液中油滴聚集体的形成过程，测定油滴聚集体形成的尺寸以及所需时间等参数，研究 BPEF 各参数对聚集体形成的影响规律，得到油滴最佳聚集效果的电场参数值。同时，考察 BPEF 作用下油滴聚集效果与乳液破乳性能之间的关系。

6.2.1 外电场作用下水包油乳液破乳过程中油滴运动过程实验

本研究中关于含乳化剂 O/W 乳液的制备方法参见 5.1.1 节。由于添加阳离子、阴离子和非离子型三种表面活性剂制备的乳液在 BPEF 中油滴的运动特点基本相同。因此，在实验中选择非离子型表面活性剂 Tween-80 作为乳化剂制备 O/W 乳液，乳化剂含量为 0.01%（质量分数）。实验中采用自行设计的微型电破乳装置与脉冲电源相连接，通过显微镜图像采集系统对乳液中油滴在 BPEF 驱动下的聚集行为进行观察研究，考察不同实验条件下乳液中油滴的运动过程，对破乳过程中形成的油滴聚集体的尺寸和形成时间进行测量，来衡量不同 BPEF 参数下油滴聚集体的大小和聚集的快慢程度，得到乳液中油滴聚集体尺寸和形成时间在不同 BPEF 参数下的变化规律以及产生最佳聚集效果时的 BPEF 参数值。以破乳过程中清液层厚度为指标来衡量破乳的性能，并对油滴聚集规律进行验证。实验装置由水包油乳液储罐（a）及搅拌器（b）、玻璃注射器（c）、正方形有机玻璃槽（40 mm × 40 mm × 10 mm，壁厚 1 mm）（d）、一对微型钛电极片（38 mm × 12 mm，厚度 1 mm）（e）、显微镜图像分析系统（g）、高速 CCD 摄像机（f）、脉冲电源（h）、进液泵（i）、矩形有机玻璃容器（65 mm × 30 mm × 110 mm，厚度 1 mm）（k）、一对大钛电极板（90 mm × 25 mm，厚度 1 mm）（j）、标尺（l）和下清液储罐（m）组成。水包油乳液储罐（a）中的乳液通过搅拌保持均匀稳定。实验开始前，将微型钛电极片（e）插入正方形有机玻璃槽（d）的卡槽中，微型钛电极片之间的距离固定为 30 mm。同样地，一对大钛电极板（j）插入矩形有机玻璃容器（k）的卡槽中，其间距固定为 60 mm。

实验共分为两组，分别为 O/W 乳液油滴聚集行为与乳液宏观破乳性能实验。O/W 乳液油滴聚集行为实验中，先将高速 CCD 摄像机（f）固定于正方形有机玻璃槽（d）上方 3 cm 处，并与显微镜图像分析系统（g）连接。然后，将左右微型钛电极片（e）与脉冲电源（h）的正负输出端通过导线相连接。用玻璃注射器（c）从初始乳液中提取 3 mL 乳液，注入方形有机玻璃槽（d）内。打开脉冲电源（h），并设定其输出电压、频率和占空比。BPEF 开始作用后，高速 CCD 相机（f）和显微镜图像分析系统（g）开始视频记录油滴在乳液内的运动过程。O/W 乳液宏观破乳性能实验中，左电极板为阳极，右电极板为阴极，分别用导线与脉冲电源（h）的正负输出端相连接。然后，通过进液泵（i）将 150 mL 乳液注入矩形有机玻璃容器（k）中。乳液破乳过程中，通过固定在矩形有机玻璃容器（k）上的标尺（l）测量乳液下部清水层的厚度。关掉 BPEF 电源后，将矩形有机玻璃容器下部的清液排放到清液储罐（m）中并测量其浊度。每次实验持续 2 h，所有实验均重复进行三次，并取结果的平均值。

O/W 乳液油滴聚集行为实验中，为评价 BPEF 电压、频率和占空比等对油滴聚集行为与效果的影响，对油滴聚集体尺寸和聚集时间进行了测量。其中，油滴链长度（Oil Droplet Chain Length，ODCL）用于衡量油滴聚集体的尺寸。油滴链长度的测量是先利用显微镜记录不同破乳时刻的乳液中油滴链的形成，然后使用 Image Pro Plus 6.0 软件对不同时刻形成的油滴链的长度进行标记测定，再对同一时刻所观察到的所有油滴链的长度进行统计并取平均值。油滴聚集时间包括油滴碰撞时间（Oil Droplet Collision Time，ODCT）、油滴链形成时间（Oil Droplet Chain Formation Time，ODCFT）、油簇形成时间（Oil Cluster Formation Time，OCFT）和油簇链形成时间（Oil Cluster Chain Formation Time，OCCFT）。油滴碰撞时间（ODCT）定义为从 BPEF 开始作用到相邻两个油滴相互接触时所用时长。油滴链形成时间（ODCFT）定义为从 BPEF 开始作用到油滴链中油滴数目不再增加且相邻油滴链开始相互靠近时所用时长。油簇形成时间（OCFT）是指从油滴链开始相互靠近到油簇中油滴数目不再增加，且相邻油簇开始相互靠近时所用时长。油簇链形成时间（OCCFT）是指从油簇开始相互靠近运动到油簇链中油滴数目不再增加时所用时长。总时间（Total Time，TT）为 ODCFT、OCFT 和 OCCFT 的总和。实验中，通过 Image Pro Plus 6.0 软件对各油滴聚集体形成过程进行起止划分，然后对油滴聚集体持续时长进行测定。

为促进乳液中油滴与水相的分离，提高油水分离效果和效率，不仅需要形成较大的油滴聚集体，而且需要缩短油滴聚集体的形成时间。因此，本实验通过 ODCL、ODCT、ODCFT、OCFT、OCCFT 和 TT 等参数的测量来衡量和研究不同 BPEF 电压、频率和占空比参数下油滴的聚集行为、效果及相关规律。在 O/W 乳液宏观破乳性能实验中，由于油滴聚集体形成后不断上浮，因此可以明显观察到乳液表面油滴聚集体与水相的分界面。随着 BPEF 持续作用，清液层厚度不断增大，可以通过标尺测量乳液下部清液的厚度来衡量不同 BPEF 参数下乳液的破乳性能和分离效率[13]。

6.2.2 外电场作用下水包油乳液破乳过程中油滴运动行为及其特性

在 BPEF 中含乳化剂 O/W 乳液中油滴的运动特征及聚集行为如图 6-1 所示。实验中 BPEF 输出参数设定为电压 750 V、频率 50 Hz 和占空比 70%。从图中可以看出，在 BPEF 开始作用前乳液中油滴分布均匀，无明显的运动现象。当 BPEF 作用 10 s 时，油滴立即同时运动且相互靠近，油滴相互碰撞并串联在一起，形成与电场方向 E 平行的油滴链，如图 6-1（b）所示。随着 BPEF 持续作用，平行的油滴链之间相互吸引、接触并联结在一起形成片状聚集体，将其称为油簇，如图 6-1（c）所示。当 BPEF 继续作用 220 s 时，油簇之间相互吸引碰撞，进一步聚集形成垂直于电场方向 E 的链状聚集体，如图 6-1（d）所示，本研究中将其定义为油簇链。随着 BPEF 作用时间延长，尺寸较小的油簇链相互靠近，并合并成如图 6-1（e）所示的大油簇链。当 BPEF 持续作用 19 min 时，油簇链中的个别油滴合并形成大油滴，如图 6-1（f）所示。图 6-1（g）给出了 BPEF 作用 10 min 时上浮到 O/W 乳液表面的油滴聚集体长链。

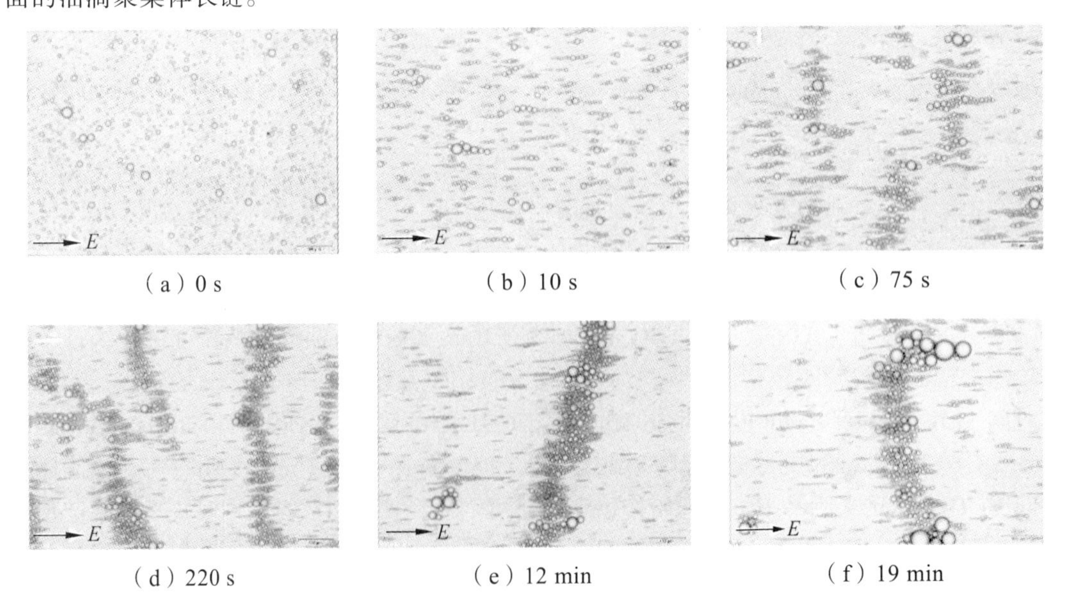

（a）0 s （b）10 s （c）75 s
（d）220 s （e）12 min （f）19 min

（g）10 min

E—电场方向；“+”—阳极；“-”—阴极。

图 6-1 O/W 乳液油滴在 BPEF 中的运动和聚集过程

由以上油滴运动和聚集过程可以看出，BPEF 可以驱动乳液中的油滴不断运动汇聚形成聚集体，油滴聚集体随 BPEF 作用时间延长而不断增大并实现合并。在油滴聚集过程中出现了三种形态不同的油滴聚集体，分别称其为油滴链、油簇和油簇链，如图 6-1（b）（c）和（d）所示。当 BPEF 施加到 O/W 乳液中时，油滴在 BPEF 作用下相互靠近并沿电场方向平行移动，相邻油滴相互吸引聚集，形成与电场方向一致的链状油滴聚集体，此为油滴链。当 BPEF 继续作用时，乳液中游离油滴不断被吸引到油滴链的两端，油滴链长度不断增加。随着 BPEF 作用时间延长，乳液中单个油滴全部被吸引形成油滴链后，油滴链长度不再增大，但相邻的油滴链之间相互吸引靠近，平行并列的油滴链吸引并粘连在一起形成油簇。形成的油簇不断吸引游离油滴链加入其中，逐渐汇聚增大。当乳液中油簇不再继续增大时，此时油簇在 BPEF 作用下沿垂直于电场的方向上相互吸引靠近，并列的油簇接触、粘连在一起并不断增大，形成与电场方向 E 垂直的链状聚集体，此则称为油簇链，如图 6-1（d）所示。

油簇链形成后，在阳极和阴极板之间的乳液表面出现白色链状聚集体，如图 6-1（g）所示。这些链状聚集体沿垂直于 BPEF 电场方向串联排列在一起。同时，油簇链上浮至乳液表面，表明聚集的油滴失稳并与乳液水相发生分离，在此过程中并未观察到油簇在上浮过程中有聚并成更大油滴而直接上浮的现象。因此，可利用 BPEF 驱使乳液中油滴聚集，形成油滴聚集体失稳上浮，从而实现乳液的破乳和油水分离。

通过对乳液中油滴在 BPEF 作用下聚集过程和行为的观察和总结，可以将油滴聚集过程根据所形成的油滴聚集体的结构类型划分为三个阶段，分别为油滴链形成阶段（Oil Droplets Chain Formation）、油簇形成阶段（Oil Cluster Formation）和油簇链形成阶段（Oil Clusters Chain Formation），如图 6-1 所示。油滴链形成阶段是指从油滴均匀分布状态到形成平行于电场方向 *E* 的油滴链，且油滴链长度不再增加的时间段。油簇形成阶段为油滴链开始相互靠近到油滴链沿垂直于电场方向相互联结形成油簇，且油簇不再继续增大的阶段。油簇链形成阶段为油簇开始相互靠近联结到垂直于电场方向的油簇链的形成，且形成的油簇链不再吸引其他油簇加入以及变大的阶段。在 BPEF 的作用下 O/W 乳液中油滴在三个聚集阶段呈现出不同结构类型的聚集体以及聚集形态，可通过对乳液中油滴聚集体及油滴聚集形态的观察来判断乳液中油滴所处的聚集阶段及油滴聚集效果。通过改变 BPEF 参数来促进油滴聚集，驱动油滴获得最佳聚集效果，从而提高油水分离的效率。因此，以油滴聚集体尺寸和聚集时间为考察指标，研究 BPEF 各参数对油滴聚集体尺寸和聚集时间的影响，得出有利于油滴聚集的最佳电场参数值，并研究油滴聚集与乳液宏观破乳性能的关系，从而得到油滴聚集对乳液破乳效果的影响[14]。

6.2.3 电场参数对水包油乳液破乳过程中油滴运动行为的影响规律

6.2.3.1 电压对水包油乳液油滴运动行为的影响

在初始 O/W 乳液性质相同、频率设定为 50 Hz 以及占空比为 50%的条件下，研究 BPEF 电压对乳液中油滴聚集状态、油滴链长度、油滴聚集时间以及乳液宏观破乳性能的影响。当 BPEF 电压低于 250 V 时，乳液中油滴迁移速度和距离较小，油滴聚集体无法形成且乳液破乳效果不明显，而当乳液施加电压超过 1000 V 后，形成油滴链的尺寸与 1000 V 时基本相同，但乳液中电流增大趋势明显且易造成极板短路。因此，BPEF 电压范围为 250~1000 V。

1. 电压对聚集阶段和效果的影响

为考察 BPEF 输出参数下 O/W 乳液中油滴的聚集效果，对油滴所处的聚集阶段进行划分归类，通过对油滴所处聚集阶段和状态的分析，实现对乳液中油滴聚集效果的定性评价。不同电压下 O/W 乳液中油滴的聚集阶段和状态有所不同。从结果可以看出，随着 BPEF 电压的升高，油滴链、油簇和油簇链形成阶段的持续时间均不断减小，三种油滴聚集体的开始形成时间不断提前。且在破乳同一时间，乳液中油滴聚集体的形态和所处阶段均随电压的升高向油簇链状态以及油簇链形成阶段发展。因此，可以看出随着 BPEF 电压的升高，三种聚集体的形成时间缩短，油滴聚集过程加快。

2. 电压对油滴链长度的影响

为直观对比同一时间不同 BPEF 输出电压下乳液油滴的聚集阶段和聚集体形态，利用显微镜对破乳 44 s 时乳液中的油滴进行观察和分析。由结果可以看出，当 BPEF 电压为 250 V 时，乳液中油滴形成油滴链，处于油滴链形成阶段。随电压继续升高至 750 V，乳液中油滴形成油簇，处于油簇形成阶段，且油簇尺寸随电压升高而增大。当电压为 1000 V 时，乳液中油滴形成油簇链，处于油簇链形成阶段，且形成的油簇链尺寸较大。由此可见，BPEF 电压的升高可以加速油滴的聚集，促使油滴聚集体及其所处的阶段向油簇链和油簇链形成阶段发展，增强了油滴的聚集效果。考察 BPEF 参数对油滴聚集效果的影响时，选取油滴链长度作为对乳液中油滴聚集体尺寸进行衡量的指标，是因为油滴链平行于电场方向且形状规则，便于测量。破乳过程中所形成的油簇和油簇链的形状往往不规则，无法直接测量。此外，油簇和油簇链均是在油滴链的基础上形成的，油滴链的长度可以衡量后续所形成的油簇和油簇链的尺寸。因此，通过测量油滴链长度来衡量油滴聚集体的尺寸是合理的[15]。

不同 BPEF 电压下乳液 ODCL 随时间变化中，可以看出，ODCL 在不同电压下均随破乳时间增加而增大，但相同破乳时间内 ODCL 增大的幅度不同。随着破乳电压升高，ODCL 在相同破乳时间内迅速增大。BPEF 破乳 8 s，当电压从 250V 升高到 1000 V 时，ODCL 的平均值由 37.29 μm 增大到 82.30 μm，增幅达到 120.7%，且随电压的升高，油滴链达到相同长度所用时间大幅度缩短。如 BPEF 电压为 250 V 时，乳液 ODCL 达到 52.83 μm 时所用时长为 28 s，而 1000 V 电压下形成相同长度油滴链所用时长仅为 4 s，相比缩短了 24 s。这说明 BPEF 电压的升高可明显促进油滴链的形成。当 BPEF 电压升高时，油滴受到的电场力随之增大。油滴在乳液中的迁移速度和距离也增大，因此形成相同长度的油滴链所用时间减少。相同破乳时间内所形成油滴链的 ODCL 值也随之增大。当电压升高到 1000 V 时，ODCL 在短时间内达到最大值后，油滴链开始聚集形成油簇，进入下一个聚集状态形成阶段，因此油滴链形成所用时间较短。而随着 BPEF 电压降低，油滴受到的电场减小，乳液中油滴迁移速度和距离也减小，油滴链形成过程所用时间不断延长。电压为 250 V 时 ODCL 达到最大时所需时间为 36 s 相比较最大，且油滴链形成缓慢，油滴链形成所用时间最长。因此，在 BPEF 破乳过程中可以适当提高破乳电压来促进油滴链的形成。

3. 电压对油滴碰撞时间的影响

油滴碰撞时间（ODCT）反映了油滴间发生接触的快慢程度。油滴接触碰撞用时少，则油滴能快速靠近、相互接触，且形成相同长度油滴链所用时间短；相同破乳时间内靠近聚集的油滴数目增加，油滴聚集效果也随之增强。不同 BPEF 电压下乳液的 ODCT 不同。随着 BPEF 电压的升高 ODCT 减少，当电压为 1000 V 时 ODCT 最小为 0.35 s。随着电压升高到 500 V 时，ODCT 快速减少；当电压继续升高到 1000 V 时，ODCT 变短幅度减缓。BPEF 电压升高时，油滴所受电场力增大，油滴迁移速度和距离也随之增大，相同距离内两油滴运动接触所用时间减少，油滴接触碰撞过程加快，这有利于油滴链以及后续油簇和油簇链形成。但电压继续升高时油滴受到的电场力持续增大，油滴迁移速度也增大，使油滴受到连续水相的阻力也对应地增大，油滴迁移速度增大的幅度减小，相同距离内油滴接触碰撞所用时间减少的幅度变小。因此，当电压继续升高到 500 V 以上时，ODCT 缓慢减少[16]。

4. 电压对油滴聚集体形成时间的影响

油滴聚集体形成时间包括油滴链形成时间（ODCFT）、油簇形成时间（OCFT）、油簇链形成时间（OCCFT）以及总时间（TT）。油滴聚集体形成时间直接反映了三类油滴聚集体形成的快慢程度。不同 BPEF 电压下乳液 ODCFT、OCFT、OCCFT 和 TT 的变化不同。

由结果可以看出，随着电压的升高，四个油滴聚集体形成时间均减少。当 BPEF 电压升高到 500 V 时，ODCFT、OCFT、OCCFT 和 TT 迅速减少；当电压继续增大时，四个油滴聚集体形成时间变短幅度减缓；当电压为 1000 V 时，ODCFT、OCFT、OCCFT 和 TT 均为最短。BPEF 输出电压升高时，乳液中电场强度增大使油滴受到电场力增大，油滴迁移速度和距离也随之增大，相同时间内聚集在一起的油滴数目增加，形成相同尺寸油滴聚集体用时缩短，油滴聚集过程和聚集体形成时间缩短。当 BPEF 电压持续升高时，油滴受到电场力和运动速度进一步增大，相应的油滴受到的水相阻力也增大，油滴迁移速度增大的幅度减小，油滴聚集体形成时间减少的幅度也相应降低。结合以上电压升高时，油滴聚集体尺寸增大、油滴碰撞时间缩短，得出 BPEF 电压的升高增强了油滴的聚集效果，本实验油滴聚集的最佳 BPEF 电压为 1000 V[17]。

6.2.3.2 频率对水包油乳液油滴运动行为的影响

BPEF 频率对乳液破乳影响的实验中，发现当频率在 1000 Hz 以内时，乳液有破乳现象和效果；当频率在 1000 Hz 以上时，BPEF 作用一定时间后乳液中无破乳现象和效果。且当 BPEF 频率在 1000~10 000 Hz 内时，乳液中油滴呈现出与 1000 Hz 以内的乳液油滴不同的聚集状态和规律。因此，实验中将 1~1000 Hz 定义为低频范围，而将 1000~10 000 Hz 定义为高频范围。本节重点对低频范围内乳液破乳过程中油滴的聚集状态及其效果进行考察，并分析其与乳液宏观破乳性能之间的关系，对高频范围内油滴的聚集状态进行分析总结。实验中初始 O/W 乳液的性质相同，BPEF 电压设定为 1000 V 以及占空比选择为 50%。

1. 低频范围内油滴的聚集行为

低频范围内不同 BPEF 频率下乳液中油滴的聚集阶段和状态有所变化。从研究结果中可以看出，当频率升高到 50 Hz 时，油滴聚集的三个阶段所用时长均增大；当频率继续增大到 1000 Hz 后，油滴链、油簇和油簇链形成阶段持续时长均减小，相同破乳时间内油滴聚集体形成过程向油簇链形成阶段发展。当频率升高到 50 Hz 时，一个 BPEF 周期持续时间减少，电场输出时间缩短使得油滴的迁移速度和距离减小，则相同破乳时间内聚集在一起的油滴数目减少，油滴聚集体形成过程缓慢、聚集体持续时间延长。当频率超过 50 Hz 继续升高时，油滴链、油簇以及油簇链形成阶段的持续时长均减小。这是由于随频率的继续升高，BPEF 脉冲周期时间与电场输出时间持续缩短，油滴受力迁移速度和距离减小；BPEF 的震荡作用增强，油滴趋于原地振动，乳液中游离油滴仅与相互靠近的油滴形成较短的油滴链，油滴链没有继续吸附较远处游离油滴加入其中，而是直接形成尺寸较小的油簇和油簇链。因此，随频率继续升高，油滴聚集体形成时间缩短，所形成的油滴聚集体的尺寸也减小，油滴聚集体形成过程向油簇链形成阶段发展[18]。

破乳 44 s 时乳液中油滴的聚集状态和所处阶段。从结果中可以看出，当频率升高到 50 Hz 时，乳液中油滴形成油簇，处于油簇形成阶段，且 25 Hz 的油簇尺寸明显大于 50 Hz 时所形成的油簇尺寸。当频率继续增大到 100 Hz 时，乳液中油簇尺寸进一步减少。随着频率继续升高到 1000 Hz 时，乳液中油滴形成了油簇链，处于油簇链形成阶段，但所形成的油簇链细且短小，油簇链中聚集的油滴数目明显较少。这些油簇链上浮后仅使少量油滴随之从水相中聚集分离出来，因此其破乳效果也较差。虽然当频率在 25~100 Hz 内时，乳液中油滴聚集体处于油簇形成阶段，但乳液中油簇尺寸相比较大，油簇中聚集的油滴数目较多，其后续形成的油簇链尺寸也随之增大，从乳液中聚集分离出的油滴数目增加，乳液的破乳效果也增强。由此可见，低频下乳液中油滴的聚集效果随频率的降低而增强。

2. 高频范围内油滴的聚集行为

高频范围内不同 BPEF 频率下乳液油滴在破乳 44 s 时的聚集形态研究中可以看出，当频率为 1500 Hz 时，乳液中形成平行于电场方向的油滴链。当频率升高至 2000 Hz 时，乳液中油滴油滴链长度增加，油滴处于油滴链形成阶段。当频率升高到 3000 Hz 时，油滴链开始沿电场方向相互吸引、接触连接并形成油簇。随着频率继续升高，油簇尺寸增大，油簇中聚集的油滴数目不断增加，油滴处于油簇形成阶段。当频率升高到 4000 Hz 时，平行于电场方向的油簇相互吸引、连接形成平行于电场方向的油簇链。随 BPEF 频率继续升高到 7500 Hz 时，乳液中相互平行的油簇链沿垂直于电场方向不断吸引、聚集在一起形成尺寸较大的油簇链，所形成的油簇链仍然与电场方向相平行。当 BPEF 频率升高到 10 000 Hz 时，平行于电场方向的油簇链尺寸进一步增大，油簇链中聚集的油滴数目持续增加，油滴处于油簇链形成阶段。

在高频范围内，BPEF 作用下不同油分的 O/W 乳液中油滴均形成了油滴链、油簇和油簇链，且三种油滴聚集体均平行于电场方向，实验中随频率的升高油滴聚集体尺寸不断增大，油滴聚集体中的油滴数目也增加。虽然高频下乳液中形成了尺寸较大的油滴聚集体，但高频下乳液无明显的宏观破乳现象产生。这是因为高频范围内，一个脉冲周期内电场输出时间为 0.5~0.05 ms，相比低频的 500~0.5 ms 较小。随 BPEF 频率的升高，脉冲周期持续时间继续缩短，BPEF 输出时间减少，油滴受到的电场力持续时间减少，使得油滴表面电荷在沿平行于电场方向的两端聚集持续时间缩短；而 BPEF 频率升高时，油滴表面电荷恢复到初始状态的次数增加，则在油滴表面沿垂直于电场方向的区域不会出现在较长时间内没有电荷分布的现象。因此，相邻油滴沿垂直于电场方向接触时，其仍然产生静电排斥作用，因此乳液中所形成的油滴链和油簇不会沿垂直于电场方向而相互吸引、聚集。但沿平行于电场方向的相邻油滴仍然受相互吸引力缓慢地靠近、连接，并不断聚集形成油滴链、油簇和油簇链。

高频下 BPEF 作用破乳一定时间后，乳液破乳过程中没有形成团聚和涡流等运动现象，乳液中也没有产生油滴团聚体上浮和水相下沉等现象，因此其没有明显的破乳现象和效果。这是由于高频范围内，BPEF 产生了较强的震荡效应，油滴原地振动趋势明显，形成的油簇链、油簇和油簇链也沿平行于电场方向产生振动。乳液中形成的油滴聚集体仅沿平行于电场方向缓慢运动，聚集体没有出现上浮从而使乳液产生涡流，进而使水相下沉发生油水分离，最终乳液破乳。因此，BPEF 破乳时应适当降低 BPEF 频率，减弱油滴自身的震荡效应，并提高乳液中油滴聚集体与水相的相对运动速度，从而增强乳液的破乳性能和提高油水分离效率。

3. 频率对油滴链长度的影响

低频范围内 BPEF 频率对乳液破乳过程中 ODCL 的影响中由结果可知，不同频率下乳液的 ODCL 均随时间增加而增大，当 BPEF 作用于同一时间，ODCL 随频率的升高而减小。当频率为 25 Hz 时，ODCL 平均值达到最大为 88.98 μm；当频率为 1000 Hz 时，ODCL 降到最小且基本保持不变，其平均值为 30.84 μm。形成相同长度的油滴链所用时间随频率的降低而减少，如当 BPEF 频率为 1000 Hz，乳液 ODCL 达到 32.51 μm 时所用时长为 8 s，而 25 Hz 的频率下形成相同长度油滴链所用时长仅为 0.4 s。由此说明频率降低，更有利于形成 ODCL 较大的油滴链，且形成相同长度油滴链所需的时间随之减小，油滴的聚集效果增强。本实验中，当频率低于 25 Hz 时，所形成的油滴链尺寸与 25 Hz 时基本相同，但乳液中电流增大趋势明显，因此 ODCL 达到最佳的 BPEF 频率为 25 Hz。

利用 BPEF 对 O/W 乳液进行破乳时，降低 BPEF 的频率，意味着 BPEF 周期作用时间延长，即一个 BPEF 周期内电场输出时间延长。因此，油滴所受电场力的作用时间增大，游离油滴的迁移速度和位移也随之增大。在相同时间内油滴链的形成过程中相距油滴链较远处的游离油滴能够不断迁移、靠近油滴链，并不断地吸附到油滴链的两端，因此油滴链中油滴数目增加，所形成的 ODCL 值相比较大。且油滴速度增大，同一时间内吸引聚集到油滴链两端的油滴数目增加，则形成同样长度油滴链所用时间也就缩短。因此，BPEF 频率降低有利于油滴的聚集和油滴链的形成。

4. 频率对油滴碰撞时间的影响

低频范围内乳液破乳过程中频率对 ODCT 的影响情况中可以看出，随 BPEF 频率的升高 ODCT 不断延长。当频率在 25~200 Hz 的范围内时，ODCT 由 0.4 s 增加到 1.9 s，增加幅度较小。当频率继续升高到 1000 Hz 时，ODCT 快速增加到 7 s。这是因为当 BPEF 频率超过 200 Hz 后，单个脉冲周期的持续时间小于 2.5 ms，相比低于 200 Hz 的缩短幅度较大，油滴受到电场力持续时间减少，使得油滴在乳液中迁移速度和距离减小，相同距离内游离油滴发生接触所用时间增加幅度较大，ODCT 快速增大。油滴相互接触所用时间延长，相同时间内油滴碰撞的次数减少，则在相同时间聚集的油滴数目也减少，油滴的聚集效果随之减弱。因此，在破乳过程中为加速油滴的接触以及促进油滴聚集体的形成，应尽可能地降低 BPEF 频率使油滴的接触碰撞时间缩短，从而增强油滴的聚集效果。

5. 频率对油滴聚集体形成时间的影响

低频范围内，BPEF 频率对乳液破乳过程中油滴聚集体形成时间的影响中可以看出，当 BPEF 频率由 25 Hz 升高到 50 Hz 时，ODCFT、OCFT、OCCFT 和 TT 均有所增加，其后随着 BPEF 频率的继续升高，ODCFT、OCFT、OCCFT 和 TT 不断减少。当频率为 1000 Hz 时，ODCFT、OCFT、OCCFT 和 TT 均为最少。

当 BPEF 频率由 25 Hz 升高到 50 Hz 时，虽然油滴聚集体形成时间增加，但由上面油滴聚集状态可知，油滴处于油簇形成阶段，且随频率降低油簇尺寸增大。当频率继续升高到 1000 Hz 时，虽然油滴聚集体形成时间均减小，但乳液中形成的油滴链、油簇和油簇链尺寸均减小，油滴聚集效果较差。油滴的聚集形态和油滴聚集体形成时间与油滴聚集体的尺寸大小密切相关。BPEF 频率的升高使得油滴聚集体的尺寸减小，导致油滴聚集向油簇形成阶段发展，油滴聚集体的形成时间也整体随之减少，油滴聚集效果变差。结合以上低频范围内频率降低，所形成的油滴聚集体尺寸增大、油滴碰撞时间缩短，得出本实验条件下油滴聚集效果最佳的频率为 25 Hz[19]。

6.2.3.3 占空比对水包油乳液油滴运动行为的影响

1. 占空比对油滴聚集的影响

占空比对乳液油滴聚集效果和乳液宏观破乳性能影响的实验中，初始 O/W 乳液保持相同，电压设定为 1000 V，BPEF 频率选择为 25 Hz。不同 BPEF 占空比下乳液油滴的聚集阶段有所区别。从研究结果中可以看出，当占空比升高到 70%时，三种油滴聚集体的持续时间均不断减小，油滴聚集过程加快，同一破乳时间油滴聚集向油簇链形成阶段发展。随着占空比继续增大到 90%，三种油滴聚集体的持续时间反而增大，油滴聚集过程和聚集阶段变化减缓。这是由于当占空比增大时，BPEF 脉冲电场输出时间增加，油滴所受电场力持续时间延长。油滴迁移速度和距离均随之增大，则相同时间内运动聚集在一起的油滴数目增加，油滴聚集的过程加快，油滴聚集体的持续时间缩短，因此同一破乳时间内油滴的聚集向油簇链形成阶段发展。而当占空比超过 70%继续增大时，电场输出时间进一步延长使油滴受力作用时间增长，油滴迁移速度和距离也随之加大。当游离油滴靠近接触时，过大的动能使得游离油滴发生弹开或者破裂现象，形成相同尺寸油滴聚集体所用时间增加，油滴聚集体的形成过程减缓，三种聚集体持续时间随之增长。

为直观显示和说明乳液中油滴在同一破乳时间的聚集状态，对不同 BPEF 占空比下乳液破乳 44 s 时的油滴聚集状态进行对比。从结果中可以看出，不同占空比下乳液中油滴均处于油簇形成阶段，当占空比由 10%升高到 70%时，乳液中油簇尺寸不断增大。当占空比为 70%时，相同破乳时间乳液中形成的油簇尺寸和油簇数目均达到最大，则后续形成的油簇链的尺寸也相对较大，因此乳液中脱稳被分离出去的油滴数目较多，破乳效果随之增强。当占空比继续升高到 90%时，此时乳液中油簇数目和尺寸均有所减小，油滴聚集效果有所下降。因此，可以得出占空比为 70%时油滴的聚集效果较好。

2. 占空比对油滴链长度的影响

不同 BPEF 占空比对 ODCL 随时间变化的影响中可以看出，不同占空比下 ODCL 均随时间的增加而增大。当占空比从 10%增至 70%时，ODCL 的平均值从 39.91 μm 增大到 67.59 μm；随着占空比进一步增至 90%，ODCL 的平均值反而减小，其结果为 60.47 μm。且形成相同长度的油滴链时，70%的占空比下所用时长最小。以上说明占空比为 70%时 ODCL 达到最大值，油滴聚集效果也最佳。

当占空比较小，如为 10%时，BPEF 输出时间短，电场力作用时间也较短，导致受电场力驱动的游离油滴的迁移速度和位移较小，距离油滴链较远处的油滴不能快速接近油滴链的两端，且同一时间吸引到油滴链两端的油滴数目减少，则 ODCL 也减小。随占空比的增大，BPEF 输出时间增加，游离油滴受力时间延长其迁移速度和位移增大，靠近并吸引到油滴链两端的油滴数目增加，油滴链的形成过程加快，ODCL 增大，油滴聚集效果增强。当占空比增大到 70%时，这种作用效果达到最大。而当占空比继续增大时 ODCL 反而减小。这是由于占空比越大，电场力作用时间持续延长，油滴运动速度进一步变大，过大的迁移速度和接触动能使游离油滴接触到油滴链两端时相互弹开或发生破裂，油滴无法进一步连接形成油滴链，导致 ODCL 减小，油滴聚集效果降低。由此说明过大或过小的占空比对油滴链形成均不利，实验中最佳占空比为 70%，此时形成的油滴链的长度和形成时间均较为理想。

3. 占空比对油滴碰撞时间的影响

不同占空比下乳液 ODCT 的变化趋势不同。通过探究，从结果中可以看出，当占空比由 10%增大到 30%时，ODCT 由 3.6 s 减小为 1.4 s，相对减小幅度较大；而随着占空比继续增大到 90%后，ODCT 缓慢减小到 1 s。当占空比升高时，一个 BPEF 脉冲周期内输出时间增加，油滴所受电场力作用时间延长，油滴迁移速度和距离也随之增大，相同距离内相邻游离油滴接触所用时间减少，则 ODCT 减小。但当占空比持续增大时，电场力作用时间进一步延长，油滴受力及运动速度加大，使油滴受到的水相黏滞阻力大幅度增加，油滴迁移速度和距离增大的幅度减小，相同距离内游离油滴接触所用时间减小的幅度也随之降低，则 ODCT 减小缓慢。

4. 占空比对油滴聚集体形成时间的影响

不同 BPEF 占空比下乳液中油滴聚集体形成时间的变化结果中可以看出，当 BPEF 占空比从 10%增大到 70%时，ODCFT、OCFT、OCCFT 和 TT 均随减小，其后当占空比继续升高到 90%时，ODCFT、OCFT、OCCFT 和 TT 均增大。当占空比为 70%时，乳液中三种聚集体形成时间达到最少，三种油滴聚集体持续时间减小，油滴聚集体形成过程加快，同一时间聚集在一起的油滴数目也增加，因此油滴的聚集效率提高。

结合以上占空比为 70%时，油滴聚集体尺寸最大、油滴碰撞时间较小，得出本实验条件下油滴聚集效果最佳的 BPEF 占空比为 70%。占空比对油滴聚集体形成的影响主要通过控制脉冲周期内 BPEF 输出时间的长短来控制油滴聚集体的形成过程，并影响聚集体形成阶段的持续时长。因此，为达到较好的油滴聚集效果，减少油滴聚集所用时间，则必须选择合适的 BPEF 占空比，占空比既不能太小也不能太大[20]。

6.3 外电场作用下水包油乳液宏观油水分离行为及其规律

6.3.1 电压对水包油乳液宏观油水分离行为的影响

O/W 乳液宏观破乳实验中，油滴形成的聚集体上浮形成油滴聚集体层，水相下沉导致油水两相发生分离，乳液最终实现破乳。BPEF 破乳过程中，乳液中形成的清液层形状规则，与油滴聚集体层界限明显。BPEF 破乳 2 h 后，同一电场输出参数下清液中含油量及浊度保持一致，但清液层厚度相差明显，因此本节以乳液破乳后清液层厚度为指标来衡量不同 BPEF 参数对破乳性能的影响，对比分析 BPEF 参数对乳液宏观破乳性能的影响与油滴聚集行为之间的关系。不同 BPEF 电压下乳液破乳后清液层厚度的变化表现不同。

由结果中可以看出，随电压的升高清液层厚度不断增加，且清液层厚度与电压大体上呈线性增大关系。不同电压下乳液破乳后清液含油量及浊度的平均值见表 6-1，从表中可以看出，电压不同时破乳后清液的含油量及浊度相差很小，保持一致。由此得出，乳液宏观破乳性能随 BPEF 电压的升高而增强，其与微观下乳液中油滴随电压的升高聚集效果增强的规律相一致。因此，得出本实验条件下 BPEF 电压升高可以增强 O/W 乳液的破乳性能，最佳 BPEF 电压值为 1000 V。

表 6-1 不同 BPEF 电压下乳液破乳后清液中含油量与浊度的平均值

电压/V	油水分离后清液油含量/$mg\cdot L^{-1}$	油水分离后清液浊度/NTU
250	31.28	23.6
500	32.96	22.0
750	31.91	22.6
1000	30.85	24.0

6.3.2 频率对水包油乳液宏观油水分离行为的影响

低频范围内不同 BPEF 频率下乳液破乳 2 h 后清液层厚度的变化情况通过研究，结果可以得出，当频率从 25 Hz 升高到 200 Hz 时，清液层厚度快速减薄；当频率继续升高至 1000 Hz 时，清液层厚度减薄缓慢。不同频率下破乳后清液中的含油量及浊度见表 6-2。从表中可以看出，不同频率下的清液含油量及浊度均相差不大，保持一致。清液层厚度越大，则乳液中剩余的未聚集上浮的油滴数目越少，油水分离效果不断提高，BPEF 对乳液破乳性能则越好。因此，O/W 乳液宏观破乳性能随频率的升高而降低，且乳液中油滴的聚集效果也是随着 BPEF 频率的升高而降低，其与油滴聚集效果的变化规律相同。因此，说明 BPEF 频率的升高削弱了乳液的破乳性能和油滴的聚集效果，实验中最佳的 BPEF 频率为 25 Hz[21]。

表 6-2 不同 BPEF 频率下乳液破乳后清液中含油量与浊度的平均值

频率/Hz	油水分离后清液油含量/mg·L^{-1}	油水分离后清液浊度/NTU
25	25.34	18.4
50	24.96	17.0
100	25.09	18.9
200	26.82	17.4
500	24.61	17.1
1000	26.10	18.3

6.3.3 占空比对水包油乳液宏观油水分离行为的影响

不同 BPEF 占空比下乳液破乳后清液层厚度的变化情况显示出，清液层厚度随占空比的升高先增大后减小。当占空比达到 70%时，清液层厚度达到最大，说明乳液的破乳性能达到最佳。不同占空比下乳液破乳后清液中的含油量及浊度平均值见表 6-3，从表中可以看出，不同占空比下清液含油量及浊度基本相同。而在占空比为 70%时，乳液中油滴聚集效果也达到最佳，其与乳液破乳性能的变化一致。因此，说明在本实验条件下乳液破乳效果及油滴聚集效果最佳的 BPEF 占空比为 70%。

表 6-3 不同 BPEF 占空比下乳液破乳后清液中含油量与浊度的平均值

占空比/%	油水分离后清液油含量/mg·L^{-1}	油水分离后清液浊度/NTU
10	17.60	13.0
30	15.97	12.2
50	16.80	11.9
70	17.32	12.9
90	16.94	11.9

6.3.4 外电场最佳参数下水包油乳液的破乳分离效果

通过以上实验结果得出本实验条件下 O/W 乳液破乳性能最佳的 BPEF 输出参数值分别

为电压 1000 V、频率 25 Hz 以及占空比 70%。在此最佳参数组合下，将 O/W 乳液破乳 2 h 后的清液取出并测量其中油滴的分布，并与初始 O/W 乳液及其油滴的分布进行对比，如图 6-2 所示。由图 6-2（a）（c）中可以看出，乳液破乳后清液透明澄清，与初始乳液相比说明 BPEF 对乳液破乳效果明显。通过显微镜观察乳液破乳后清液中油滴数目较少且油滴尺寸较小如图 6-2（d）所示，与初始乳液中油滴的分布相比较，说明 BPEF 对 O/W 乳液中油滴的分离效果明显。通过以上研究，发现在本实验条件下 BPEF 输出参数对乳液中油滴聚集行为的影响与相同条件下乳液宏观破乳性能的变化相一致。因此，说明在破乳过程中可通过油滴微观的聚集效果来衡量和反映乳液的宏观破乳性能，并通过调整 BPEF 输出参数来提高乳液的破乳性能和油水分离效率。

（a）破乳前 O/W 乳液

（b）破乳前 O/W 乳液中的油滴分布

（c）破乳后的清液

（d）清液中的油滴分布

图 6-2　含乳化剂 O/W 乳液在 BPEF 破乳前后的外观及其油滴分布

6.4　小　结

本节内容主要研究了 BPEF 作用下 O/W 乳液中油滴的迁移和聚集行为，对油滴聚集体的形态进行了分类，对各类油滴聚集体的形成时间进行了划分，并对油滴聚集体的大小及形成时间进行了测定及影响因素研究，考察了油滴聚集效果对乳液宏观破乳效果的影响，得出适合油滴高效聚集和乳液破乳的 BPEF 技术参数。具体结果如下：

（1）含乳化剂 O/W 乳液中的油滴在 BPEF 作用下迁移形成三种形态的聚集体，即油滴链、油簇和油簇链。在 BPEF 刚开始作用时，油滴首先形成与电场方向平行的油滴链；油滴链在 BPEF 作用下相互吸引进一步形成油簇；油簇继续相互吸引连接形成垂直于电场方向的油簇链。油簇链上浮与水相发生分离，其中油簇链中的油滴在 BPEF 作用下可聚并形成大油滴。在 BPEF 中含乳化剂 O/W 乳液中油滴聚集过程可分为油滴链形成阶段、油簇形成阶段和油簇链形成阶段。

（2）BPEF 电压升高促进了油滴链的形成，缩短了油滴的接触时间，加快油滴聚集体的形成，由此得出 BPEF 电压升高增强了油滴的聚集效果，本实验最佳的油滴聚集电压为 1000 V。与油滴聚集的规律相一致，乳液宏观破乳性能也随电压的升高而增强，乳液破乳性能最佳电压为 1000 V。

（3）低频范围内 BPEF 频率升高，油滴链长度减小，油滴发生接触所用时间增加，油滴聚集体尺寸减小，频率的升高削弱了油滴的聚集效果，本实验最佳的油滴聚集频率为 25 Hz。与频率对油滴聚集效果的影响一致，乳液宏观破乳性能也随频率的升高而降低，最佳破乳性能的频率为 25 Hz。高频范围内，油滴随频率的升高形成平行于电场方向的油滴链、油簇和油簇链，三种油滴聚集体尺寸随之增大，但所形成的油滴聚集体与水相分离趋势不明显，破乳效果较差。

（4）BPEF 占空比对油滴聚集效果的影响中，当占空比为 70%时，油滴链长度达到最大、油滴聚集体形成所用时间最短且乳液中形成的油滴聚集体的尺寸也达到最大。因此，得出油滴聚集效果最佳的占空比为 70%。且乳液宏观破乳性能在占空比为 70%时达到最大，油水分离效果达到最优。

参考文献

[1] XIE G, LUO J, LIU S, et al. Electric-fields-enhanced destabilization of oil-in-water emulsions flowing through a confined wedgelike gap[J]. Journal of Applied Physics, 2010, 108.

[2] HOSSEINI M, SHAHAVI M H. Electrostatic enhancement of coalescence of oil droplets (in nanometer scale) in water emulsion[J]. Chinese Journal of Chemical Engineering, 2012, 20: 654-658.

[3] LI M, LI D. Vortices around Janus droplets under externally applied electrical field[J]. Microfluidics and Nanofluidics, 2016, 20.

[4] LI M, LI D. Electrokinetic motion of an electrically induced Janus droplet in microchannels[J]. Microfluidics and Nanofluidics, 2017, 21.

[5] PILLAI R, BERRY J, HARVIE D J E, et al. Electrophoretically mediated partial coalescence of a charged microdrop[J]. Chemical Engineering Science, 2017, 169: 273-283.

[6] 桑义敏，陈家庆，易国庆，等. 水包油型乳化液油滴的管内节流破碎行为与机理[J]. 过程工程学报，2015，15（6）：940-944.

[7] WANG B B, WANG X D, WANG T H, et al. Electrocoalescence behavior of two identical droplets with various droplet radii[J]. Applied Thermal Engineering, 2017, 111: 1464-1469.

[8] ROZYNEK Z, BIELAS R, JÓZEFCZAK A. Efficient formation of oil-in-oil Pickering emulsions with narrow size distributions by using electric fields[J]. Soft Matter, 2018, 14:

5140-5149.

[9] TUČEK J, SLOUKA Z, PŘIBYL M. Electric field assisted transport of dielectric droplets dispersed in aqueous solutions of ionic surfactants[J]. Electrophoresis, 2018, 39: 2997-3005.

[10] WANG C, SONG Y, PAN X, et al. Electrokinetic motion of a submerged oil droplet near an air-water interface[J]. Chemical Engineering Science, 2018, 192: 264-272.

[11] WANG C, SONG Y, PAN X, et al. Electrokinetic motion of an oil droplet attached to a water-air interface from below[J]. The Journal of Physical Chemistry B, 2018, 122: 1738-1746.

[12] 徐建军，张铭桥，石芳. 电场作用下乳状液油水相间动力学特征[J]. 当代化工，2022，51（6）：1278-1281.

[13] MIZGCHI Y, MUTO A. Demulsification of oil-in-water emulsions by application of an electric field: relationship between droplet size distribution and demulsification efficiency[J]. Journal of Chemical Engineering of Japan, 2019, 52: 799-804.

[14] REN B, KANG Y. Aggregation of oil droplets and demulsification performance of oil-in-water emulsion in bidirectional pulsed electric field[J]. Separation and Purification Technology, 2019, 211: 958-965.

[15] WANG C, SONG Y, PAN X, et al. Translational velocity of a charged oil droplet close to a horizontal solid surface under an applied electric field[J]. International Journal of Heat and Mass Transfer, 2019, 132: 322-330.

[16] ZHANG J, SONG Y, LI D. Thin liquid film between a floating oil droplet and a glass slide under DC electric field[J]. Journal of Colloid and Interface Science, 2019, 534: 262-269.

[17] REN B, KANG Y, ZHANG X M, et al. Demulsification behavior, characteristics, and performance of surfactant stabilized oil-in-water emulsion under bidirectional pulsed electric field[J]. China Petroleum Processing and Petrochemical Technology, 2023, 25(1): 10-22.

[18] NESPOLO A, BEVAN A, CHAN Y C, et al. Hydrodynamic and electrokinetic properties of decane droplets in aqueous sodium dodecyl sulfate solutions[J]. Langmuir: The ACS Journal of Surfaces and Colloids, 2001, 17(23): 7210-7218.

[19] HE X, WANG S L, YANG Y R, et al. Electro-coalescence of two charged droplets under pulsed direct current electric fields with various waveforms: a molecular dynamics study[J]. Journal of Molecular Liquids, 2020, 312.

[20] HU J, CHEN J, ZHANG X, et al. Dynamic demulsification of oil-in-water emulsions with electrocoalescence: diameter distribution of oil droplets[J]. Separation and Purification Technology, 2021, 254.

[21] YANG S, SUN J, WU K, et al. Enhanced oil droplet aggregation and demulsification by increasing electric field in electrocoagulation[J]. Chemosphere, 2021, 283.

7

水包油乳状液电破乳的电荷运动机理

固体颗粒和油滴上的静电表面电荷在涉及电渗和电泳的各种应用中非常重要。众所周知，固液界面上的表面电荷是不动的。然而，由于液-液界面的流动性，液-液界面的情况有所不同。例如，最广为接受的解释是，油水界面上的电荷来源于氢氧根离子（OH^-）的选择性吸附。对于浸入水中的油滴，氢氧根离子会被吸附到油滴表面，使油水界面带负电。另一种可能性是，油相中存在的某些离子表面活性杂质可能是在油水界面上产生电荷的原因。虽然在液-液界面上产生电荷的机制仍在讨论之中，但液-液界面上表面电荷的流动性已得到广泛认可。

在研究多相电渗流（EOF）时考虑了液-液界面上的流动表面电荷。2005 年，国内研究人员通过考虑液-液界面移动电荷的影响分析了瞬态双液相 EOF。该模型考虑了自由表面电荷的电动运动在界面上产生的作用力，计算了双液相体系的瞬态 EOF。2006 年，国外的 Lee 等人对液-液界面上的 EOF 进行了数值模拟。通过比较三种模型：黏性模型、电双层模型和电双层加表面电荷模型（EDL+SC）得出的结果，发现 EDL+SC 模型是评估涉及液-液界面的多相 EOF 的最佳模型，因为 EDL+SC 模型的预测结果与实验结果非常吻合。EDL+SC 模型考虑了 EDL 和界面上的移动表面电荷对界面附近流动的综合影响。例如，在均匀的直流电场中，如果液-液界面带负电荷，则界面上的负电荷向阳极移动，EDL 中的反离子则向相反的方向移动。这两种运动都有助于界面的运动。后来，Lee 等人对液气界面的 EOF 进行了实验研究。实验结果表明，散装液体的电渗速度高于界面的电渗速度，这也与上述 EDL+SC 模型相吻合。基于这一模型，Movahed 等人研究了被油包围的电解质水溶液流的 EOF。此外，其他人进一步对具有压力梯度效应的双液相 EOF 进行了理论和实验研究。他们的模型考虑了流动表面电荷、电渗和界面压力梯度的综合效应。通过比较理论预测结果和实验结果，发现 EDL+SC 模型可以很好地预测双液相 EOF，这证实了界面上表面电荷的流动性。2010 年，Li 等人通过考虑液-液界面上的移动电荷，研究了随时间变化的三流体相 EOF。在他们的模型中，考虑了流动表面电荷的电动运动在界面上产生的剪切力的影响。Qian 等人、Choi 等人和 Ray 等人研究了自由表面 EOF。研究表明，油滴的运动取决于其自由表面电荷所产生的 Zeta 电位。

7.1 直流电场作用下水包油乳液油滴表面电荷运动分布的理论分析

大多数关于浸入水溶液中油滴的研究都假定，油滴的表面电荷与固体颗粒的表面电荷类似，在外加电场作用下不会移动且分布均匀。然而，液-液界面的表面电荷是流动的，在外加电场作用下会重新分布。本节内容主要研究外电场影响下油滴表面电荷的重新分布。推导了在均匀电场中电荷再分布后油滴表面局部 Zeta 电位的分析表达式。研究初始 Zeta 电位、液滴半径和外加电场强度对表面电荷再分布的影响。与移动表面电荷类似，在外加电场下观察 Al_2O_3 钝化铝纳米粒子在油滴表面的再分布。并且在电场作用下，这些纳米粒子向油滴的一侧移动并聚集。纳米颗粒的再分布与本研究所建立的移动表面电荷再分布模型在性质上是一致的。

7.1.1 直流电场作用下水包油乳液油滴表面电荷分布的基本理论

关于纳米粒子在液-液界面附着的研究也指出了液-液界面表面电荷的重新分布。Redondo 等人利用 X 射线光电子能谱检测带负电荷的纳米粒子在带负电荷的空气-水界面附近的分布，发现带负电荷的纳米粒子越接近空气-水界面。他们对此的解释是，带较强负电荷的纳米粒子会引起空气-水界面的表面电荷再分布，从而使纳米粒子更接近界面。此外，Xu 等人观察到，当水滴靠近涂有微粒的平面油水界面时，由于两个界面的静电作用，平面界面上的微粒会被排斥离开最近的接近点，这也证明了外部电场驱动可移动界面的表面电荷移动。

不难理解，油滴上的静电荷也是流动的，在外部电场的影响下，这些流动表面电荷的分布会发生变化。这种表面电荷的重新分布会对许多应用产生影响。例如，油滴上的表面电荷会在电场中迁移，从而影响油滴的聚结。Ichikawa 等人发现，在油滴表面电荷重新分布的作用下，油滴的聚结率会显著提高。另一个容易理解的例子是油滴在水溶液中的电泳，表面电荷的再分布会显著影响油滴的电泳运动。然而，大多数关于浸入水溶液中油滴的研究都假定表面电荷在电场作用下是不动和均匀分布的。这种处理方法会导致从测量到的油滴电泳迁移率数据中低估或高估表面电荷。因此，有必要对油滴表面电荷的重新分布进行基础研究。一些论文报道了关于外加电场下表面电荷再分布的理论研究。总之，基于不同的考虑推导出了两种模型。首先，Ichikawa 根据沿油滴的电势（φ）与表面电荷密度（σ）之间的关系推导出了外加电场下油滴上局部静电势的表达式：

$$\sigma = -\left[\varepsilon_{\mathrm{m}} \frac{\partial \varphi}{\partial n}\right]_{\mathrm{surface}} \tag{7-1}$$

式中 ε_{m}——周围电解质的介电常数；

n——表面的法线。

泊松-玻尔兹曼方程用于计算带电油滴周围的电势分布。而表面电荷密度与 EDL 内部阳离子和阴离子的浓度差有关，这些离子的分布可用玻尔兹曼方程计算。将这些条件代入公式（7-1），即可得到在球坐标系中由吸附表面离子的重新分布所产生的表面电势(φ_{s})：

$$\varphi_{\mathrm{s}} = \zeta_0 + \frac{ze\zeta_0(s_{+,0} + s_{-,0})}{\kappa T(s_{+,0} - s_{-,0}) + ze\zeta_0(s_{+,0} + s_{-,0})} E_{\infty} a \cos\theta \tag{7-2}$$

式中 E_{∞}——外加电场；

a——油滴半径；
z——离子的价数；
e——基本电荷；
κT——温度 T 时的热能；
$s_{\perp、0}$——正离子和负离子的表面数密度[1]。

上述推导是在两个假设条件下进行的：① 正离子和负离子在油滴表面共存；② 在施加电场前后，正离子和负离子的总量保持不变。因此，根据这一模型，在电场作用下，可以诱导正表面电荷和负表面电荷分别驻留在油滴的不同侧面。然而，当我们考虑油滴表面的充电机制时，不难发现这些假设并不现实。首先，在电中性溶液（pH=7）中，油滴通过吸附氢氧根离子或水解离子表面活性杂质而携带负电荷，界面上只存在负离子。其次，表面离子重新分布后，如果油滴表面某些地方的某类离子浓度降低到低于初始平衡条件的值，这部分表面就会产生新的表面电荷，因此表面离子的总数会发生变化。第二个模型是通过考虑带电物种的电泳迁移通量与稳定状态下的反向扩散通量之间的平衡而得出的。在球形坐标系中，可以求得平衡：

$$mE_{\mathrm{e}}C(\theta) = D\nabla C(\theta) \tag{7-3}$$

式中 m，D——带电物种在表面的电泳迁移率和扩散系数；
$C(\theta)$——带电物种的表面浓度；
E_{e}——沿球面的局部电场。

上述方程可以在施加电场前后界面上带电物种总数保持固定（E_∞）的边界条件下求解，从而得到表面电荷密度[$\sigma(\theta)$]：

$$\sigma(\theta) = \frac{3\pi}{4}\frac{a^2 E_\infty}{\delta\varphi_T}\frac{\sigma_0}{\sinh\left(\dfrac{3\pi a^2 E_\infty}{4\delta\varphi_T}\right)}\varepsilon_{\mathrm{m}}^{-\frac{3xa^2E_\infty\cos\theta}{4\delta\varphi_T}} \tag{7-4}$$

式中 σ_0——初始表面电荷密度；
δ——带电复合物的平均直径；
ψ_T——热电势；
a——球体半径。

在该模型中，还使用了移动表面电荷数量恒定的边界条件，这通常不适用于大多数液-液界面。这限制了它只能用于评估带电分子在细胞上的再分布。

文献中关于表面电荷可视化实验的报道很少。现有的界面电荷分布可视化测量方法可分为三类。① 利用带电荧光染料来显示界面附近的离子浓度。通过测量界面附近的荧光强度，可以定性地推断出表面电荷密度。根据用于检测界面荧光强度的显微镜，带电染料法可分为两类：蒸发波激发法和共聚焦扫描法。不过，这些方法一般分别用于检测固-液界面和固-液界面上单层的 Zeta 电位。② X 射线反射法可以检测液-液界面的结构。用这种方法可以评估界面上的电子分布。但这种方法难以控制，需要一个复杂的系统来产生 X 射线并检测来自界面的反射波。③ 一些论文采用电容法测量了液-液界面的 zeta 电位。然而，这种方法很容易受到许多其他参数的影响，如离子物种的类型；因此，测得的 Zeta 电位往往与经典理论不一致。由于现有检测方法的局限性，只能间接证明油滴表面移动电荷的重新分布。例如，通过测量油水界面的 EOF 速度，证明了表面电荷的流动性。实验观察到的电解质溶液中油滴在电场作用下快速聚结的现象可以证实，外电场导致了油滴表面电荷的再分布，加速了油滴的聚结。迄今为止，尚未有实验研究对外部电场作用下油滴表面电荷的重新分布进行定量研究[2]。

7.1.2 直流电场作用下水包油乳液油滴表面电荷分布的模型分析

为了更好地理解液-液界面上由电动驱动的移动表面电荷再分布，本节内容对水溶液中油滴在外加电场影响下的表面电荷再分布进行了基础研究。首先，推导了球形表面的表面电荷再分布模型，以描述在均匀直流电场中表面电荷的再分布。然后，利用该模型计算了沿油滴表面重新分布的局部 Zeta 电位。研究了油滴初始 Zeta 电位、外部电场和油滴大小对局部 Zeta 电位的影响。最后，还进行了实验来观察电荷的重新分布。使用 Al_2O_3 纳米粒子来模拟油滴上的移动带电分子。在外部施加电场的情况下，观察了这些纳米粒子的运动和再分布[3]。

如图 7-1（a）所示，考虑一个被电解质水溶液包围的球形油滴。在不失一般性的前提下，我们假设油水界面带有负电荷。如果没有外部电场，表面电荷会均匀地分布在整个液滴表面。当施加电场时，液滴表面的移动负电荷会向阳极或电场的高电位一侧移动。如图 7-1（b）所示，随着油滴上移动电荷的移动，另一侧的电荷量减小，这一侧的油水界面被重新充电，在给定的 pH 下达到局部平衡。然后，新带电的分子被进一步吸引到阳极，电荷不断在另一侧产生。这一充电过程将持续到阳极一侧累积的电荷达到平衡状态为止。在平衡状态下，重新分布的表面电荷的局部浓度由累积的表面电荷产生的局部电场与沿液滴表面施加的外部电场之间的平衡决定。最小的局部 Zeta 电位停留在面向电场阴极的一极，应等于油滴的初始 Zeta 电位[4]。

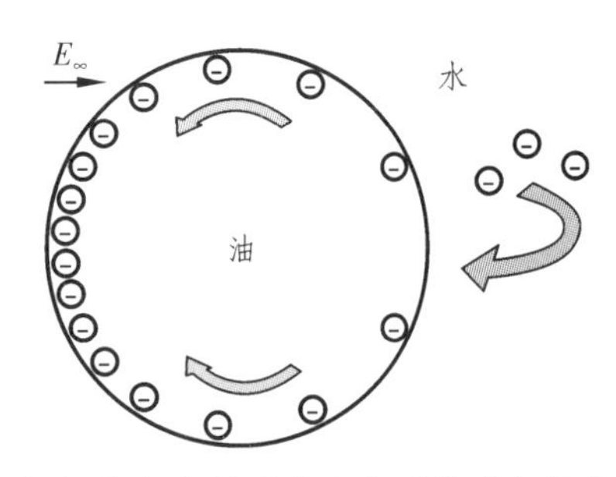

（a）外加电场下油滴表面移动电荷的重新分布和充电过程示意图

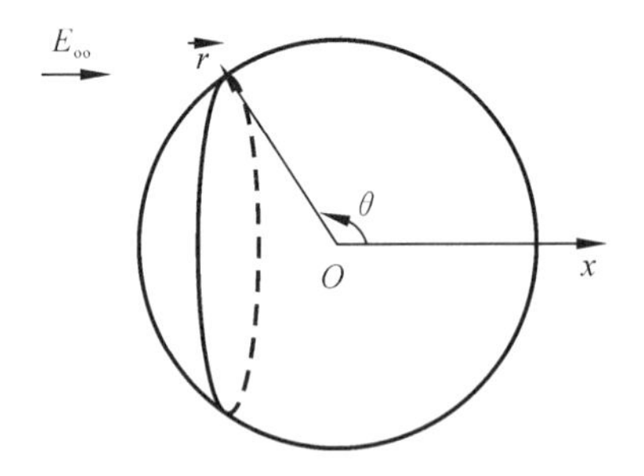

（b）建立的一个球形坐标系（原点 O 位于油滴中心，x 轴指向电场阴极。油滴的半径记为 a）

图 7-1 在均匀直流电场和球形坐标系下，大体积水溶液中的球形油滴示意图

7.1.2.1 油滴周围的电场分布分析

对于浸入水溶液中的油滴，在外部施加电场 $\phi=-E\infty x$ 或 $\phi=-Er\cos\theta$ 的球面坐标系下，水溶液中的电场可以用著名的拉普拉斯方程计算出来：

$$\nabla^2\phi = 0 \tag{7-5}$$

在原点位于液滴中心的球面坐标系中，拉普拉斯方程可以写成这种形式：

$$\nabla^2\phi = \frac{1}{r^2}\frac{\partial}{\partial r}\left(r^2\frac{\partial\phi}{\partial r}\right) + \frac{1}{r^2\sin\theta}\frac{\partial}{\partial\theta}\left(\sin\theta\frac{\partial\phi}{\partial\theta}\right) = 0 \tag{7-6}$$

ϕ 在原点处有一个有限值，当 r 变为无穷大时等于外加电势，即 $r\to\infty$，$\phi=-E_{\infty}r\cos\theta$。因此，电势 ϕ 的一般解可以通过变量分离得到：

$$\phi = \sum_{k=0}^{\infty} A_k r^{-(k+1)} P_k(\cos\theta) \tag{7-7}$$

式中 A_k——常数；

$P_k(\cos\theta)$——勒让德多项式[5]。

在外部电场作用下，油滴上的移动电荷会移动并重新分布。相应地，油滴附近的电双层（EDL）也发生了变化。油滴双电层内重新分布的反离子屏蔽云驱逐了电场线，从体液到双电层的电流减小。在平衡状态下，所有的电场线都被排出，从而在 EDL 区域的外表面产生了无流动边界条件：

$$\left(\frac{\partial\phi}{\partial r}\right)_{r=a+1/\kappa} = 0 \tag{7-8}$$

式中 κ——德拜-休克尔参数：

$$\kappa = 1\Bigg/\sqrt{\frac{\varepsilon_m\varepsilon_0 k_B T}{2n_{\infty}(ze)^2}} \tag{7-9}$$

式中 z——离子的价数；

n_{∞}——大量离子浓度；

e——基本电荷；

K_B——玻尔兹曼常数；

T——绝对温度；

ε_0，ε_m——真空和电解质溶液的介电常数。

对于薄的 EDL（$a \gg 1/\kappa$），公式（7-8）可近似为

$$\left(\frac{\partial\phi}{\partial r}\right)_{r=a} = 0 \tag{7-10}$$

将这一边界条件[式（7-10）]应用于式（7-7），就可以得到水溶液中电动势的解析表达式：

$$\phi = -E_{\infty}r\cos\theta - \frac{1}{2}E_{\infty}\frac{a^3}{r^2}\cos\theta \tag{7-11}$$

油滴上的电动势 $\phi(\theta)$由以下公式给出：

$$\phi(\theta) = -\frac{3}{2}E_{\infty}acos\theta \tag{7-12}$$

7.1.2.2 油滴表面的局部 Zeta 电位分布分析

如上所述，油滴上的流动表面电荷会在电场中重新分布。新的 EDL 有屏蔽外部电场的趋势。在平衡状态下，电场的所有场线都被排出。因此，油滴上的局部电场 E_i 与外加电场 E_e 大小相同[6]，方向相反，如下式所示：

$$E_i = -E_e \tag{7-13}$$

或者

$$\nabla\zeta(\theta) = -\nabla\phi(\theta) \tag{7-14}$$

式中 $\zeta(\theta)$——局部 Zeta 电位；

$\phi(\theta)$——外加电场的电动势。

在球坐标系中，$\phi(\theta)$的表达式为公式（7-12）。对式（7-14）进行积分，可得到局部 Zeta 电势为

$$\zeta(\theta) = -\phi(\theta) + \phi_c \tag{7-15}$$

式中 ϕ_c——积分常数。

综上所述，对于带负电的油滴，在外加电场的作用下，移动的表面电荷会向油滴面向电场的一侧移动，另一侧的表面电荷密度会降低，尤其是在面向电场阴极的一极。随着表面电荷的移动，面向阴极一侧的 Zeta 电位降低，油水界面的化学平衡被打破。为了重新达到平衡，这一侧的油水界面开始充电。补给过程将持续进行，直至达到平衡状态。应该认识到，初始 Zeta 电位是由周围液体的大量离子浓度和 pH 决定的平衡 Zeta 电位。该 Zeta 电位必须在面向电场阴极的一极达到，否则充电过程不会停止。由于面向外加电场阴极的一极表面电荷密度最低，因此该点的 Zeta 电位值也最低。因此，在平衡状态下，油滴上的局部 Zeta 电位最小值位于面向外加电场阴极的一极（$\theta=0$），等于外加电场前油滴的初始 Zeta 电位。因此，可以得到以下条件：

$$\zeta(\theta = 0) = \zeta_0 \tag{7-16}$$

式中 ζ_0——施加外部电场之前油滴的初始 Zeta 电位。

有了这个边界条件，就可以求解公式（7-15），积分常数 ϕ_c 可以通过以下方法确定：

$$\phi_c = \zeta_0 + \phi(0) = \zeta_0 - \frac{3}{2}E_\infty a \tag{7-17}$$

将公式（7-17）代入公式（7-15），油滴上重新分布的局部 Zeta 电位可写成

$$\zeta(\theta) = \frac{3}{2}E_\infty a(\cos\theta - 1) + \zeta_0 \tag{7-18}$$

7.1.2.3 油滴表面的局部表面电荷密度分布分析

如图 7-2 所示，对于浸入水溶液中的带负电的平面，其附近会形成电双层。假设平面的 Zeta 电位为 ζ_s。坐标系的原点位于平面上，x 轴垂直于平面并指向水相。在平衡状态下，表面电荷密度 σ_0 应与电解质中的净电荷相等，从而得出以下方程[7]：

$$\sigma_0 = -\int_0^{\infty} \rho_e \mathrm{d}x \tag{7-19}$$

式中　ρ_e——电解质溶液中的净电荷密度。

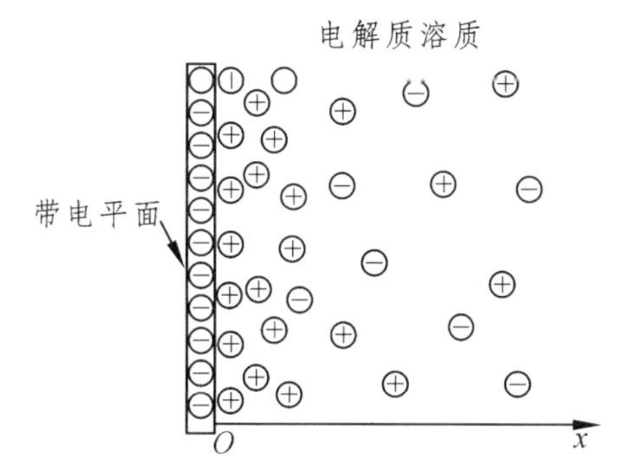

图 7-2　与电解质溶液接触的平面附近电双层中的电荷分布示意图和坐标系

双电层电场的电动势 ψ 和净电荷密度 ρ_e 之间的关系由著名的泊松方程给出：

$$\frac{\mathrm{d}^2\psi}{\mathrm{d}x^2} = -\frac{\rho_e}{\varepsilon_0\varepsilon_m} \tag{7-20}$$

式中　ε_0，ε_m——真空和电解质溶液的介电常数[8]。

将公式（7-20）代入公式（7-19），可以得到以 ψ 表示的 σ_0 的表达式：

$$\sigma_0 = -\varepsilon_0\varepsilon_m \int_0^{\infty} \frac{\mathrm{d}^2\psi}{\mathrm{d}x^2} \mathrm{d}x \tag{7-21}$$

当 $\mathrm{d}\psi/\mathrm{d}x \to 0$ 在 $x \to \infty$时，由上式可得

$$\sigma_0 = -\varepsilon_0\varepsilon_m \left(\frac{\mathrm{d}\psi}{\mathrm{d}x}\right)_{x=0} \tag{7-22}$$

平面 ψ 附近 EDL 场的电动势可通过一维泊松-玻尔兹曼方程计算

$$\frac{\mathrm{d}^2\psi}{\mathrm{d}x^2} = \frac{2zen_\infty}{\varepsilon_0\varepsilon_m} \sinh\left(\frac{ze\psi}{k_B T}\right) \tag{7-23}$$

将该方程积分即可得出

$$\frac{\mathrm{d}\psi}{\mathrm{d}x} = -\frac{4n_\infty ze}{\varepsilon_0\varepsilon_m\kappa} \sinh\left(\frac{ze\psi}{2k_B T}\right) \tag{7-24}$$

式中　κ——德拜-休克尔参数。

将式（7-24）代入式（7-22），可得表面电荷密度方程为

$$\sigma_0 = \frac{4n_\infty ze}{\kappa} \left(\sinh\left(\frac{ze\psi}{2k_B T}\right)\right)_{x=0} \tag{7-25}$$

在平坦表面（x=0）上，$\psi \approx \zeta_s$，因此，表面电荷密度是 Zeta 电位的函数，可求得

$$\sigma_0 = \frac{4n_\infty ze}{\kappa} \sinh\left(\frac{ze\psi\zeta_s}{2k_B T}\right) \tag{7-26}$$

对于油滴，我们认为 $\kappa a \gg 1$（薄双电层），因此弯曲的油滴表面可以近似为一个平面。因此，可以得到以局部 Zeta 电位 $\zeta(\theta)$表示的局部表面电荷密度 $\sigma(\theta)$：

$$\sigma(\theta)=\frac{4n_{\infty}ze}{\kappa}\sinh\left(\frac{ze\zeta(\theta)}{2k_{\mathrm{B}}T}\right) \tag{7-27}$$

利用德拜-休克尔线性近似法，上述方程可以简化为

$$\sigma(\theta)=\frac{2n_{\infty}(ze)^2}{\kappa k_{\mathrm{B}}T}\zeta(\theta) \tag{7-28}$$

如该式所示，对于给定的油水体系（ε_{m}、n_{∞}、z 和 T 为常数），局部表面电荷密度与局部 Zeta 电位成线性正比。将式（7-18）代入式（7-28），可以得到外电场作用下的局部表面电荷密度表达式为[9]：

$$\sigma(\theta)=\frac{2n_{\infty}(ze)^2}{\kappa k_{\mathrm{B}}T}\left[\frac{3}{2}E_{\infty}a\left(\cos\theta-1\right)+\zeta_0\right] \tag{7-29}$$

如公式（7-18）所示，θ=0 点的局部 Zeta 电位是一个常数，等于 ζ_0。沿油滴表面重新分布的局部 Zeta 电位与初始 Zeta 电位有关，并取决于周围介质的介电常数、油滴半径和外加电场。在其他参数保持不变的情况下，油滴半径（a）和外加电场（E_{∞}）的增大会提高重新分布的局部 Zeta 电位。通过比较公式（7-18）和公式（7-29），可以看出局部表面电荷密度的变化与局部 Zeta 电位成正比。

本节内容所示的表面电荷再分布模型是在双电层较薄（$a \gg 1/\kappa$）和外加电场强度较弱的假设条件下推导出来的。在这些条件下，带负电的油滴的电泳运动非常缓慢，不会影响油滴周围薄双电层内的离子分布。因此，我们认为表面电荷和电双层内离子的分布在油滴的微弱电泳运动下保持不变。

以上研究内容推导了电场作用下水中球形油滴表面电荷再分布的分析模型。对这些方程的研究表明，沿油滴表面的局部 Zeta 电位由以下参数决定：ε_{m}、a、ζ_0 和 E_{∞}。这里，ε_{m} 是周围水溶液的介电常数。因此，我们将分析初始 Zeta 电位 ζ_0、半径 a 和外加电场强度 E_{∞} 对移动表面电荷再分布的影响。在下面的讨论中，水的相对介电常数 ε_{m} 取为 80。油滴上的局部 Zeta 电位可通过模型中的推导方程，即公式（7-18），利用一组初始 Zeta 电位、油滴半径和外加电场强度值计算得出[10]。

7.1.3 直流电场作用下水包油乳液油滴表面电荷运动分布的影响因素

7.1.3.1 初始 Zeta 电位的影响

图 7-3 显示了在 E_{∞}=20 V/cm 条件下，两种不同初始 Zeta 电位下半径为 10 μm 的油滴表面局部 Zeta 电位的分布情况。实线表示初始 Zeta 电位为 ζ_0=−30 mV 时的 Zeta 电位重分布，虚线表示初始 Zeta 电位为−60 mV 时沿油滴的 Zeta 电位重分布。从图 7-3 中可以看出，在 θ=180°处，油滴表面重新分布的局部 Zeta 电位在面向外加电场的一极具有最大值；在 θ=0°处，局部 Zeta 电位在另一极具有最小值，相当于初始 Zeta 电位 ζ_0。两条曲线的比较表明，重新分布的局部 Zeta 电位随油滴初始 Zeta 电位的增大而增大。这一点很容易理解。因为初始 Zeta 电位值越高，表明油滴上的初始表面电荷密度越高，因此移动表面电荷的总数也越

多。因此，更多的表面负电荷被吸引并积聚在朝向正极的极点附近，导致在 θ=180° 时，该极点的局部 Zeta 电位较高，以平衡外部电场。当表面负电荷远离油滴一侧时，新电荷又在这一侧产生，直到极点 θ=0°处的 Zeta 电位等于油滴的初始 Zeta 电位[11]。

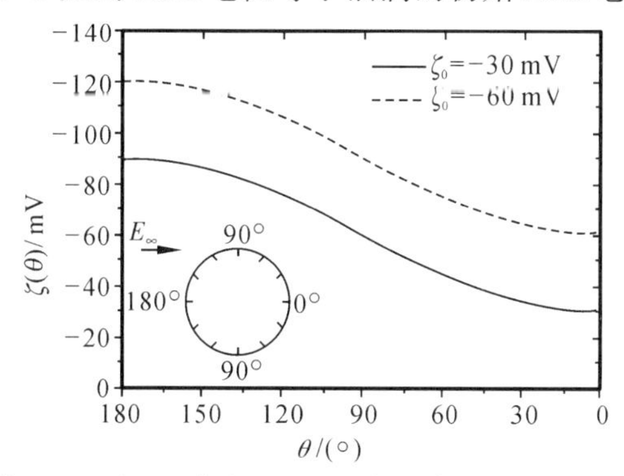

图 7-3　在 E_∞=20 V/cm 条件下，两种不同初始 Zeta 电位沿半径为 10 μm 的油滴表面的 Zeta 电位分布

7.1.3.2　液滴半径的影响

液滴大小是影响表面电荷再分布的另一个因素。通过微分公式（7-12），可以得到油滴上的外部电场 E_e：

$$E_e = \nabla\phi(\theta) = \frac{3}{2}E_\infty a\sin\theta \tag{7-30}$$

显然，作为流动表面电荷再分布驱动力的 E_e 是液滴大小的函数。在给定电场下（E_∞=恒定值），液滴尺寸越小，驱动力越小。因此，在相同电场下，对于初始 Zeta 电位固定的油滴，除了面向阴极的一极（θ=0°）外，油滴的局部 Zeta 电位随油滴尺寸的增大而减小。

图 7-4 显示了不同半径油滴周围的 Zeta 电位分布。实线、虚线和点虚线分别表示在外加电场 E_∞=20 V/cm 条件下，沿半径分别为 1 μm、5 μm 和 10 μm 的油滴表面的 Zeta 电位分布。图 7-4 清楚地表明了两点：① 在油滴初始 Zeta 电位固定的情况下，油滴面向负极的一极（θ=0°）的局部 Zeta 电位是一个常数，等于初始 Zeta 电位，不随油滴半径的变化而变化；② 油滴其余表面的局部 Zeta 电位值随油滴半径的增大而增大。如图 7-4 所示，在电场 E_∞=20 V/cm 条件下，半径为 1 μm 的油滴的初始 Zeta 电位为−50 mV，重新分布的局部 Zeta 电位的最大值为−56 mV。对于半径分别为 5 μm 和 10 μm 的油滴，在相同的初始 Zeta 电位和相同的电场下，最大 Zeta 电位分别增至−80 mV 和−110 mV[12]。

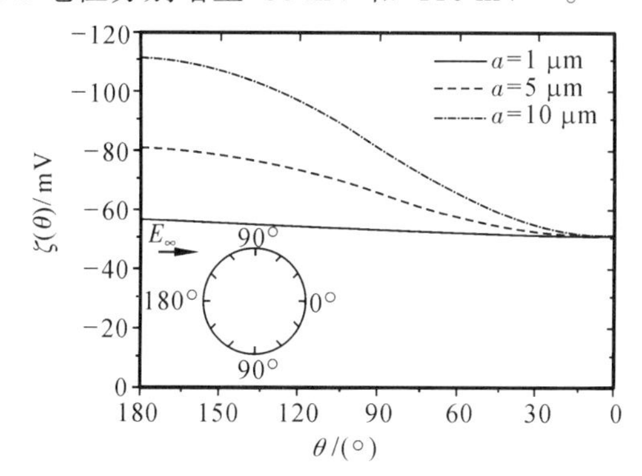

图 7-4　在 E_∞=20 V/cm 和 ζ_0=−50 mV 条件下，不同半径油滴周围的 Zeta 电位分布

7.1.3.3 外加电场的影响

重新分布的局部 Zeta 电位也会随着外加电场强度的变化而变化。当外加电场发生变化时，作用在移动表面电荷上的静电驱动力发生变化，从而影响表面电荷的分布和浓度，进而影响局部 Zeta 电位。例如，当外电场强度增加时，需要由累积的表面电荷产生更大的局部电场来平衡外电场，从而导致表面电荷浓度和局部 Zeta 电位值增加。图 7-5 显示了同一油滴在三种不同外加电场下的 Zeta 电位分布。实线、虚线和点虚线分别表示外加电场为 10 V/cm、20 V/cm 和 50 V/cm 时的 Zeta 电位分布。当 E_∞=10 V/cm 时，局部 Zeta 电位从极点 θ=0°[$\zeta(\theta=0°)$=−50 mV]逐渐增加到另一极点 θ=180°[$\zeta(\theta=180°)$=−65 mV]。如果将 E_∞ 提高到 50 V/cm，并保持其他参数不变，θ=0°时的局部泽塔电位保持不变，θ=180°时的局部泽塔电位最大值可达−125 mV[13]。

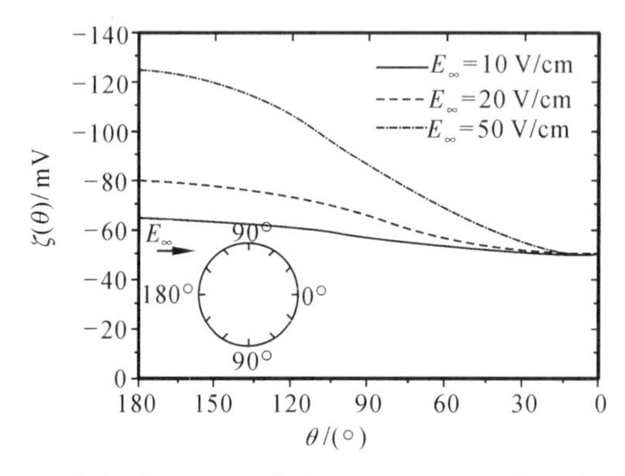

图 7-5 在不同的外加电场下，半径为 5 μm 的油滴周围的 Zeta 电位分布（初始 Zeta 电位 ζ_0=−50 mV）

7.1.4 直流电场作用下水包油乳液油滴表面电荷运动模型的修改

考虑到前面介绍中提到的现有表面电荷可视化方法的局限性，本研究使用纳米粒子来模拟油水界面上的移动带电分子。与油水界面上的带电分子类似，带电纳米粒子在外部电场的作用下也会在油滴上移动和聚集。由于纳米颗粒无法再生，最终形成了“空白表面区域”。通过直观地观察带电纳米粒子在油滴上的运动和积聚，可以验证本研究建立的模型对外部电场中移动表面电荷重新分布的预测。

虽然纳米粒子可以用来模拟电场作用下油水界面上带电分子的运动和再分布，但纳米粒子在油滴的一极运动和积聚后无法在“空白表面区域”再生。这是因为附着在油滴表面的纳米粒子总数是一个常数，与油滴表面的带电分子数量不同。当移动的带电分子在外加电场的吸引下从一个表面区域迁移开时，新的带电分子将在该区域形成，以维持油水界面在给定条件（如 pH）下的局部化学平衡。针对这一差异，将通过修改上述移动电荷再分布模型，采用不同的边界条件来估算带电纳米粒子的再分布情况。由于带正电的纳米氧化铝颗粒可以用来类比油滴上的可移动带电分子，因此我们假定油水界面带有正电荷，这些正电荷累积到面向阴极的油滴部分，如图 7-6 所示。此外，考虑到纳米粒子无法在“空白表面区域”再生，我们假设表面电荷总量在施加外部电场前后保持不变。因此，公式（7-15）的求解条件是：在电场作用下，油滴上的表面电荷总数 Q 必须等于初始表面电荷数 Q_0：

$$Q = Q_0 \tag{7-31}$$

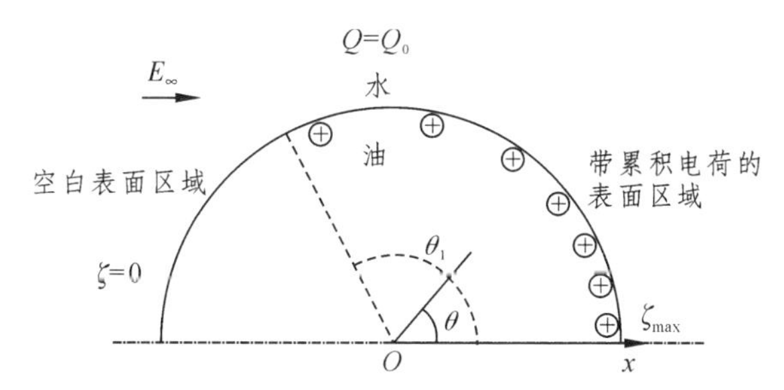

注：θ 是角度变量；θ_1 表示被表面电荷覆盖的表面区域的边界位置。

图 7-6 外加电场中被重新分布的移动表面电荷部分覆盖的油滴模型示意图

对于最初（即施加电场之前）浸入 Zeta 电位为 ζ_0 的水溶液中的油滴来说，均匀分布在油滴表面的表面电荷总量可用以下公式计算[14]：

$$Q_0 = 4\pi\varepsilon_m\varepsilon_0 a(1+\kappa a)\zeta_0 \tag{7-32}$$

如图 7-6 所示，θ_1 是表面电荷重新分布区的边界。将这一边界条件代入公式（7-15）可得

$\zeta(\theta_1)=0$

$$\phi_c = \phi(\theta_1) = -\frac{3}{2}E_\infty a\cos\theta_1 \tag{7-33}$$

因此，局部 Zeta 电势 $\zeta(\theta)$ 的表达式为

$$\zeta(\theta) = \frac{3}{2}E_\infty a\cos\theta - \frac{3}{2}E_\infty a\cos\theta_1 \tag{7-34}$$

局部表面电荷密度 $\sigma(\theta)$ 与局部 Zeta 电位 $\zeta(\theta)$ 之间的关系由式（7-28）给出。因此，将式（7-34）代入式（7-28）即可得到重新分布的局部表面电荷密度：

$$\sigma(\theta) = \frac{2n_\infty(ze)^2}{\kappa k_B T}\left(\frac{3}{2}E_\infty a\cos\theta - \frac{3}{2}E_\infty a\cos\theta_1\right) \tag{7-35}$$

液滴的表面电荷总量 Q 可用以下公式计算：

$$Q = \int\sigma(\theta)\mathrm{d}A = 2\pi a^2\int_0^{\theta_1}\sigma(\theta)\sin\theta\mathrm{d}\theta \tag{7-36}$$

式中 A——表面电荷积聚的表面积。

将公式（7-35）代入公式（7-36）即可得到以 θ 表示的 Q 表达式如下：

$$Q = 6\pi a^2\frac{n_\infty(ze)^2}{\kappa k_B T}E_\infty a\int_0^{\theta_1}(\cos\theta - \cos\theta_1)\sin\theta\mathrm{d}\theta \tag{7-37}$$

由于施加电场前后表面电荷总量没有变化[即公式(7-31)]、公式(7-32)等于公式(7-37)。根据这一关系，θ_1 可由下式确定：

$$\cos\theta_1 = 1\sqrt{\frac{4}{3}\cdot\frac{\varepsilon_0\varepsilon_m(1+\kappa a)\kappa k_B T}{a^2 n_\infty(ze)^2 E_\infty}\zeta_0} \tag{7-38}$$

对于薄型 EDL（$\kappa a \gg 1$），方程可以简化为

$$\cos\theta_1 = 1 - \sqrt{\frac{4}{3} \cdot \frac{\varepsilon_0 \varepsilon_m \kappa^2 k_B T}{a n_\infty (ze)^2 E_\infty} \zeta_0} \tag{7-39}$$

如公式（7-39）所示，电荷积聚面积 θ_1 的边界是油滴半径、周围介质介电常数、初始 Zeta 电位 ζ_0 和外加电场强度的函数。在其他参数保持不变的情况下，电场强度（E_∞）的增加会减小电荷积累表面积（θ_1）。重新分布的表面电荷覆盖的表面积随电场的变化结果中，可以明确地认识到，电场的增加导致液滴表面的再分布电荷面积变小[15]。

7.2 直流电场作用下水包油乳液油滴表面电荷运动分布的实验探究

7.2.1 油滴表面负载 Al_2O_3 纳米粒子的预测实验

实验中使用了直径为 18 nm 的 Al_2O_3 钝化铝纳米粒子，这些纳米粒子与去离子水接触时带正电荷，Zeta 电位约为+60 mV。之所以选择带正电荷的纳米粒子，是因为它们很容易沉积在带负电荷的油水界面上。相反，带负电荷的纳米粒子则很难做到这一点。

在实验中，首先将 2 mg 纳米粒子加入 1 mL 去离子水中，并用超声波处理混合物 8 min，生成浓度为 2 mg/mL 的纳米粒子悬浮液。实验步骤如下：① 为了增加水在聚苯乙烯表面的润湿性，使用等离子清洗器对聚苯乙烯培养皿进行表面处理，时间为 3 min。② 用数字微量移液管将 2.5 μL 油滴在经过等离子体清洁的聚苯乙烯培养皿底面上。形成半径约为 0.6 mm 的无柄油滴。③ 向培养皿中加入去离子水，直至水的高度超过油滴 5 mm。形成附着在培养皿底部的无柄油滴。④ 用数字微量移液管将 1.5 μL 纳米颗粒悬浮液滴在油滴顶部。等待 5 min，让颗粒沉淀在界面上。⑤ 将电极插入水相，并施加 E=10 V/cm 的电场。使用显微镜成像系统观察并记录纳米颗粒在油水界面上的重新分布[16]。

需要注意的是，可视化表面电荷的方法是有限的。因此，这里用纳米粒子来模拟油滴上的移动带电分子。移动表面电荷的重新分布可以通过观察纳米粒子在电场作用下的运动和堆积来验证。从宏观角度看，油滴上的纳米粒子对外加电场的反应类似于油滴上的正电荷。由于纳米粒子在移动和积聚后无法在油水界面上再生，因此上文所示的修正模型认为纳米粒子的总数保持不变。在此条件下，可得出电荷积累区边界的解析方程。因此，实验部分所示的修正模型适用于评估外加电场下的纳米颗粒堆积表面积。不过，从微观角度来看，纳米粒子的大小不容忽视。一般来说，分子的有效尺寸从 0.1 nm 到几纳米不等。实验中使用的 Al_2O_3 钝化铝纳米粒子的平均直径为 18 nm，比带电分子大 10 ~ 100 倍。在实验中，带正电荷的纳米粒子被用来覆盖带负电荷的油滴。结果显示在施加电场之前，带正电的纳米粒子在油水界面上的分布中可以看出，纳米粒子和带电分子停留在不同的层上，大部分带正电的纳米粒子停留在水相。在外部电场的作用下，纳米粒子被驱动移动并聚集在油滴上。当纳米粒子相互靠近时，纳米粒子周围的电场线也会受到影响。并且外部电场线在纳米粒子周围迂回，没有电场线能进入两个纳米粒子之间的小间隙并作用于油水界面。同时，积聚的带正电荷的纳米颗粒起到电屏蔽作用，形成局部电场，将外部电场线驱逐出去。在平衡状态下，所有的电场线都被排斥，该侧的外电场被油滴该侧重新分布的纳米粒子产生的局部电场所平衡。因此，在纳米粒子堆积区，堆积的纳米子层起到了屏蔽层的作用，阻止了外部电场与油水界面表面电荷的相互作用。在没有电场影响的情况下，油滴的纳米颗粒堆积区中的移动表面电荷是均匀分布的，因此可以忽略该区域中移动表面电荷的影响[17]。

7.2.2 利用 Al_2O_3 纳米粒子表征油滴表面电荷运动的实验验证

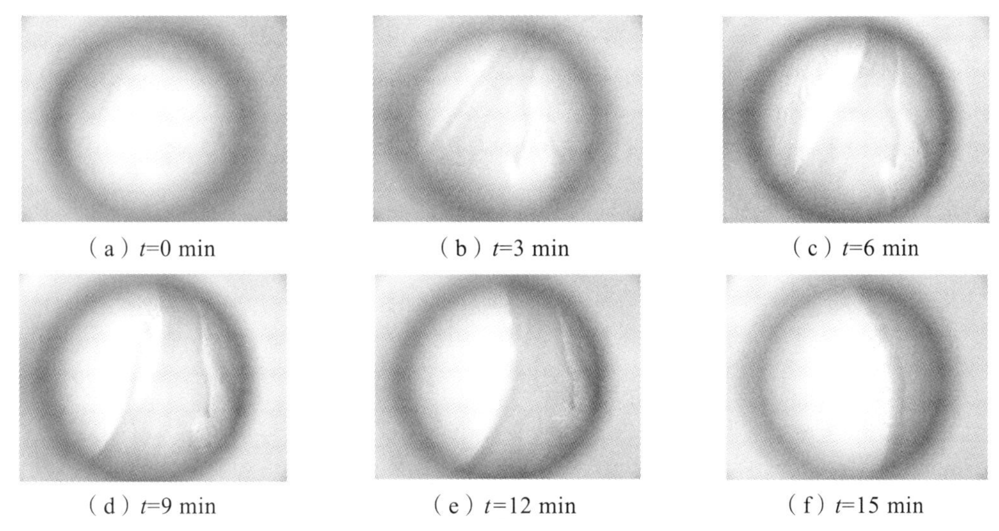

（a）t=0 min （b）t=3 min （c）t=6 min

（d）t=9 min （e）t=12 min （f）t=15 min

图 7-7 在 E=10 V/cm 条件下，半径为 0.6 mm 的油滴表面带正电的铝纳米粒子在不同时间的再分布情况（从左到右）

Al_2O_3 纳米粒子在电场作用下在油滴上的典型运动和再分布图像序列如图 7-7 所示。在没有电场存在的情况下（t=0），纳米粒子在油水界面上静止不动，均匀分布，如图 7-7（a）所示。接通电场后，观察到界面上带正电的纳米粒子与外加电场的方向一致，即从左到右移动[图 7-7（b）至（e）]。随着时间的推移，越来越多的纳米粒子向右侧移动，直至达到最终状态[图 7-7（f）]。在最终状态下，纳米颗粒向右半球聚集，液滴左半球留下了大片没有纳米颗粒的“空白区域”。需要指出的是，纳米粒子移动缓慢是因为纳米粒子的尺寸比 Na^+等带电分子的尺寸大几十倍。

根据球形假设和测量到的液滴尺寸，可以估算出最终状态下纳米粒子堆积区的边界[图 7-7（f）]约为 θ_1=65°。必须指出的是，本研究建立的理论模型仅适用于普通分子大小的移动表面电荷，而纳米粒子比分子大很多倍。然而，基于这一认识，我们希望了解实验部分所建立的修正模型是否能够对纳米粒子的再分布进行定性估算。如果将铝纳米粒子的 Zeta 电位 60 mV 作为初始 Zeta 电位，那么在液滴半径为 a=0.6 mm 和 E_∞=10 V/cm 的特定条件下，可以通过公式（7-39）计算出相应的 θ_1 值：θ_1=61.1°。模型预测结果（61.1°）与实验结果（65°）的比较表明两者吻合良好。

本节内容报告了对外部电场作用下油滴上可移动表面电荷再分布的基本研究。根据再分布表面电荷产生的局部电场 E_i 与局部外电场 E_e 之间的平衡推导出了一个模型。利用该模型，分析研究了初始 Zeta 电位、油滴半径和电场强度对移动表面电荷再分布的影响。结果发现，表面电荷的重新分布与这三个参数密切相关。一般来说，油滴半径和电场的增大会使重新分布的局部 Zeta 电位增大。初始 Zeta 电位越大，沿球形油滴重新分布的局部 Zeta

电位就越大。

通过使用带电纳米粒子模拟油滴上的带电分子，实验验证了流动表面电荷的重新分布。实验结果表明，在电场作用下，带电纳米粒子会迁移并聚集到油滴的某一部分，这与我们的理论分析相似。然而，带电纳米粒子与油水界面带电分子的不同之处在于，纳米粒子迁移后无法再生。为了估算带电纳米粒子的累积量，我们对模型进行了修改，考虑了施加电场前后移动带电纳米粒子总量保持不变的边界条件，得出了带电粒子重新分布的表面积表达式。实验测量了纳米颗粒累积的表面积，与本章前面所建立模型的预测结果非常吻合[18]。

7.2.3 利用 Janus 粒子表征油滴表面电荷运动的预测实验

Janus 是罗马神话中拥有两张不同面孔的神，而 Janus 液滴是指两个半球表面具有不同物理或化学特性的液滴。由于这种特殊性，Janus 液滴被广泛应用于各种领域，包括制造 Janus 粒子、微电机和微反应器。过去几十年来，人们一直在研究 Janus 微粒，并将其用作自推进微粒、乳化剂和微阀等。形成 Janus 粒子的一般方法之一是双极电化学。在强电场作用下，导电粒子会被极化，并在粒子的两端发生电化学反应，这将导致粒子两侧的性质不同，从而产生 Janus 粒子。Loget 等人采用这种方法，将碳珠浸入金属盐溶液中，成功合成了碳-金属 Janus 颗粒。Janus 颗粒也可以通过 Janus 液滴的固化来生产，例如通过微流体光聚合系统。在这种系统中，首先使用两种与光引发剂混合的液态单体生成 Janus 液滴。在形成 Janus 液滴后，用紫外线锁定 Janus 液滴的形状，从而形成固体 Janus 粒子。利用这种方法，可以灵活改变 Janus 粒子的大小、单体比例和材料。例如，Nie 等人通过调整两种液体单体的流速比例，合成了不同单体比例的 Janus 颗粒。Janus 液滴可用作微马达，将某些样品从一个地方传送到另一个地方。Shklyaev 从理论上研究了表面活性剂溶液中 Janus 液滴的自推进，得出了自推进速度与内部黏度和溶解毛细管常数的函数关系。Jeong 等人通过实验研究了在浓表面活性剂溶液中带有液晶室和聚合物室的 Janus 液滴的自推进。Janus 液滴还可用作微反应器，无须额外的液滴生成和合并步骤。Ahn 等人生成了 Janus 液滴作为微反应器，以加强微流体中试剂和反应物的混合[19]。

尽管 Janus 液滴应用广泛，但有限的制造方法限制了其进一步发展。目前，一步高能混合法和微流体法是形成 Janus 液滴的两种主要技术。在一步高能混合法中，首先将两种不相溶的油加入表面活性剂水溶液中。然后将混合物放入振动混合器中，即可形成由两种不相溶油组成的 Janus 液滴。Janus 液滴的拓扑结构可随油的界面张力和体积比而变化。虽然这种方法很容易生成“Janus”液滴，但在乳化过程中却很难控制其大小。微流控方法克服了这一缺点，可以制造出尺寸精确的 Janus 液滴。这种方法的机理如下：两种不相溶的液体单体在微流体芯片的中央通道中流动，一种水性液体在两个侧边通道中流动。当两种单体的细流被迫流过狭窄的孔口时，水相产生的剪切力会使两种单体的细流破裂并形成 Janus 液滴。液滴中不同单体的比例可以通过调节两种不相溶液体单体的体积流量来改变，液滴的大小也可以通过调节单体和水相液体的体积流量来控制。除了上述两种方法，Bormashenko 等人还报道了另一种制造 Janus 液滴的方法。在他们的实验中，两个涂有不同粉末（炭黑和聚四氟乙烯）的液滴被放入一个盘子中。通过振动使两个液滴相互融合，就能形成 Janus 液滴。

众所周知，粒子可用于改变界面的物理或化学特性。例如，如果在界面上形成纳米粒子单层膜，油水界面的光学特性就会发生变化。Yogev 等人和 Luo 等人报告说，如果界面上存在金属纳米颗粒，透明的油水界面就会像镜子一样反射光线。此外，颗粒还能降低油水界面的界面自由能，可用作乳化剂来稳定乳液。界面的化学性质也可以改变，这取决于覆盖界面的颗粒的性质。因此，可以通过引入颗粒部分覆盖液滴表面来制造 Janus 液滴。基于这一考虑，Xu 等人在水中生成了带有聚多巴胺（PDA）颗粒的 Janus 液滴。他们发现，OH-和 PDA 颗粒在液滴上占据了不同的区域，通过调节溶液的 pH，可以形成不同表面被 PDA 颗粒覆盖的 Janus 液滴。对于浸没在介质液体中的油滴，油滴表面捕获的颗粒可在油滴内外的电流体动力（EDH）流的驱动下移动，并在油滴上聚集成“带状”结构。Rozynek 和他的同事通过将两个具有由不同颗粒组成的带状结构的油滴聚结在一起，生成了 Janus 油滴[20]。

上述方法可能不适合生产两个半球表面电荷相反的 Janus 液滴。例如，通过一步式高能混合法制造的 Janus 液滴由两种不相溶的油组成，在与水接触时都带有负电荷。然而，两个半球表面电荷相反的 Janus 液滴却可用于许多领域。例如，在外部施加电场的情况下，这种 Janus 液滴两侧的电渗流方向相反，会在液滴周围形成涡流。这种现象可用于控制 Janus 液滴的电动运动，并按大小和不同电荷的表面覆盖率将其分离。此外，通过添加一定的固化剂，Janus 液滴可以固化，并产生双极固体 Janus 颗粒，可用于柔性电子显示屏和双极 Janus 颗粒在电场下组装的科学研究等。因此，最好能开发一种新方法，生成两半球表面电荷相反的双极 Janus 液滴。本节介绍了一种利用纳米氧化铝在水中形成 Janus 油滴的新方法。首先，将氧化铝纳米粒子引入油滴表面；纳米粒子最终覆盖的表面积由外加直流电场控制。研究了纳米颗粒悬浮液的浓度、液滴大小和电场强度对 Janus 液滴拓扑结构的影响。

7.2.3.1 Janus 液滴的制备

使用平均直径为 5 nm 的氧化铝纳米粒子，这些颗粒的 Zeta 电位在 pH 2.5~8 为正值，这意味着这些颗粒在与去离子水接触时表面带有的电荷为正电荷。本研究在实验中使用了两种不同浓度的氧化铝纳米颗粒悬浮液，分别为 20 mg/mL 和 50 mg/mL。将氧化铝纳米粒子分散到去离子水中的步骤分为三步：① 在烧杯中将 20 mg 或 50 mg 纳米粒子加入 1 mL 去离子水中。② 将烧杯放入超声波清洗器中 8 min，使纳米颗粒分散。③ 在纳米颗粒悬浮液中加入 20 μL 乙醇。乙醇可作为诱导剂，确保足够的纳米颗粒被截留在油水界面上[21]。

使用矿物油生成油滴。为了观察纳米粒子在外加电场作用下在液滴上的重新分布情况，最好避免液滴运动带来的不必要影响。因此，油滴被固定在固体表面上，成为无梗油滴。为了形成浸没在去离子水中的无梗油滴，使用了一个塑料培养皿和一块盖玻片，具体步骤如下：① 在培养皿中倒入去离子水，使水位距底部约 5 mm；② 将盖玻片放在水面上，由于表面张力的作用，盖玻片会漂浮在水面上而不会下沉；③ 在漂浮的盖玻片上滴入一滴矿物油；④ 将玻片推入水中。由于油滴已经附着在玻璃表面，因此不会脱落和漂浮，这样就形成了水中的无柄油滴。如图 7-8 所示，无柄油滴系统的水接触角为 45°（水侧），在施加电场前后保持不变，这是用侧视显微镜（尼康，SMZ800）测量的。液滴的大小可通过改变矿物油的体积来调节。

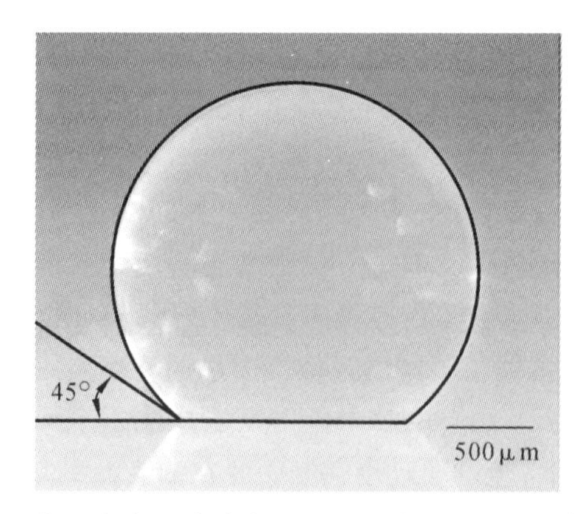

图 7-8 浸在去离子水中的玻璃表面上直径为 1.9 mm 的油滴的侧视图像

本研究中使用的实验系统包括显微镜和图像系统、直流电源和培养皿组成。实验中，盛有去离子水和油滴的培养皿被固定在显微镜的平台上。显微镜用于监测纳米粒子在油滴上的重新分布。图像由数码相机捕获，并发送到计算机显示和保存。

如上所述，油滴在水中形成后，使用数字微量移液管将一定量的纳米颗粒悬浮液释放到油滴表面，从而将氧化铝纳米颗粒沉积到油滴表面。由于氧化铝纳米粒子带有正电荷，它们会附着在带负电荷的油水界面上，在液滴表面形成均匀的覆盖。然而，由于颗粒间的内聚力，纳米颗粒会聚集成小团块，均匀地分布在油滴表面。当向油液滴施加直流电场时，油液滴表面带正电的粒子会被迫移动并聚集到油液滴的一侧。这样就形成了部分被氧化铝纳米粒子覆盖的 Janus 油滴。进一步实验中，可以通过改变纳米颗粒悬浮液的浓度来调整附着在油滴表面的纳米颗粒总量。并且本研究的所有实验均在室温（23~25 ℃）下进行，避免了温度变化对 Janus 油滴运动的影响[22]。

7.2.3.2 微尺寸和大尺寸 Janus 液滴表面纳米粒子集聚区域在电场中的变化

使用上述方法可以制造出微小尺寸的 Janus 液滴和宏观尺寸的 Janus 液滴。图 7-9 和图 7-10 分别显示了微小尺寸的 Janus 液滴和宏观尺寸的 Janus 液滴。对于图 7-9 所示的微小液滴，其直径为 67 μm，通过在其上沉积 2.5 μL 浓度为 20 mg/mL 的纳米颗粒悬浮液来覆盖纳米颗粒。如图 7-9（a）所示，在施加电场之前，液滴表面的纳米粒子分布均匀。然后从左到右施加一个电场（E=15 V/cm）。在外加电场的作用下，带正电的纳米粒子沿着电场方向移动，并向油滴右侧聚集。30 s 后，纳米粒子积聚区域变得恒定，形成了部分被纳米粒子覆盖的 Janus 油滴[图 7-9（b）]。纳米粒子聚集区的位置取决于电场的方向。如图 7-9（c）所示，当电场反转时，即从右向左，纳米粒子移动并聚集到油滴的左半球，达到图 7-9（c）所示的最终状态[23]。

同样的现象也可以在大尺寸的 Janus 液滴中观察到。图 7-10 显示了一个直径为 1.1 mm 的液滴。在这种情况下，12.5 μL 50 mg/mL 纳米粒子悬浮液在液滴顶部附近沉积了 5 次，以确保有足够的纳米粒子附着在液滴上。如图 7-10（a）所示，最初颗粒均匀地分布在液滴表面。然后从左向右施加 25 V/cm 的电场，纳米粒子向右移动，最终在 2 min 后达到最终状态[图 7-10（b）]。同样，在反向电场下，纳米粒子向相反方向移动，并向油滴的左半球聚集[图 7-10（c）]。

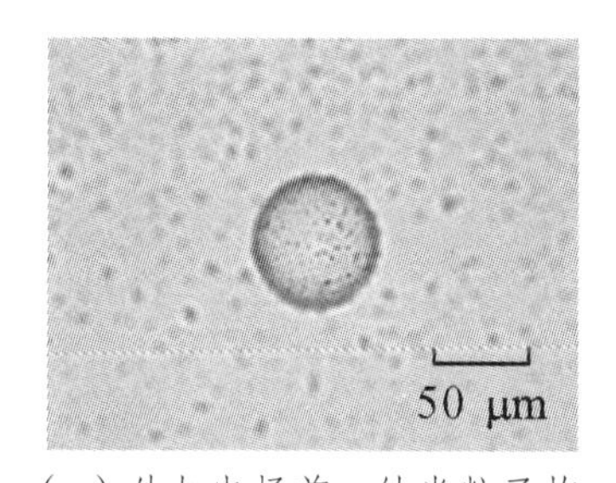

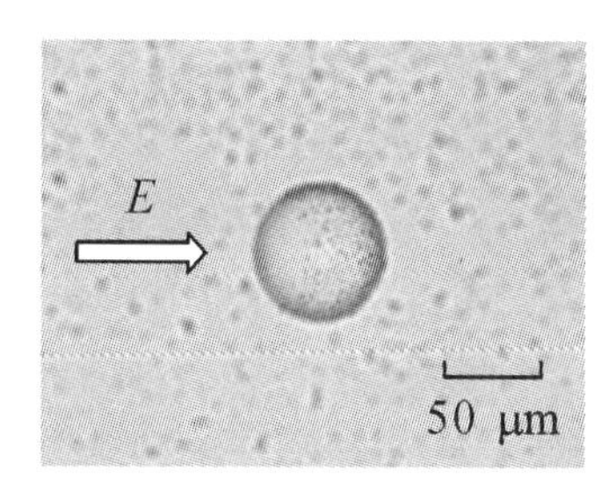

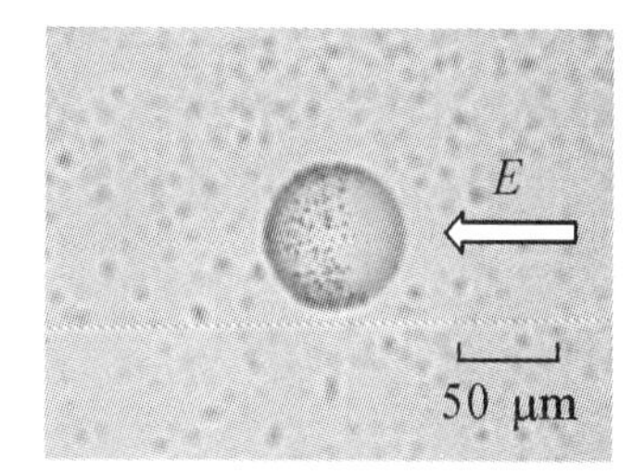

（a）外加电场前，纳米粒子均匀分布在油滴表面　（b）（c）外部施加的电场为 15 V/cm，在油滴上释放 2.5 μL 浓度为 20 mg/mL 的纳米颗粒悬浮液

图 7-9　外加电场下直径为 67 μm 的微尺寸 Janus 油滴的形成过程

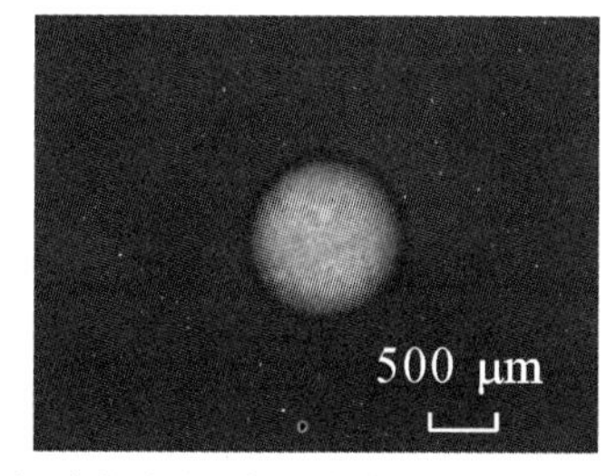

（a）外加电场前，纳米粒子均匀分布在油滴表面

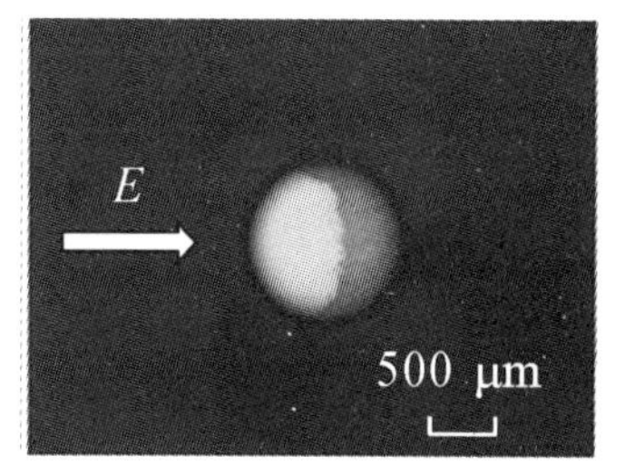

（b）从左到右施加电场约 2 min 后，纳米粒子聚集到油滴的右半球

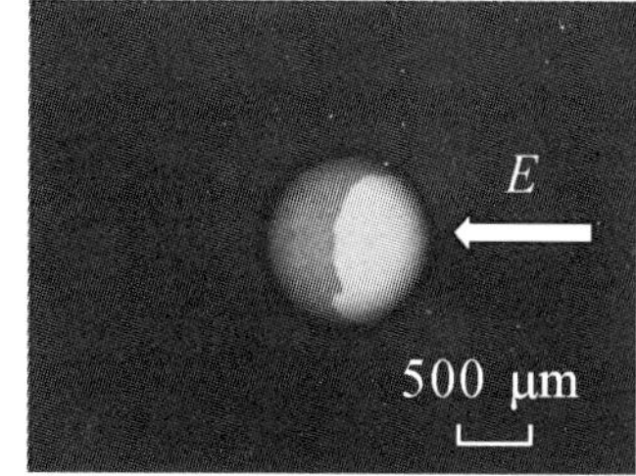

（c）电场方向逆转后，纳米粒子聚集到左半球

注：外部施加的电场为 25 V/cm，在油滴上释放 12.5 μL 浓度为 50 mg/mL 的纳米颗粒悬浮液。

图 7-10　外加电场下直径为 1.1 mm 的大尺寸 Janus 油滴的形成过程

图 7-9 和图 7-10 的对比清楚地表明，无论是微小液滴还是大液滴，纳米粒子在外加电场作用下的运动和积聚过程都是相同的。然而，要产生精确控制尺寸的微小液滴相对比较困难。此外，也很难在较小的微液滴表面引入相同数量的纳米粒子。因此，我们使用了大尺寸液滴来研究纳米粒子悬浮液的浓度、电场和液滴尺寸对 Janus 液滴拓扑结构的影响。

7.2.3.3　Janus 液滴表面纳米颗粒悬浮液浓度的影响

为了研究纳米颗粒悬浮液的浓度对 Janus 液滴拓扑结构的影响，我们分别使用了 20 mg/mL 和 50 mg/mL 不同浓度的氧化铝纳米颗粒悬浮液来覆盖油滴。在这些实验中，油滴的直径（d=1.1 mm）和外加电场（E=25 V/cm，从左到右）保持不变。当悬浮液的浓度为 20 mg/mL 时，带正电荷的纳米铝粒子在外加电场作用下的重新分布图如图 7-11 所示。如图 7-11（a）所示，在施加电场之前，t=0 时，油滴表面的纳米粒子均匀分布，一动不动，纳米粒子表面覆盖率 r=100%。从左向右施加电场后，带正电荷的粒子与电场方向一致，随着时间的推移，覆盖率从 100%下降到 20.75%[图 7-11（b）至（e）]。最后，所有纳米粒子都聚集在液滴右侧的一小块区域，留下了大片“空白”的油水界面，最终形成了一个 r=20.75%的 Janus 液滴，如图 7-11（f）所示。图 7-12 中的图像序列显示了当纳米颗粒悬浮液的浓度为 50 mg/mL 时，纳米颗粒在油滴上重新分布的实例。从图 7-12 的图像中也可以观察到类似的现象。也就是说，原本均匀分布的纳米粒子在外加电场的作用下，向油滴的右侧移动并聚集。图 7-11（f）与图 7-12（f）的对比表明，当浓度从 20 mg/mL 增加到 50 mg/mL 时，在最终状态下，纳米粒子覆盖率 r 从 20.75%显著增加到 50%。由于纳米颗粒悬浮液浓度的增加，附着在油滴表面的纳米颗粒总量也随之增加。这可以通过比较油滴的原始状态看出，如图 7-11（a）和图 7-12（a）所示。显然，油水界面上的纳米颗粒越多，最终的积聚面积就越大。因此，可以得出以下结论：随着纳米颗粒悬浮液浓度的增加，被纳米颗粒覆盖的 anus 油滴的表面积也随之增大。在这组特定条件下，当纳米粒子悬浮液的浓度为 50 mg/mL 时，可以得到整个右半球都被纳米铝粒子覆盖的 Janus 液滴（r=50%）[24]。

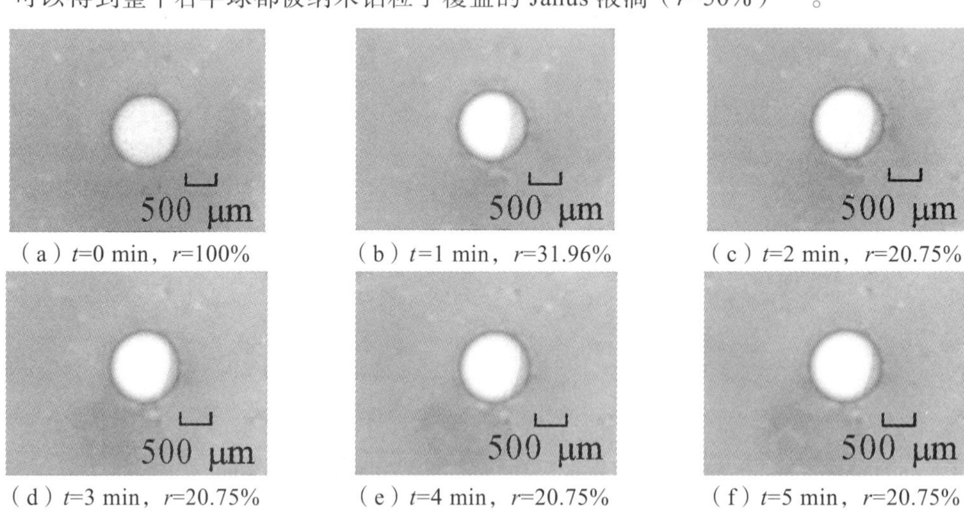

（a）t=0 min，r=100%　（b）t=1 min，r=31.96%　（c）t=2 min，r=20.75%
（d）t=3 min，r=20.75%　（e）t=4 min，r=20.75%　（f）t=5 min，r=20.75%

图 7-11　在 E=25 V/cm 条件下，不同时间段氧化铝纳米粒子在直径为 1.1 mm 的油滴表面的重新分布情况

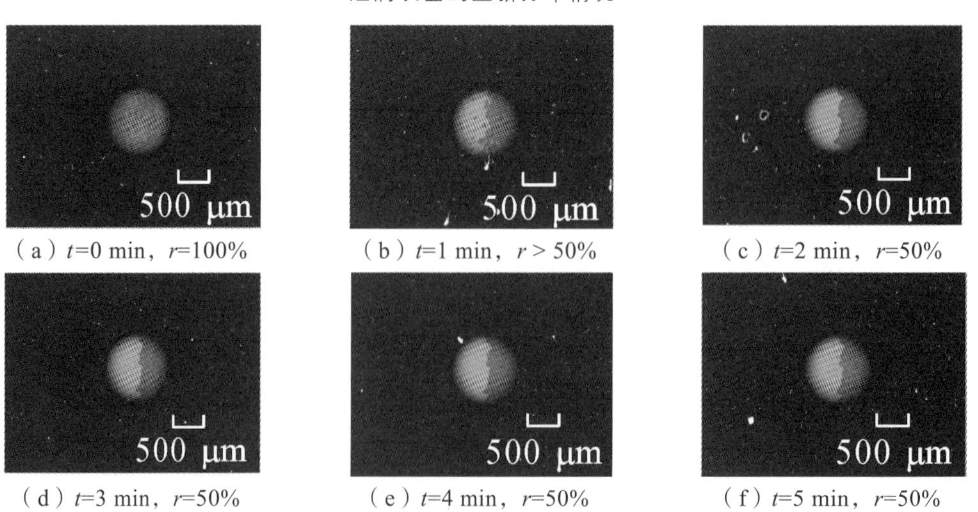

（a）t=0 min，r=100%　（b）t=1 min，r > 50%　（c）t=2 min，r=50%
（d）t=3 min，r=50%　（e）t=4 min，r=50%　（f）t=5 min，r=50%

图 7-12　在 E=25 V/cm 条件下，不同时间段氧化铝纳米粒子在直径为 1.1 mm 的油滴表面的重新分布情况

在油滴上释放了 12.5 μL 20 mg/mL 纳米颗粒悬浮液。施加电场 2 min 后，纳米颗粒达到最终状态，此时覆盖率（*r*）保持不变，即 *r*=20.75%。

在油滴上释放了 12.5 μL 50 mg/mL 纳米粒子悬浮液。施加电场 2 min 后，纳米粒子达到最终状态，此时覆盖率保持不变，即 *r*=50%。

7.2.4 外加电场对 Janus 粒子表面纳米悬浮颗粒运动的影响规律

7.2.4.1 外电场强度对 Janus 液滴表面纳米颗粒运动的影响

外加电场的强度是影响 Janus 液滴拓扑结构的另一个因素。外加电场对纳米粒子在油滴表面重新分布的影响可理解为以下几点。在外加电场的作用下，带正电的纳米粒子会受到外加电场力的推动，移动到油滴面向负极的一侧。一旦纳米粒子靠得更近，由于粒子间的静电斥力，它们开始相互排斥。在最终状态下，作用在粒子上的两种力将达到平衡，纳米粒子限制在一个区域内。当外部电场发生变化时，电场力也会发生变化，从而影响与纳米粒子之间静电斥力的平衡，进而影响纳米粒子之间的距离。因此，纳米粒子的最终堆积面积会随着外加电场的变化而变化[25]。

图 7-13 和图 7-14 分别显示了在 15 V/cm 和 35 V/cm 的不同电场下，氧化铝纳米粒子在直径为 1.1 mm 的油滴表面的再分布过程。从这些图中可以清楚地看到，在最终状态下，当电场从 15 V/cm 增加到 35 V/cm 时，纳米粒子覆盖率 *r* 从 43.17%下降到 17.16%，这意味着纳米粒子的最终堆积面积随着外加电场的增加而变小。回顾图 7-11，它显示了在 25 V/cm 下氧化铝纳米粒子在相同大小的油滴表面的再分布过程。

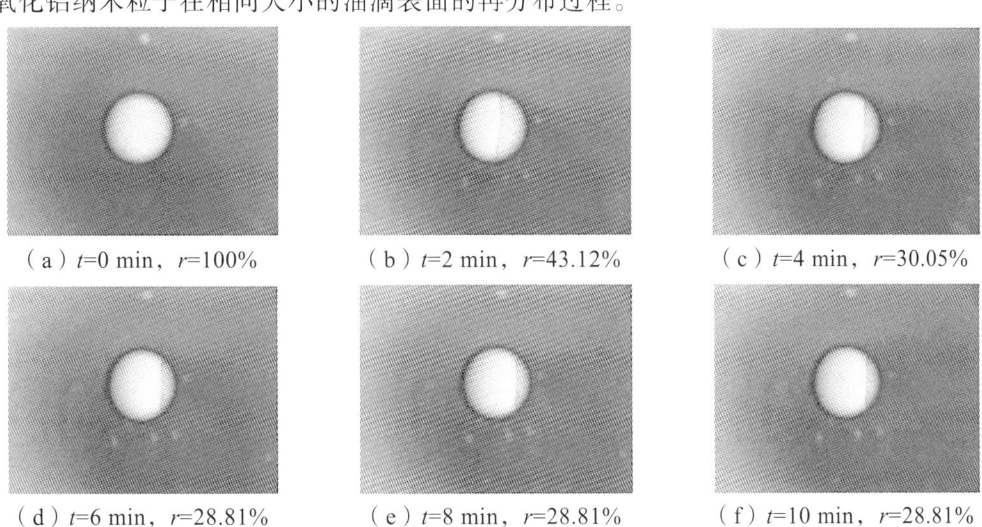

注：12.5 μL 20 mg/mL 纳米粒子悬浮液在油滴上释放。

图 7-13 在 *E*=15 V/cm 条件下，不同时间段铝纳米粒子在直径为 1.1 mm 的油滴表面的重新分布情况（从左到右）

通过比较图 7-11、图 7-13 和图 7-14，可以得出以下结论：

（1）纳米粒子对 Janus 油滴表面的最终覆盖率随施加电场的增加而降低，例如，15 V/cm 时为 43.17%，25 V/cm 时为 20.75%，35 V/cm 时为 17.16%。

（2）对于大小固定且表面覆盖相同数量纳米粒子的油滴，如果施加的电场较强，则粒子移动速度更快，达到终状态所需的时间更短。例如，当 E=15 V/cm 时，纳米粒子需要 6 min 以上才能达到最终状态（图 7-13）。而在 E=35 V/cm 时，则需要 2 min 左右（图 7-14）。

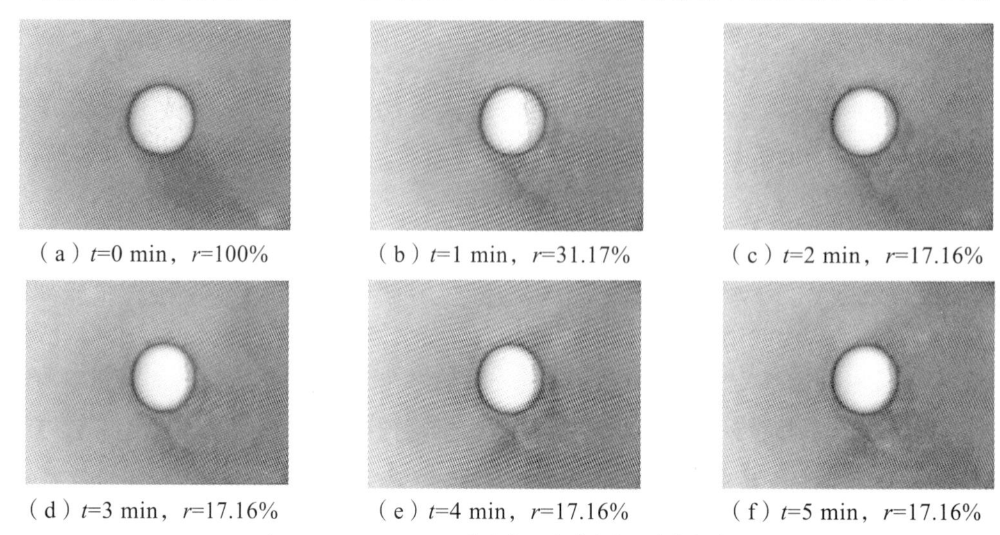

（a）t=0 min，r=100%　（b）t=1 min，r=31.17%　（c）t=2 min，r=17.16%

（d）t=3 min，r=17.16%　（e）t=4 min，r=17.16%　（f）t=5 min，r=17.16%

注：12.5 μL 20 mg/mL 纳米粒子悬浮液在油滴上释放。

图 7-14　在 E=35 V/cm 条件下，不同时间段铝纳米粒子在直径为 1.1 mm 的油滴表面的重新分布情况（从左到右）

7.2.4.2　油滴大小对 Janus 液滴表面纳米颗粒运动的影响

当均匀电场通过电解质溶液施加到油滴上时，在球形坐标系中，沿油滴表面的局部电动势[$\phi(\theta)$]可求得

$$\phi(\theta)=\frac{-3\varepsilon_{\mathrm{m}}}{\varepsilon_{\mathrm{d}}+2\varepsilon_{\mathrm{m}}}E_{\infty}a\cos\theta \tag{7-40}$$

式中　ε_m，ε_d——电解质溶液和油滴的相对介电常数，ε_m=80，ε_d=2.5；

E_{∞}——远离油滴的电场；

a——油滴的半径。

根据该公式，沿油滴表面的局部电场[$E(\theta)$]可计算如下：

$$E(\theta)=\nabla\phi(\theta)=\frac{3\varepsilon_{\mathrm{m}}}{\varepsilon_{\mathrm{d}}+2\varepsilon_{\mathrm{m}}}E_{\infty}a\sin\theta \tag{7-41}$$

显然，沿油滴表面的局部电场取决于油滴的大小。对于给定的外加电场 E_{∞}，油滴尺寸越大，其表面的局部电场越高，这将对纳米颗粒产生相对较大的电驱动力，推动颗粒向油滴的一端移动。因此，在其他参数固定的情况下，相对积聚面积（纳米颗粒积聚表面积与油滴整个表面积之比）会随着油滴尺寸的增大而减小。

为了研究液滴大小对 Janus 液滴拓扑结构的影响，除了直径为 1.1 mm 的油液滴（图 7-12）外，还分别形成了直径为 1.9 mm 和 3.1 mm 的油液滴。在固定电场 E=25 V/cm 和固定纳米颗粒悬浮液浓度 C=50 mg/mL 的条件下，研究了纳米颗粒在不同大小油滴上的再分布情况。

图 7-15 显示了颗粒在直径为 1.9 mm 的油滴表面上的再分布情况。从图 7-15 中的图像序列可以清楚地看出，纳米粒子移动并聚集到了油滴的右极，在最终状态下，纳米粒子表面覆盖率 $r=38.91\%$。图 7-16 显示了纳米粒子在直径为 3.1 mm 的油滴表面的重新分布和积聚情况，最终状态下的纳米粒子表面覆盖率为 32.06%。

如图 7-12（f）、图 7-15（f）和图 7-16（f）所示，不同尺寸的油滴上最终纳米粒子覆盖率的比较表明，在给定的外加电场 25 V/cm 下，纳米粒子覆盖率随着油滴尺寸的增大而逐渐减小，直径为 1.1 mm、1.9 mm 和 3.1 mm 油滴的纳米粒子覆盖率分别从 $r=50\%$ 到 $r=38.91\%$、$r=32.06\%$。这证实了上述理论分析，即相对积聚面积随着油滴尺寸的增大而减小。

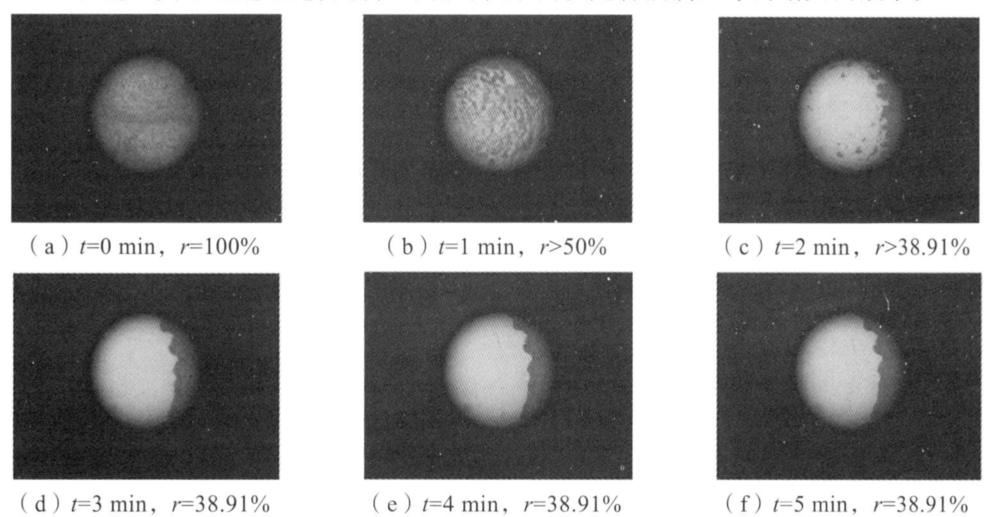

（a）$t=0$ min，$r=100\%$ （b）$t=1$ min，$r>50\%$ （c）$t=2$ min，$r>38.91\%$

（d）$t=3$ min，$r=38.91\%$ （e）$t=4$ min，$r=38.91\%$ （f）$t=5$ min，$r=38.91\%$

注：在油滴上释放了 12.5 μL 50 mg/mL 纳米颗粒悬浮液。

图 7-15 在 $E=25$ V/cm 条件下，不同时间段铝纳米粒子在直径为 1.9 mm 的油滴表面的重新分布情况（从左到右）

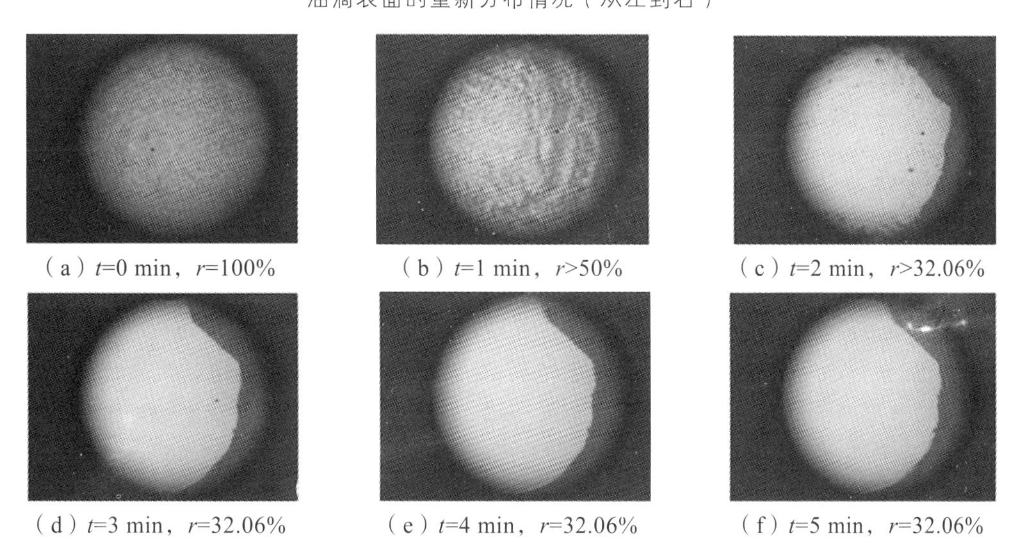

（a）$t=0$ min，$r=100\%$ （b）$t=1$ min，$r>50\%$ （c）$t=2$ min，$r>32.06\%$

（d）$t=3$ min，$r=32.06\%$ （e）$t=4$ min，$r=32.06\%$ （f）$t=5$ min，$r=32.06\%$

注：在油滴上释放了 12.5 μL 50 mg/mL 纳米颗粒悬浮液。

图 7-16 在 $E=25$ V/cm 条件下，不同时间段铝纳米粒子在直径为 3.1 mm 的油滴表面的重新分布情况（从左到右）

上述内容中的所有实验都至少重复了三次，在相同条件下获得的实验结果对比证明了这种方法的可靠性。例如，当使用 12.5 μL 50 mg/mL 纳米粒子悬浮液覆盖直径为 1.1 mm 的油滴时，如图 7-10（b）和图 7-12（f）所示，在外部施加 25 V/cm 的电场下，始终可以产生纳米粒子覆盖率为 50%的 Janus 油滴[26]。

本部分内容介绍了一种通过直流电场生成 Janus 液滴（即部分涂有氧化铝纳米颗粒的油滴）的新方法。这种方法既能产生微小尺寸的 Janus 液滴，也能产生较大尺寸的 Janus 液滴。纳米颗粒最终覆盖的表面积随纳米颗粒悬浮液的浓度、施加的电场以及油滴的大小而变化。一般来说，纳米颗粒悬浮液的浓度越高，颗粒积聚面积越大，形成的 Janus 液滴也就越大。液滴大小和外加电场的增加会使带电粒子在 Janus 液滴上的聚集面积变小。

7.3 交变电场作用下水包油乳液油滴表面电荷运动分布的理论分析

7.3.1 基于 DLVO 理论的油滴表面电荷运动分布的分析

在以上实验研究的基础上，O/W 乳液电破乳的理论研究也有所进展。Ichikawa 等对浓稠水包油乳液破乳的机理进行了研究，乳液在低压电场中发生了破乳，表明外电场通过静电作用破坏了乳液的稳定性。根据 DLVO 理论，乳液中带电油滴的稳定性取决于它们之间作用的范德华吸引力和静电斥力的平衡。静电斥力可分为麦克斯韦静电应力和由体相离子浓度引起的渗透压，渗透压可根据油滴之间的静电势分布来确定。如果油滴间所受总的力为排斥力，则两个油滴不会发生聚结。只有当油滴间所受合力为吸引力时，油滴才可能发生接触聚结。因此，为判断并计算溶液中两带电油滴是否能够发生聚结及其相互作用力，Hogg 等推导出了溶液中两带电颗粒的静电势能 U_{E}，如式（7-42）所示。

$$U_{\mathrm{E}}=\frac{\pi\varepsilon_0\varepsilon_{\mathrm{r}}a_1a_2}{a_1+a_1}(\varPsi_1+\varPsi_2)^2\log(1+e^{-\kappa L})-\frac{\pi\varepsilon_0\varepsilon_{\mathrm{r}}a_1a_2}{a_1+a_2}(\varPsi_1-\varPsi_2)^2\log\left(\frac{1}{1-e^{-\kappa L}}\right) \tag{7-42}$$

式中 ε_0，ε_{r}——真空介电常数和水的相对介电常数；

a_1，a_2——油滴 1 和 2 的半径；

$\varPsi_1$，$\varPsi_2$——油滴 1 和 2 的表面电势；

κ——德拜-休克尔参数；

L——相邻油滴表面最短距离[27]。

当乳液中无外电场施加时，油滴表面的电势为 $\varPsi_0$。当外加电场 E_0 作用时，Ichikawa 等认为外电场的引入不会扰乱油滴表面固定电荷的分布，则油滴表面的电势可近似认为是外电场产生的电势与油滴表面初始电势 $\varPsi_0$ 的和，电场作用下乳液中相邻油滴表面的电势分布如图 7-17 所示。

外电场 E_0 作用时，相邻油滴的表面电势可通过公式（7-43a）进行计算。

$$\varPsi_1=\varPsi_0-\frac{E_0L}{2}\approx\varPsi_0,\ \varPsi_2=\varPsi_0+\frac{E_0L}{2}\approx\varPsi_0 \tag{7-43a}$$

由于 $E_0L/2\ll\varPsi_0$，外电场对乳液油滴稳定性的影响可以忽略。因此，假设油滴表面电荷类似于金属中的自由移动电子，并将乳液油滴看作是两个浸入溶液中的金属球，油滴表面在外电场作用下产生感应电荷补偿了外电场所引起的油滴表面电势的不平衡，则此时油滴表面电势由公式（7-43b）进行计算。

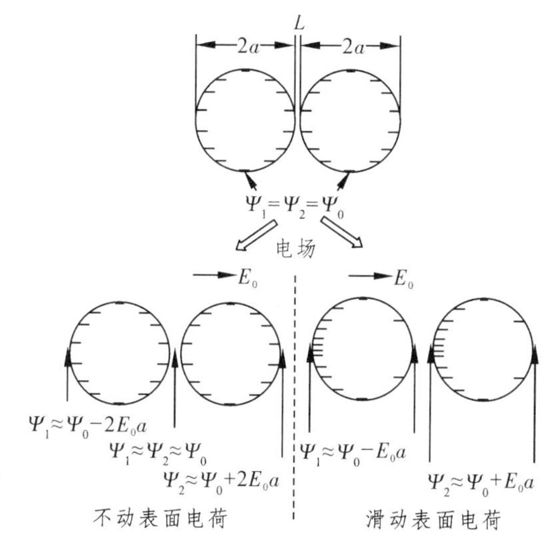

图 7-17 外电场 E_0 对半径为 a 的油滴表面电势 Ψ 的影响[114]

$$\Psi_1 = \Psi_0 - E_0 a,\ \Psi_2 = \Psi_0 + E_0 a \tag{7-43b}$$

将公式（7-43b）代入公式（7-42）中得到外电场 E_0 作用下，相邻油滴间的静电势能 U_{E} 如式（7-44）所示。

$$U_{\mathrm{E}} = 2\pi\varepsilon_0\varepsilon_{\mathrm{r}} a\Psi_0^{\,2}\log(1+e^{-\kappa L}) - 2\pi\varepsilon_0\varepsilon_{\mathrm{r}} a(E_0 a)^2\log\left(\frac{1}{1-e^{-\kappa L}}\right) \tag{7-44}$$

式（7-44）的第一项和第二项分别有助于乳液的稳定和去稳定。第一项的值随 Ψ_0 的减小而减小，因此乳液油滴表面电势降低，乳液的稳定性降低。第二项的绝对值随外电场 E_0 的增大而增大，则外电场的增大可促进乳液的破乳。第二项随着相邻油滴间的距离 L 的增大而迅速减小，因此电场诱导的破乳作用也仅适用于油滴间距很小的浓稠 O/W 乳液。

以上对 O/W 乳液电破乳的研究中，假设了油滴表面电荷类似于金属导体中的电子，可以自由迁移。在此假设基础上，Ichikawa 等认为油滴表面电荷在外电场作用下发生运动，形成新的诱导电场，其削弱了油滴之间的相互排斥作用。电场中两相互靠近油滴的相对表面的静电势能如公式（7-45）所示。

$$U = \frac{\varepsilon_0\varepsilon_1\kappa\xi^2 e^{-\kappa L}}{8(s+1)}\left[\frac{\left[4(s+1)+3s(a_1-a_2)E_0\cos\eta/\zeta\right]^2}{s+1+(s-1)e^{-\kappa L}} - \frac{\left[3s(a_1+a_2)E_0\cos\eta/\zeta\right]^3}{s+1-(s-1)e^{-\kappa L}}\right] - \frac{A_{\mathrm{H}}}{12\pi L^2} \tag{7-45}$$

$$s = ze\zeta(n^+ + n^-)/[kT(n^+ - n^-)]$$

式中 n^+，n^-——单位体积中正、负电荷数目；

A_H——哈马克常数；

kT——温度 T 时的热能；

z——离子化合价；

e——元电荷量；

ζ——zeta 电势；

η——两油滴中心连线与电场方向的夹角。

因此，当外电场的强度满足公式（7-46）的条件时，油滴表面的静电排斥作用减弱，油滴表面受外电场诱导形成的电场产生的静电势能将有助于油滴聚并的发生。

$$|E_0| \geqslant \left| \frac{2\left[ze\zeta(n^+ + n^-) + kT(n^+ - n^-) \right]}{3ze(n^+ + n^-)a} \right| \tag{7-46}$$

根据以上研究，乳液中油滴在外电场作用下聚结的过程原理如图 7-18 所示。油滴表面电荷沿电场方向迁移至电势高的一侧来削弱外电场对油滴表面势能的影响。其中，大油滴表面电荷向其左侧迁移分布，大油滴表面右侧的电荷密度则减小，势能垒也随着电荷密度的减小而降低。因此，与大油滴表面右侧相邻的小液滴首先被大液滴吸入合并，聚结发生，大油滴的体积增大。同时，大油滴表面右侧电荷密度和势能垒进一步降低，油滴间的聚结过程加快，导致 O/W 乳液最终发生破乳[28]。

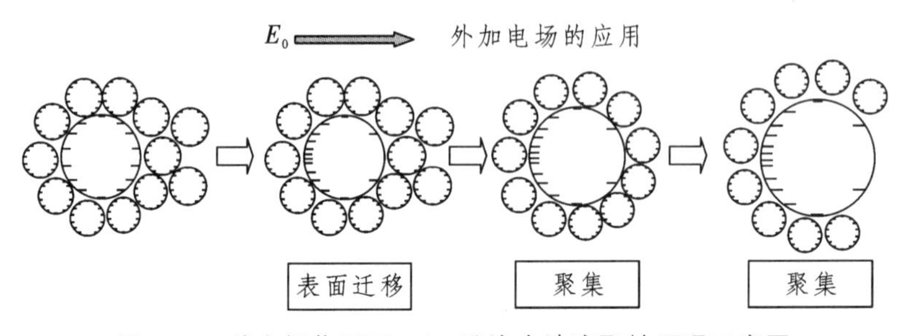

图 7-18 外电场作用下 O/W 乳液中油滴聚结原理示意图

上述对 O/W 乳液破乳机理的研究中，假设油滴表面电荷在外电场作用下发生了迁移。Li 等人也同样认为电场作用下 O/W 乳液中油滴表面电荷是可运动迁移的，并在外电场作用下发生了再分布。与 Ichikawa 不同的是，Li 没有将 O/W 乳液中油滴看作金属球体，而是认为当 O/W 乳液中施加方向不变的均匀电场后，油滴表面可移动负电荷向电场中电势高的一侧运动，油滴表面另一侧的负电荷减少。油滴表面靠近负极的一侧为与油滴表面初始平衡状态保持一致，从水相中重新获得负电荷使油滴表面重新荷电，其过程原理如图 7-19 所示。

油滴表面右侧获得的负电荷继续向油滴表面左侧迁移，右侧持续从水相中不断荷电，直到达到与外电场平衡。达到平衡状态时，油滴表面左侧电荷密度较大，右侧电荷密度较小，右侧表面正对负极板的局部 ζ 电势相比其他区域最小，但与油滴初始的 ζ 电势相等。Li 等利用该模型分析了 O/W 乳液油滴初始 ζ 电势、油滴半径和外电场强度对油滴表面可移动电荷重新分布的影响，发现表面电荷的重新分布显著取决于这三个参数的变化。油滴半径和电场强度的增大使电荷重新分布后的局部 ζ 电势增大。初始 ζ 电势较大，导致油滴表面其他区域重新分布的局部 ζ 电势也较大[29]。

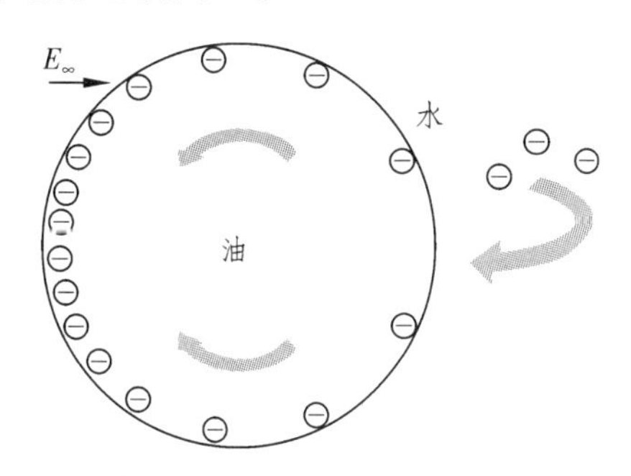

图 7-19 油滴表面电荷迁移和分布过程示意图

以上对 O/W 乳液电破乳的理论研究均认为外电场可使油滴表面电荷发生运动，并向油滴表面电势高的一侧迁移。Ichikawa 等的理论建立在乳液中油滴紧密排列，油滴间距很小的前提下，但实际 O/W 乳液中相邻油滴初始间距一般相对自身直径较大，其可能远超出范德华力和静电排斥的作用范围。并且 Ichikawa 对油滴表面势能进行计算时认为油滴表面初始电势 $\varPsi_0$ 保持不变，但外电场使油滴表面电荷发生运动后，两油滴相邻表面电荷的相互作用对油滴表面电势影响较大，需加以考虑分析。Li 等从电场中单个油滴表面电荷重新分布的角度出发，研究了外电场的引入对油滴表面电荷的影响。但其并没有考虑外电场引入后油滴之间的相互作用和油滴的具体运动行为，且没有给出电场中 O/W 乳液油滴表面电荷的具体分布范围，以及油滴表面电荷重新分布后，油滴在外电场作用下如何发生聚结并导致 O/W 乳液破乳。因此，为深入研究电场法对 O/W 乳液的破乳机理，需结合乳液中油滴的具体分布状态、运动特征以及油滴间的相互作用，综合分析油滴在特定形式电场中的迁移行为以及油滴的聚结过程。

7.3.2 交变电场作用前水包油乳液油滴表面电荷的运动分布

7.3.2.1 油滴表面电荷与电势分布模型

油滴分散于连续相水中，油滴表面电荷主要来自对水相中阴离子的选择性吸附，因此，其表面荷负电。油滴表面电荷引起表面电势，电荷分布变化时会导致表面电势分布发生相应的变化。当对乳液施加外电场如 BPEF 时，必然使其中油滴表面电荷分布发生改变，进而导致电势分布产生相应的变化，油滴平衡稳定状态被打破并在 BPEF 中发生迁移，最终使 O/W 乳液发生破乳。因此，搞清电场施加前后 O/W 乳液中油滴表面的电荷分布极为重要。

由于 O/W 乳液中油滴表面荷负电，因此油滴表面双电层中反离子为荷正电的阳离子。油滴表面的正电荷既要受静电引力的吸引，又要受热运动的扩散影响。在紧靠油水界面处具有较大的正电荷密度，在离界面距离较大处正电荷密度较小，这样形成一个油滴表面扩散双电层，油滴表面电荷分布符合扩散双电层模型，如图 7-20 所示。在图 7-20 中 O 点为油滴中心，a 为油滴半径，r 为双电层内任意点与 O 点的距离，$\varPsi$ 为油滴双电层内任意点处的电势，δ 为 Stern 层厚度；κ^{-1} 为扩散层厚度，ζ 为电动电位，$\varPsi_\delta$ 为 Stern 电势，$\varPsi_0$ 为油滴表面电势。

本研究利用 $0^{\#}$柴油和去离子水配制的 O/W 乳液，测得油滴的 ζ 电位的绝对值低于 100 mV，油滴表面电势相对较低，因此油滴表面电势分布可通过扩散双电层模型进行计算，且乳液中除乳化剂外没有添加其他电解质，油滴表面电势 Ψ_0 可用 ζ 近似代替进行计算。

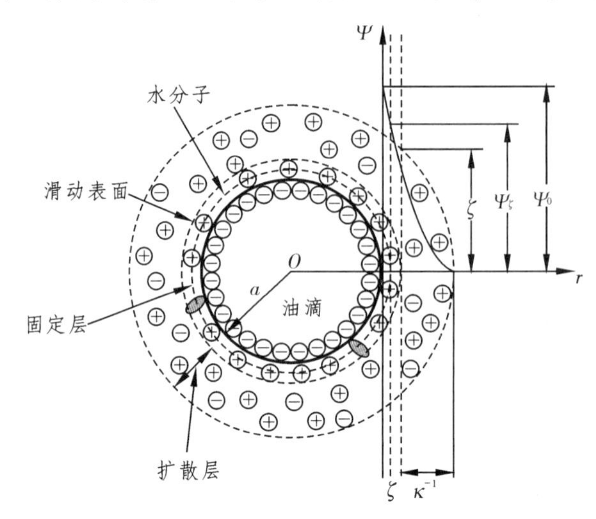

图 7-20　水包油乳液中油滴表面电荷和电势分布模型

7.3.2.2　油滴双电层厚度及离子浓度

根据扩散双电层理论，假定油滴表面相对于单个电荷是一个无限大的带有均匀负电荷的平面，其表面电位为 Ψ_0，如图 7-20 所示。反离子正电荷则可视为点电荷，其在溶液中的分布服从玻尔兹曼能量分布定律。假设 O/W 乳液连续相水中各处的介电常数不随反离子正电荷分布而变化，且在一定温度范围内为常数。由于 O/W 乳液界面扩散区内正负电荷的分布不均匀，且界面扩散区内与油滴表面距离 $r-a$ 处的任一点电位为 Ψ，如图 7-20 所示。在此处阳离子受油滴表面负电荷吸引而具有的静电位能为 $-ze\Psi$，阴离子受油滴表面负电荷排斥而具有静电位能 $ze\Psi$。因此，阴阳离子在油滴扩散区的分布密度为：

$$\begin{aligned} n^{+} &= n_0 \exp(-ze\Psi / kT) \\ n^{-} &= n_0 \exp(ze\Psi / kT) \end{aligned} \tag{7-47}$$

式中　n^{+}，n——单位体积乳液内所含的正、负电荷数目，m^{-3}；

e——元电荷的电荷量，通常取 $e=1.6\times10^{-19}$ C；

z——阴阳离子价数的绝对值，无量纲；

Ψ——距离油滴表面任一点处（$r-a$）的电位值，mV；

k——玻尔兹曼常数，其值为 1.38×10^{-23} J/K；

T——绝对温度，K；

n_0——距离油滴表面适当远处溶液开始呈电中性（$\Psi=0$）时，单位体积乳液中的电荷数目，m^{-3}。

虽然油滴表面水相一侧的界面区内正电荷比负电荷多，但该区的净电荷总数与油滴表面所带电荷总数相等且符号相反。如果单位体积溶液内正电荷与负电荷的数量差用 ρ 表示，称之为体积电荷密度，则

$$\rho = ze(n^+ - n^-) = zen_0\left[\exp(-ze\Psi / kT) - \exp(ze\Psi / kT)\right] \tag{7-48}$$

ρ 随界面区内不同位置的 Ψ 值而变化，将式（7-48）用双曲线正弦函数来表示，则可变形为

$$\rho = -2zen_0 \sinh(ze\Psi / kT) \tag{7-49}$$

油滴表面双电层内的电位 Ψ 可用泊松方程来进行描述，即

$$\nabla^2\Psi = -\frac{\rho}{\varepsilon_0\varepsilon_r} \tag{7-50}$$

式中　ε_0，ε_r——真空介电常数和水的相对介电常数，其中 $\varepsilon_0 \approx 8.85\times10^{-12}$ C/V·m，298.2 K 时 ε_r=78.36；

∇^2——拉普拉斯运算符；

$\nabla^2\Psi$——表乳液油滴表面双电层内指定点处电位梯度的发散度，即 $\frac{\partial^2\Psi}{\partial x^2}+\frac{\partial^2\Psi}{\partial y^2}+\frac{\partial^2\Psi}{\partial z^2}$。$\nabla^2\Psi$ 与该点体积电荷密度 ρ 的关系可写为：

$$\nabla^2\Psi = \frac{2zen_0}{\varepsilon_0\varepsilon_r}\sinh\left(\frac{ze\Psi}{kT}\right) \tag{7-51}$$

由于 a 为油滴半径，取实验中 O/W 乳液中油滴半径的平均值，基本为固定值，因此，Ψ 可近似看作只与 r 有关的函数，因此 $\nabla^2\Psi$ 可简化为 $\frac{\mathrm{d}^2\Psi}{\mathrm{d}r^2}$，令 $\frac{ze\Psi}{kT}=y$，则（7-51）式可改写为

$$\frac{\mathrm{d}^2\Psi}{\mathrm{d}r^2} = \frac{2zen_0}{\varepsilon_0\varepsilon_r}\sinh y \tag{7-52}$$

因为 $\frac{\mathrm{d}y}{\mathrm{d}r}=\frac{ze}{kT}\frac{\mathrm{d}\Psi}{\mathrm{d}r}$，$\frac{\mathrm{d}^2y}{\mathrm{d}r^2}=\frac{ze}{kT}\frac{\mathrm{d}^2\Psi}{\mathrm{d}r^2}$，故可得

$$\frac{\mathrm{d}^2y}{\mathrm{d}r^2} = \frac{2z^2e^2n_0}{\varepsilon_0\varepsilon_r kT}\sinh y = \kappa^2\sinh y \tag{7-53}$$

式中，$\kappa^2 = \frac{2z^2e^2n_0}{\varepsilon_0\varepsilon_r kT}$，$\kappa^{-1}$ 具有距离的量纲，称为油滴双电层有效厚度。

由于在本研究中制备的 O/W 乳液中油滴直径在 1.0 ~ 16.37 μm，油滴的 Ψ_0 相对较低，因此，对式（7-53）积分得出油滴表面的电势分布如下：

$$\Psi = \Psi_0\cdot\frac{a}{r}\cdot\exp\left[-\kappa(r-a)\right] \tag{7-54}$$

式中，德拜-休克尔常数为

$$\kappa = \left(\frac{2n_0z^2e^2}{\varepsilon_0\varepsilon_r kT}\right)^{1/2} \tag{7-55}$$

由上式可以看出，油滴表面双电层厚度与单位体积水相中离子数 n_0 以及离子价数 z 有关，通过二者可以进一步求得德拜-休克尔常数和乳液中油滴表面的双电层厚度，从而得到油滴表面的电荷密度和分布[30]。

1. 不含乳化剂的 O/W 乳液离子浓度及油滴双电层厚度的计算

对于不含乳化剂的 O/W 乳液，水相中的正负电荷为氢离子和氢氧根离子，其离子价数均为 1。因此，单位体积水相中离子数可通过单位体积水相中氢离子和氢氧根离子的浓度来计算。由于水为弱电解质，乳液水相中的阴阳离子浓度可通过水相的电导率以及解离度进行计算，进一步可得到单位体积水相中离子数 n_0。实验温度为 298.2 K，当不含乳化剂的 O/W 乳液中 0#柴油的油含量为 5%（体积分数）时，水相的电导率 D 为 2.0×10^{-5} S/m，则乳液水相的摩尔电导率可由式（7-56）进行计算。

$$\Lambda_m(H_2O)=\frac{D\cdot M_{H_2O}}{\rho_{H_2O}} \tag{7-56}$$

式中 $\Lambda_m(H_2O)$——水的摩尔电导率，$S\cdot m^2/mol$；

M_{H_2O}——水的摩尔质量，取 18.01×10^{-3} kg/mol；

ρ_{H_2O}——水的密度，T=298.2 K 时，取 997.05 kg/m³。

水相的摩尔电导率与水相的无限稀释摩尔电导率的比值即为此时水的解离度。通过水的解离度可得到发生电离水分子的浓度 c_0，也就是乳液水相中氢离子与氢氧根离子的浓度。纯水的无限稀释摩尔电导率为氢离子和氢氧根离子的无限稀释摩尔电导率之和。

$$c_0=\frac{\Lambda_m(H_2O)\rho_{H_2O}}{\left[\Lambda_m^\infty(H^+)+\Lambda_m^\infty(OH^-)\right]M_{H_2O}} \tag{7-57}$$

式中 $\Lambda_m^\infty(OH^-)$——氢氧根离子的无限稀释摩尔电导率，为 1.98×10^{-2} $S\cdot m^2/mol$；

$\Lambda_m^\infty(H^+)$——氢离子的无限稀释摩尔电导率，为 3.49×10^{-2} $S\cdot m^2/mol$；

c_0——乳液水相中氢离子与氢氧根离子的浓度，mol/m^3。

因为 n_0 为单位体积水相中离子的数目，利用 $n_0=c_0N_A$（其中，N_A 为阿伏加德罗常数，其值取 6.022×10^{23} mol^{-1}）计算得到 $n_0=2.20\times10^{20}$ /m³。油滴的双电层厚度 κ^{-1} 为德拜-休克尔常数的倒数，因此利用式（7-55）得到不含乳化剂 O/W 乳液油滴的 κ^{-1} 的计算公式为（7-58a），由此计算得到油滴的 κ^{-1} 值为 5.03×10^{-7} m。

$$\kappa^{-1}=\left(\frac{\varepsilon_0\varepsilon_r kT}{2c_0N_A z^2e^2}\right)^{1/2} \tag{7-58a}$$

2. 含乳化剂的 O/W 乳液离子浓度及油滴双电层厚度的计算

对于含乳化剂的 O/W 乳液，当乳化剂为非离子型时，其对乳液水相的电导率影响很小，可忽略不计，乳液中阴阳离子仍然为氢离子和氢氧根离子，油滴表面离子浓度仍然根据水相中氢离子和氢氧根离子浓度进行计算。对于本研究所使用的离子型乳化剂 SDS 和 DTAB，其在乳液水相中电离出带烷基长链的表面活性剂离子以及钠离子和溴离子，使水中的阴阳离子浓度发生变化。因此，乳液中阴阳离子浓度应为纯水和乳化剂电离的阴阳离子浓度之和。本节内容中 SDS 和 DTAB 添加量为 50~250 mg/L，其在乳液中的浓度范围分别为 0.17~0.87 mol/m^3 和 0.16~0.81 mol/m^3，远大于纯水电离产生的离子浓度 3.65×10^{-4} mol/m^3。则含乳化剂的 O/W 乳液中水相离子浓度可由乳化剂产生的阴阳离子的浓度 c_i 代替进行计算，且 $n_0=c_iN_A$。因此，公式（7-58a）中的 $2c_0N_Az^2$ 用 $\sum c_iN_Az_i^2$ 进行代替得到公式（7-58b），并由此计算得到乳液中油滴的双电层厚度[31]。

$$\kappa^{-1}=\left(\frac{\varepsilon_0\varepsilon_r kT}{e^2\sum c_i N_A z_i^2}\right)^{1/2} \tag{7-58b}$$

式中 i——O/W 乳液水相中乳化剂电离的离子种类；

z_i——乳化剂电离产生的离子的价数，SDS 和 DTAB 电离的阴阳离子的价数均为 1；

c_i——乳液中乳化剂产生的阴阳离子的浓度，mol/m^3。

7.3.3 交变电场作用下油滴表面电荷再分布模型及理论计算

含/不含乳化剂的 O/W 乳液无外加电场作用时，乳液中油滴保持稳定均匀，除热运动外无明显的规律性涡流或油滴迁移现象。这是由于乳液中油滴表面双电层产生的静电排斥作用，使得油滴之间很难聚集。当 O/W 乳液处于 BPEF 中时，油滴自身稳定状态被打破，油滴之间相互吸引并形成一定形态的油滴聚集体，说明 BPEF 克服了油滴间的排斥作用，使油滴间产生相互吸引力并聚集在一起，乳液最终发生破乳。因此，BPEF 使油滴产生的相互吸引力是 O/W 乳液破乳的关键，而 BPEF 的这种作用是通过对油滴表面电荷及电势分布的影响来实现的，所以本节研究 BPEF 对 O/W 乳液中油滴表面电荷分布的影响，并建立 BPEF 作用下 O/W 乳液中油滴表面电荷重新分布的模型。通过模型得到重新分布后的正负电荷的分布范围，并对不同 BPEF 电压下油滴之间的相互吸引力进行计算，利用模型来分析解释表面电荷重新分布后油滴的运动行为和规律，及其对乳液破乳的影响。

7.3.3.1 交变电场中油滴表面电荷再分布的物理模型

BPEF 电压为 500 V、频率为 50 Hz 以及占空比为 50%时，含/不含乳化剂的 O/W 乳液中的油滴间相互吸引及聚集过程如图 7-21（a）至（f）所示，其中 x 轴为水平方向，y 轴为垂直方向，E 为电场方向，E 与 x 轴夹角为 45°。当乳液未受 BPEF 作用时，油滴保持稳定均一。一旦 BPEF 作用于乳液后，乳液中的油滴整体产生规律性运动，相邻油滴沿电场方向 E 排列并旋转与电场方向平行，且油滴相互吸引连接形成平行于方向的油滴如图 7-2（b）至（d）中黄色圆圈标记的油滴所示。随着 BPEF 作用时间延长，油滴链长度不断增大，油滴链聚集形成油簇，油簇继续汇聚形成油簇链，如图 7-21（e）和（f）所示。

BPEF 施加前油滴间相互排斥作用来自油滴表面双电层中的负电势所形成的势能垒，而 BPEF 施加后油滴主动相互吸引靠近，则油滴间由相互排斥转变为相互吸引，阻碍油滴接触的表面势能垒在 BPEF 作用下受到极大抑制乃至消除。油滴表面双电层中的电势及其分布发生变化，由于电势由油滴表面双电层中的电荷产生，则油滴表面双电层中电荷及其分布发生变化。若油滴双电层中电荷产生的电势仅仅被消除，则油滴间不会主动相互吸引成链，因此说明 BPEF 不仅消除了油滴间的相互排斥作用，而且使油滴表面双电层中电荷及其分布发生变化导致油滴间产生相互吸引。所以在 BPEF 作用下油滴表面电荷相较初始分布状态发生了变化，且油滴之间的相互吸引作用来自 BPEF 作用下油滴表面电荷之间的相互作用。

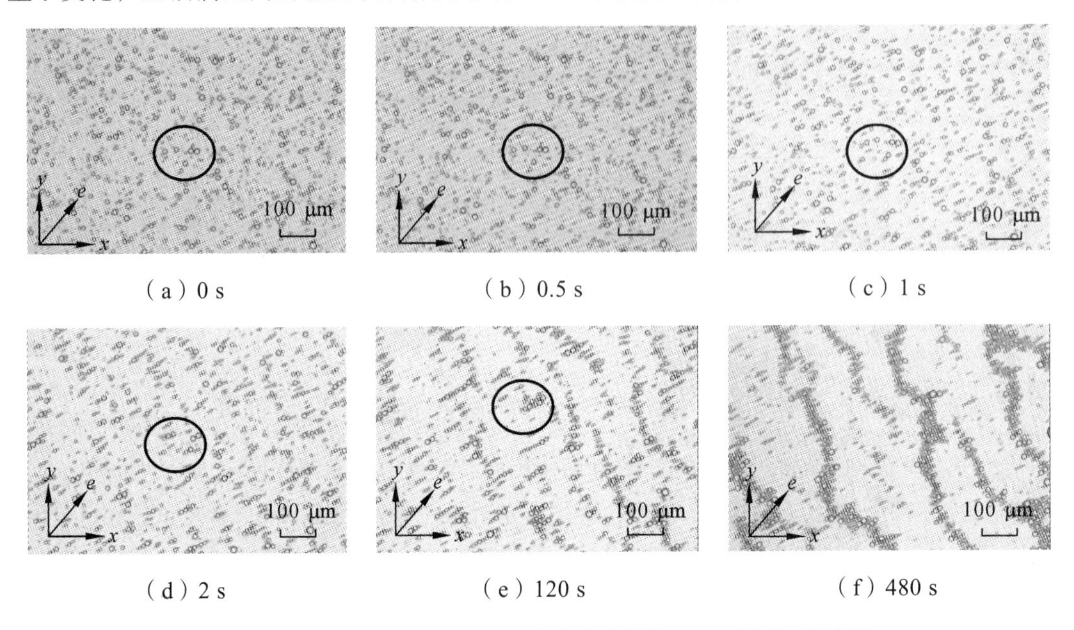

（a）0 s　（b）0.5 s　（c）1 s

（d）2 s　（e）120 s　（f）480 s

图 7-21　BPEF 作用下 O/W 乳液中油滴的相互吸引和聚集过程

由于油滴表面荷负电，双电层中反离子的正电荷使油滴保持电中性，BPEF 作用下油滴表面双电层中电荷及其分布发生变化，相邻油滴的表面双电层中电荷产生相互吸引力，这种作用来自油滴表面双电层中正负电荷的相互吸引。同时，相邻油滴表面沿电场方向相互靠近的两端发生吸引，说明在 BPEF 作用下油滴表面双电层中正负电荷发生分离、迁移聚集至油滴表面趋近于正负极的两端。

因此，本研究提出 BPEF 作用下油滴表面电荷重新分布假设和物理模型，如图 7-22（a）所示，其中油滴表面双电层中的正电荷向油滴表面靠近负极一端迁移并形成红色的正电荷富集区，而油滴表面靠近正极的蓝色端形成负电荷富集区的电荷再分布模型。由于 BPEF 方向在一个脉冲周期内交替变化，正负电荷在油滴表面也交替迁移和汇聚。在 BPEF 中相邻两个油滴相互靠近的两端所分布电荷的电性始终相反。因此，相邻油滴的相互靠近区域总是相互吸引，油滴吸引、接触后可以联结到一起形成油滴链，进而形成油簇和油簇链。

BPEF 作用下 O/W 乳液中油滴表面电荷重新分布的区域如图 7-22（b）所示。其中 O 为油滴中心，(x, y, z)为直角坐标系；油滴表面的左阴影区域代表聚集的负电荷，油滴表面的右阴影区域代表聚集的正电荷；左侧极板为阳极，右侧极板为阴极，油滴的 yz 平面与阴阳极板平行。由于实验中没有观察到油滴存在明显的变形现象，因此认为油滴一直保持球形，则正负电荷在油滴表面重新分布的区域为球冠形状。定义油滴表面正负电荷分布区域的边界角 θ^+和 θ^-来衡量正负电荷重新分布后的范围，其中点 A 和 B 分别为负、正电荷分布区域的边界与 xy 平面的交点，θ^-和 θ^+分别为 OA、OB 与 y 轴正方向的夹角。利用 θ^-和 θ^+分别计

算负、正电荷分布的球冠区域的面积，可得到油滴表面电荷重新分布后的分布范围。实验中利用显微镜观察乳液中的油滴，所聚焦观察到的均为油滴表面在 xy 平面的投影，油滴表面电荷分布区域的边界角 θ^-和 θ^+在 xy 平面上的范围为 $\Delta\theta^-=|\theta^-_1-\theta^-_2|$和 $\Delta\theta^+=|\theta^+_1-\theta^+_2|$，如图 7-22（c）所示。

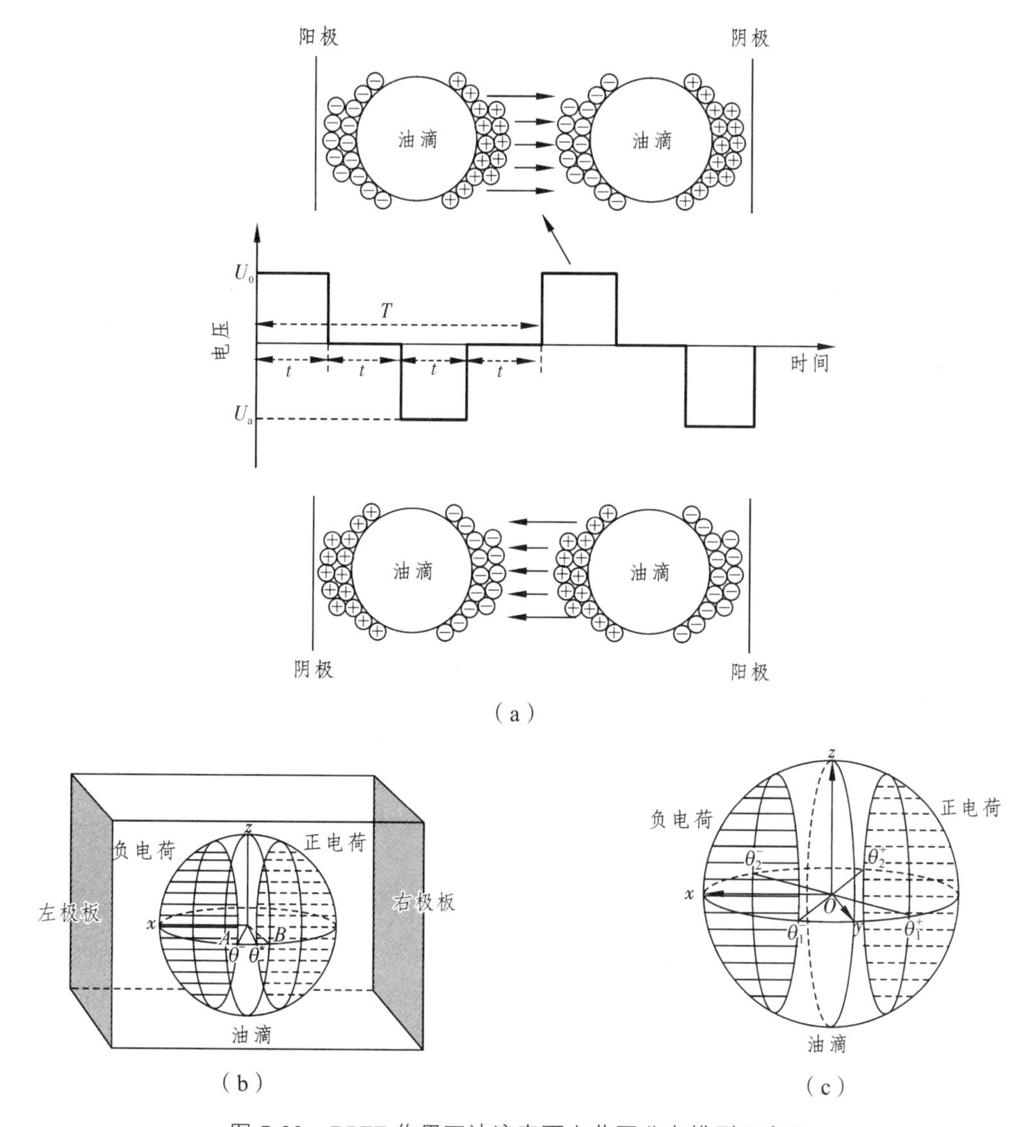

图 7-22 BPEF 作用下油滴表面电荷再分布模型示意图

由于油滴的 yz 平面与正负极板平行以及球体对称性，认为 BPEF 使正负电荷在油滴两端的球冠面上以 x 轴对称分布，因此 $\Delta\theta^-=2(90-\theta^-)$、$\Delta\theta^+=2(90-\theta^+)$，其中 $\Delta\theta^-$和 $\Delta\theta^+$分别为电荷分布范围的幅角，$90-\theta^-$和 $90-\theta^+$分别为电荷分布范围的半幅角。由以上假设和模型可以看出，在 BPEF 作用下正负电荷分别聚集于油滴两端，相邻油滴之间由于正负电荷产生相互吸引力。BPEF 作用下油滴间吸引力不仅与电荷量有关，也与正负电荷分布区域的面积相关。同一电荷量时，电荷分布面积的不同，产生的电场力也不同；对于同一油滴，不同 BPEF 作用下油滴表面正负电荷分布范围也有所改变，使得油滴间吸引力大小不同，从而导致油滴在乳液中迁移速度和距离发生变化。因此，为描述在 BPEF 作用下重新分布后的正负电荷分布范围，需要求得正负电荷分布范围的边界角 θ^-和 θ^+。

外电场的施加驱动 O/W 乳液中油滴运动并最终聚并，致使乳液破乳，而电场主要通过作用于油滴表面电荷来使油滴运动。目前，对 O/W 乳液破乳机理的研究主要集中在探究外电场的引入对油滴表面电荷分布的影响。由于油滴表面电荷很难直接观察和测定，目前并没有油滴表面电荷在外电场作用下发生运动再分布的直观现象和过程的报道，相关研究内容均是通过实验现象提出并建立电荷再分布的理论模型。Li 等人认为外电场作用下，油滴表面电荷发生了重新分布。其建立的油滴表面电荷再分布模型为外电场作用下油滴表面趋近于负极一端的负电荷向油滴表面趋近于正极的一端迁移聚集，而油滴表面趋近于负极的一端不断从体相中获得负电荷来与油滴初始 Zeta 电位保持一致。按照此模型理论，乳液中油滴表面从体相中获得更多的负电荷，油滴表面电势升高，且越靠近正极的区域油滴表面双电层电势相对更高，油滴之间的相互排斥作用也增强。而本研究实验中得到 BPEF 作用于 O/W 乳液后，油滴间立刻相互吸引运动并聚集形成油滴聚集体，说明油滴间相互排斥作用在外电场作用下被削弱或消除。因此，Li 等提出的油滴表面电荷重新分布的理论模型不能解释本研究 BPEF 作用下油滴的运动现象及行为。且其提出的模型只描述了乳液中单个油滴在外电场中表面电荷的重新分布情况，并没有考虑电场中电荷重新分布后油滴间的相互作用，以及由此引起的油滴的运动情况[32]。

7.3.3.2 交变电场中油滴表面电荷分布范围的理论计算

实验中观察到 BPEF 作用时油滴仅在 *xy* 平面内平动迁移，相互吸引形成油滴链，油滴并没有出现转动现象，因此可认为乳液中不存在电渗流动，且现有文献关于油滴在外电场作用下其表面电荷的具体分布形式没有相关报道，也没有外电场作用下油滴表面电荷的再分布范围的定量研究。因此，本研究只考虑电荷重新分布后油滴表面两端聚集的正负电荷的电荷量以及电荷在油滴两端的分布面积，不考虑重新分布后油滴两端正负电荷的具体分布形式。

当 BPEF 作用时，若油滴双电层内的正负电荷被 BPEF 驱动脱离双电层进入水相，并向极板迁移形成电流，双电层内电荷数目减少，则油滴将产生定向运动。而实验中 BPEF 正负输出时间相同时并未观察到油滴向某一极板发生定向迁移。因此，本研究假定 BPEF 作用前后油滴表面双电层内电荷数目保持不变，且双电层没有与水相发生电荷交换。则油滴表面重新分布后的正负电荷量可根据 BPEF 作用前油滴表面电荷的密度分布函数来进行计算。

为便于计算，根据公式（7-47）对油滴双电层中的正负电荷密度在电势为 ζ~0 mV 内进行积分，积分得到的结果与 ζ 绝对值的比值可认为是油滴双电层内的平均电荷密度，计算公式为式（7-59）。

$$
\begin{aligned}
n_{\text{aver}}^{+} &= \frac{n_0}{|\xi|}\int_{\xi}^{0}\exp(-ze\Psi / kT)\,\mathrm{d}\Psi \\
n_{\text{aver}}^{-} &= \frac{n_0}{|\xi|}\int_{\xi}^{0}\exp(ze\Psi / kT)\,\mathrm{d}\Psi
\end{aligned}
\tag{7-59}
$$

已知油滴表面的双电层厚度和油滴直径时，油滴表面双电层的体积 V 可根据式（7-60）

进行计算。当 BPEF 作用于乳液后，聚集在油滴两端单位体积内正负电荷总数目 n_{total}^{+} 和 n_{total}^{-} 可通过公式（7-59）和（7-60）分别计算得到，其为 $V\cdot n_{aver}^{-}$ 和 $V\cdot n_{aver}^{-}$。

$$V=\frac{4}{3}\pi(a+\kappa^{-1})^{3}-\frac{4}{3}\pi a^{3} \tag{7-60}$$

由于目前对油滴表面电荷重新分布的具体形式没有文献报道，没有模型定量计算重新分布后电荷的分布情况，且重新分布后的电荷在双电层内的排列方式以及运动情况也不清楚。因此，本研究为便于计算，假设油滴表面重新分布的正负电荷以单分子层的形式均匀分布在油滴表面的两端。以上假设的电荷分布形式虽然与实际情况有差别，但此分布形式下形成的电场场强较小，可视为实际情况的最小值。如以上情况成立，则实际中油滴间所受电场吸引力必然大于本假设得到的吸引力，相邻油滴一定发生吸引接触。由于正负电荷分布的区域为球冠形状，其分布面积可通过式（7-61）的计算由边界角 θ^{-} 和 θ^{+} 来进行衡量。

$$\begin{aligned}S_{r}^{+}&=2\pi a^{2}(1-\sin\theta^{+})\\S_{r}^{-}&=2\pi a^{2}(1-\sin\theta^{-})\end{aligned} \tag{7-61}$$

正、负电荷均匀分布在油滴两端的球冠面上，根据电荷分布的对称性，可知正负电荷分布区域所产生的场强方向均沿油滴径向与曲面垂直，大小相等。根据高斯定理可知油滴表面球冠面上正负电荷产生的电通量 Φ_{E} 为场强 E 与球冠面积的乘积，同时电通量 $\Phi_{E}=Q/\varepsilon_{0}\varepsilon_{r}$，则得到正、负电荷在油滴内外产生的场强。

$$\begin{cases}E_{in}^{+}=\dfrac{V\cdot n_{aver}^{+}}{2\pi a^{2}(1-\sin\theta^{+})\varepsilon_{0}\varepsilon_{r}'}e\\[2ex]E_{in}^{-}=\dfrac{V\cdot n_{aver}^{-}}{2\pi a^{2}(1-\sin\theta^{-})\varepsilon_{0}\varepsilon_{r}'}e\end{cases} \tag{7-62a}$$

和

$$\begin{cases}E_{out}^{+}=\dfrac{V\cdot n_{aver}^{+}}{2\pi h^{2}(1-\sin\theta^{+})\varepsilon_{0}\varepsilon_{r}}e\\[2ex]E_{out}^{-}=\dfrac{\mathrm{V}\cdot n_{aver}^{-}}{2\pi h^{2}(1-\sin\theta^{-})\varepsilon_{0}\varepsilon_{r}}e\end{cases} \tag{7-62b}$$

式中 h——与球冠面相邻乳液体相中某点与油滴中心的距离，m；

Q——正、负电荷的电荷量，C；

ε_{r}'——柴油的相对介电常数，取 2.1。

式（7-62a）中 E_{in}^{+} 和 E_{in}^{-} 为油滴表面正负电荷对油滴内部产生的场强，式（7-62b）中 E_{out}^{+} 和 E_{out}^{-} 为油滴表面正负电荷对乳液体相中某点产生的场强。由于油滴为电介质，不导电，其内部没有电荷，油滴内部场强处处相等，则油滴表面正电荷在油滴内部靠近负电荷处的场强与油滴表面负电荷在油滴内部靠近正电荷处的场强相等，则 E_{in}^{+} 和 E_{in}^{-} 相等。因此，在求得油滴表面一种电荷的分布范围的边界角 θ 后，另外一种电荷的边界角可根据式（7-63）计算得到。

$$\frac{n_{\text{aver}}^{+}}{1-\sin\theta^{+}}=\frac{n_{\text{aver}}^{-}}{1-\sin\theta^{-}} \tag{7-63}$$

实验中发现，相邻油滴相互吸引接触时，其中被吸引运动的油滴向另一相对不动油滴沿电场方向表面负电荷聚集的区域靠近并发生碰撞。可根据公式（7-59）和（7-60）计算得到被吸引油滴表面正电荷的数目，进一步可得到其电荷量 Q'_{+}。相对不动油滴产生的场强由式（5-16）可得到，因此两油滴间的吸引力可由式（7-64）进行计算。

$$F = E_{\text{out}}^{-}Q'_{+} \tag{7-64}$$

实验中对于不含乳化剂的O/W乳液和含乳化剂量少的O/W乳液，发现乳液中相邻油滴相互吸引碰撞时，被吸引的油滴在最初时刻有加速运动的过程，随后保持匀速直线运动状态。由于初始加速过程持续的时间极短，因此，认为整体油滴相互运动过程中被吸引油滴受到的电场力与其所受到的水相阻力相等，被吸引的油滴做匀速直线运动。乳液中被吸引油滴受到的水相阻力 R 可通过式（7-65）来进行计算。

$$R=6\pi\mu a'v \tag{7-65}$$

式中 a'——被吸引油滴的半径，m；

R——被吸引的油滴受到的水相阻力，N；

μ——水相黏度，298.2 K 时为 0.89×10^{-3} N·s/m^2；

v——油滴的运动速度，m/s。

联立式（7-64）和式（7-65），可得

$$\frac{V\cdot n_{\text{aver}}^{-}Q'_{+}}{2\pi h^{2}(1-\sin\theta^{-})\varepsilon_{0}\varepsilon_{\text{r}}}e=6\pi\mu a'v \tag{7-66}$$

对公式（7-66）进行变形，得到相对不动油滴表面负电荷分布范围的边界角 θ^{-}为

$$\theta^{-}=\arcsin\left(1-\frac{V\cdot n_{\text{aver}}^{-}Q'_{+}}{12\pi^{2}h^{2}\varepsilon_{0}\varepsilon_{\text{r}}\mu a'v}e\right) \tag{7-67}$$

由上式可以看出，油滴表面正负电荷分布范围的边界角与油滴的双电层体积 V、负电荷的平均浓度 n_{aver}^{-} 和被吸引油滴的电荷量 Q'_{+}、运动速度 v、半径 a'以及被吸引油滴表面正电荷到相对不动油滴中心的距离 h 有关。其中，V 和 n_{aver}^{-} 可由相对不动油滴的半径 a 进行计算；Q'_{+} 由半径 a'、被吸引油滴的双电层体积及其正电荷数目求出；v 为两油滴的间距 L（油滴中心距分别减去两油滴的半径）与碰撞时间 t 的比值，则 $h=L+a$[33]。

对于含和不含乳化剂的O/W乳液，当乳液含油量相等时，乳液中的油滴粒度分布基本一致，分布范围均为1~15 μm，而乳液中80%以上的油滴直径集中在6~13 μm内。且乳液中大多数相互吸引接触的油滴直径基本相同。因此，取乳液中直径分别为 6、10 和 13 μm左右的相互吸引的油滴进行直径测量，分为3组，结果见表7-1。

表 7-1 BPEF 作用下 O/W 乳液中相互吸引油滴大小

油滴对	油滴的直径/×10^{-6} m					
	组 1		组 2		组 3	
	油滴 1	油滴 2	油滴 1	油滴 2	油滴 1	油滴 2
1	5.67	6.12	11.38	12.64	13.91	14.05
2	6.30	5.38	10.59	11.67	14.46	13.57
3	5.82	6.43	10.61	10.28	13.83	13.06
4	7.24	6.86	11.05	9.53	13.70	12.43
5	6.08	5.78	12.16	10.64	12.77	13.80
6	6.21	6.80	11.63	10.15	14.13	12.29
7	7.53	6.45	9.86	10.37	12.84	13.58
8	5.98	6.23	10.72	11.06	12.62	12.86
9	6.56	7.09	9.66	10.24	13.88	12.93
10	6.11	6.81	10.74	10.35	13.39	13.05
平均值	6.42	6.44	10.84	10.69	13.55	13.16
	6.43		10.77		13.36	

由表 7-1 可以看出，同一组中相互吸引的一对油滴其平均直径基本相同，且同一组中各对油滴的直径之间也相差不大，大体相同。因此，为便于后续计算，认为以上实验中所测量的相互吸引接触的两油滴的直径相同，三组油滴的平均直径分别取 6.43、10.77 和 13.36 μm。

对于不含乳化剂的 O/W 乳液，乳液含油量为 5%（体积分数）时，油滴 ζ 电位为-21.24 mV。不同 BPEF 电压下，对于同一直径的油滴其表面重新分布的正、负电荷范围不同，油滴间所产生的相互吸引力也不同。而 BPEF 频率和占空比的变化只是使得电场力输出时间发生改变，其对油滴表面电荷的主要影响在于对电荷重新分布后的状态持续时间的改变，其对正、负电荷分布范围的影响不大，电荷重新分布后的范围主要是由 BPEF 电压决定的。因此，这里着重研究 BPEF 电压对油滴表面正负电荷分布范围的影响。分别对表 7-1 中三组大小不一的油滴在不同电压下的油滴间距 L、碰撞时间 t 进行测量和统计。根据公式（7-67）和（7-63）分别计算出三组油滴在不同电压下表面正负电荷分布范围的边界角 θ^{+} 和 θ^{-}，结果见表 7-2 至表 7-4。

表 7-2 不同 BPEF 电压下直径 6.43×10^{-6} m 的油滴表面电荷的边界角

电压/V	L/×10^{-6} m	h/×10^{-6} m	t/s	θ^{+}/（°）	θ^{-}/（°）
250	153.12	156.34	9.8	53.81	66.26
500	158.47	161.69	5.9	63.52	72.55
750	160.51	163.73	3.8	69.22	76.28
1000	155.03	158.25	2.4	72.64	78.53

表 7-3 不同 BPEF 电压下直径 10.77×10^{-6} m 的油滴表面电荷的边界角

电压/V	$L/\times10^{-6}$ m	$h/\times10^{-6}$ m	t/s	θ^+/（°）	θ^-/（°）
250	158.64	164.03	7.6	26.97	49.49
500	161.03	166.42	4.1	45.88	61.19
750	167.92	173.31	2.8	56.06	67.71
1000	164.48	169.87	1.6	63.71	72.67

表 7-4 不同 BPEF 电压下直径 13.36×10^{-6} m 的油滴表面电荷的边界角

电压/V	$L/\times10^{-6}$ m	$h/\times10^{-6}$ m	t/s	θ^+/（°）	θ^-/（°）
250	151.27	157.95	5.2	12.64	41.10
500	153.37	160.01	3.0	34.53	54.09
750	162.05	168.73	1.8	51.15	64.55
1000	153.65	160.32	1.1	57.40	68.58

对同一直径的油滴其表面正负电荷在 BPEF 作用下发生重新分布和聚集后，正、负电荷分布的区域大小与其半幅角 $90-\theta^-$和 $90-\theta^+$成正比，半幅角越大，则正、负电荷分布的范围越大。因此，由半幅角来衡量和描述不同 BPEF 电压下油滴表面正负电荷的分布范围，其结果如图 7-23 所示。由图中可以看出，油滴表面正、负电荷分布范围随油滴直径和 BPEF 电压的变化趋势相同。同一直径的油滴，其表面正、负电荷范围均随 BPEF 电压的升高而减小；相同电压下，正负电荷分布范围均随油滴直径的增大而增大。由式（7-60）可知油滴表面电荷量与油滴直径的三次方成正比，油滴直径的改变使油滴表面荷电量的变化幅度较大；而由式（7-61）可知油滴表面球冠的面积与油滴直径的二次方成正比，因此油滴直径增大后其表面电荷量增大较快，正负电荷在油滴表面分布范围增大。对于同一直径的油滴，其表面正负电荷数量不变，BPEF 电压升高，正、负电荷受电场力作用向球冠中心迁移，电荷分布范围减小，相邻油滴表面相互吸引的区域正负电荷密度增大，所产生的电势增强，油滴之间的吸引力增大，则乳液中油滴运动速度也随之增大。

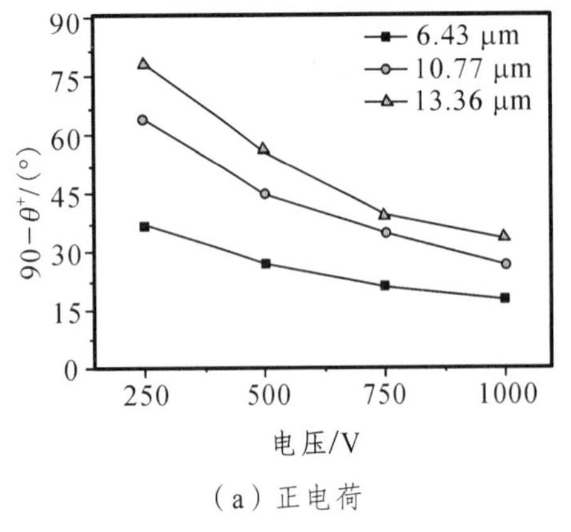

（a）正电荷

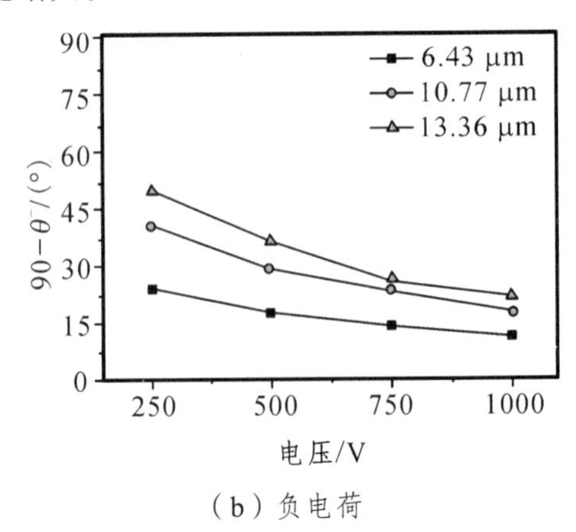

（b）负电荷

图 7-23 不同 BPEF 电压下不同直径的油滴表面电荷分布范围

对于本节内容中所使用的离子型乳化剂 SDS 和 DTAB，其加入浓度在 50~250 mg/L 内时，发现乳液中油滴的运动速度较大，油滴接触碰撞过程持续时间缩短，且油滴相互吸引运动过程不再保持为匀速状态。这是因为离子型乳化剂的加入，使得乳液体相中离子浓度大幅度增加，油滴表面的正负电荷数目也大幅度增加。当 BPEF 作用时正负电荷发生分离，油滴两端的正负电荷密度增大，相邻油滴间的相互吸引力增加。而吸引力增大的幅度远大于油滴受到的水相阻力，油滴持续加速运动并发生接触碰撞，碰撞时间也大幅缩短。因此，公式（7-67）不再适用离子型乳化剂浓度较大的情况。

为得到离子型乳化剂适用边界角计算公式（7-67）的临界浓度值，需要降低乳液中的乳化剂浓度。实验发现当离子型乳化剂浓度降低至 0.5 mg/L 以下时，式（7-67）仍适用，并可求得乳液油滴表面的正负电荷分布范围及其边界角。以 SDS 为例，当其浓度为 0.5 mg/L 时，对不同 BPEF 电压下的乳液中油滴间距 L、碰撞时间 t 进行测量和统计，并取其平均值，并根据公式（7-67）和（7-63）分别计算出不同电压下三种平均直径的油滴表面正、负电荷重新分布范围的边界角 θ^+和 θ^-，其中油滴的 ζ 电位为−21.68 mV，结果见表 7-5 至表 7-7。

表 7-5　不同 BPEF 电压下直径 6.43×10^{-6} m 的油滴表面电荷的边界角

电压/V	$L/\times10^{-6}$ m	$h/\times10^{-6}$ m	t/s	θ^+/（°）	θ^-/（°）
250	174.83	178.04	5.1	47.56	61.72
500	176.06	179.28	2.3	62.20	71.34
750	180.77	183.99	1.5	68.47	75.52
1000	172.45	175.67	0.9	72.15	77.98

表 7-6　不同 BPEF 电压下直径 10.77×10^{-6} m 的油滴表面电荷的边界角

电压/V	$L/\times10^{-6}$ m	$h/\times10^{-6}$ m	t/s	θ^+/（°）	θ^-/（°）
250	173.05	178.44	3.0	18.16	43.36
500	178.12	183.50	1.6	41.51	57.82
750	182.94	188.33	0.9	55.55	66.95
1000	169.61	175.00	0.5	62.26	71.38

表 7-7　不同 BPEF 电压下直径 13.36×10^{-6} m 的油滴表面电荷的边界角

电压/V	$L/\times10^{-6}$ m	$h/\times10^{-6}$ m	t/s	θ^+/（°）	θ^-/（°）
250	171.27	177.95	2.1	4.63	35.55
500	176.55	183.23	1.2	31.29	51.37
750	180.03	186.71	0.5	54.18	66.05
1000	173.77	180.45	0.3	60.94	70.51

图 7-24 给出了 SDS 浓度为 0.5 mg/L 时 O/W 乳液中油滴表面电荷分布的半幅角 $90-\theta^-$和 $90-\theta^+$随 BPEF 电压的变化趋势。由图 7-24 可以看出，不同直径和 BPEF 电压下油滴表面正负电荷重新分布范围的变化趋势保持相同。对相同直径的油滴，油滴表面双电层中正负电荷重新分布的范围均随 BPEF 电压的升高而减小。本研究实验中，当 BPEF 电压达到 1000 V

时，半幅角值达到最小，正负电荷分布范围也最小。而在同一电压下，正负电荷重新分布的范围随油滴直径的增大而增大；但半幅角值随油滴粒径的增大，其增大幅度有所减小。

因此，在本研究实验条件下，升高 BPEF 电压有助于乳液中油滴的吸引和聚集，从而有助于 O/W 乳液的破乳。

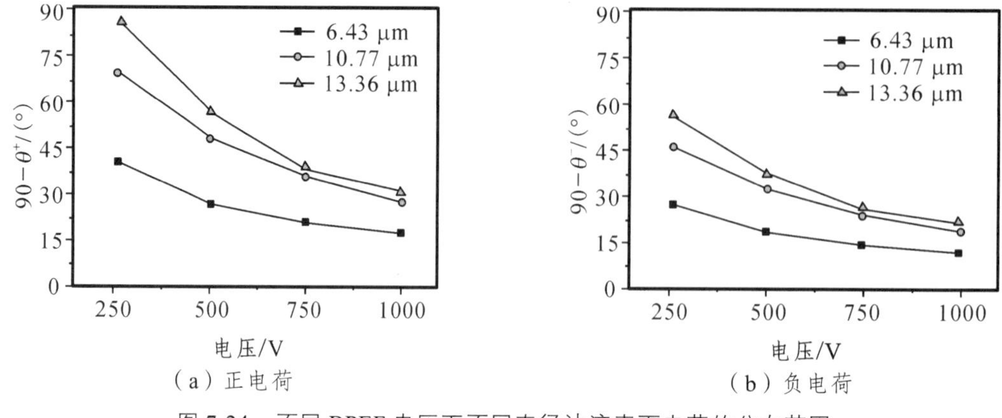

图 7-24 不同 BPEF 电压下不同直径油滴表面电荷的分布范围

7.3.4 小 结

本节内容利用边界角对 BPEF 作用下乳液油滴表面电荷重新分布的范围进行了计算和分析，但边界角的计算公式仅适用于不含乳化剂的 O/W 乳液和离子型乳化剂浓度不高于 0.5 mg/L 的 O/W 乳液中油滴表面电荷分布范围的计算。对于高于该浓度的含离子型乳化剂的 O/W 乳液，由于油滴表面电荷量相对较大，本研究的假设不能较为准确描述电荷的实际分布形式和范围。但含有较高浓度的离子型乳化剂的 O/W 乳液中油滴仍然发生相互吸引接触、链接并聚集形成不同形式的油滴聚集体，并上浮形成油滴层和连续油相。而且 O/W 乳液中离子型乳化剂的浓度较高时，油滴间相互吸引运动的速度相比更大，说明油滴间的相互吸引力更大。因此，本研究提出的油滴表面电荷重新分布的假设和模型依然适用于含高浓度离子型乳化剂的 O/W 乳液。

7.4 交变电场作用下油滴表面电荷分布模型的实验验证

为了验证本研究所提出的油滴表面正负电荷在 BPEF 作用下分别聚集于油滴表面沿电场方向两端的假设和模型，在 BPEF 电压为 900 V，频率为 50 Hz 以及占空比为 50%的条件下，通过显微镜对不加乳化剂 O/W 乳液中直径为 87.60×10^{-6} m 的单个大油滴进行了观察，如图 7-25（a）所示。图中 x 轴为水平方向，y 轴为垂直方向，E 为电场方向，E 与 x 轴之间的夹角为 27°。乳液中 0#柴油的含量为 5%（体积分数），乳液体相的电导率为 2.0×10^{-5} S/m，ζ 为−21.24 mV。由图 7-25 可以看出，大油滴周围的小油滴均吸附于大油滴表面沿电场方向的两端，相邻油滴相互靠近吸引的区域所带电荷电性相反，则大油滴与小油滴接触的部分为电荷分布的区域，其与本研究模型中提出的电荷的分布规律相一致，且大油滴表面电荷分布的区域可根据大油滴和小油滴的接触范围来反映。

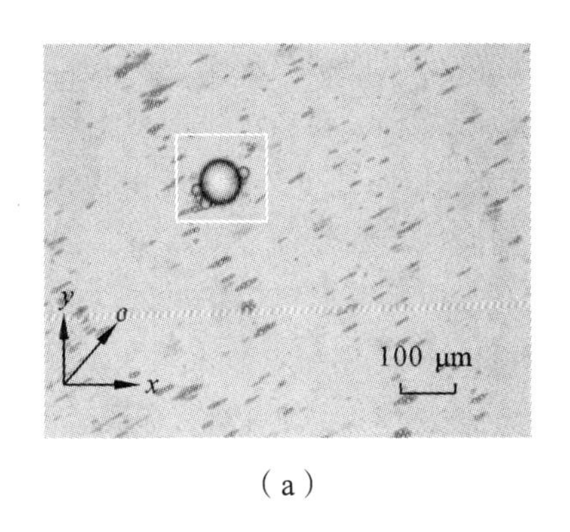

(a)

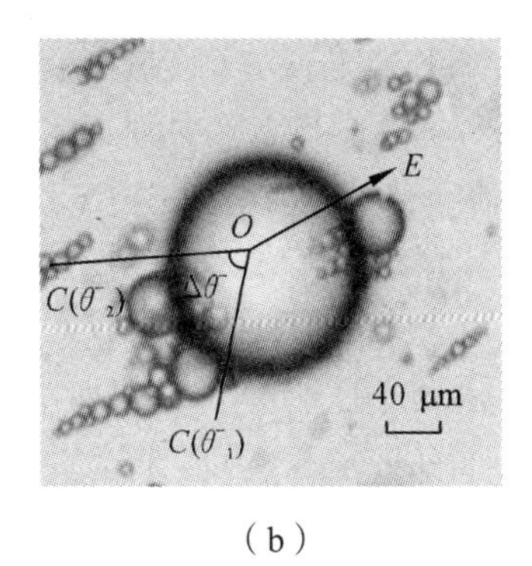

(b)

图 7-25　O/W 乳液油滴相互吸附及其放大图

图 7-25（b）为图 7-25（a）中黄色区域内直径为 87.60×10^{-6} m 的大油滴吸附小油滴的放大图像，其中 O 点是油滴的中心；θ^-_1 是 OE 和 OC 之间的夹角，测量值为 163.5°，θ^-_2 是 OE 与 OB 之间的夹角，测量值为 238.2°。图中以顺时针方向作为角度的正方向，则大油滴表面负电荷的幅角为 $\Delta\theta^-=|\theta^-_1-\theta^-_2|=74.7°$。因此，可得到大油滴表面负电荷分布范围的边界角 θ^- 为 52.65°。

大油滴表面的双电层体积 V 为 12.26×10^{-15} m^3，$V\cdot n^-_{\mathrm{aver}}$ 为 1.78×10^6。其中一个被大油滴吸附的小油滴的直径为 17.52×10^{-6} m，计算出其 V 为 5.13×10^{-16} m^3，$V\cdot n^+_{\mathrm{aver}}$ 为 1.70×10^5，$Q'_+=V\cdot n^+_{\mathrm{aver}}$，$e$ 为 2.72×10^{-14} C。开始吸引接触前两油滴间距测得为 227.33×10^{-6} m，碰撞时间为 0.3 s。根据公式（7-67）对大油滴表面电荷重新分布后的负电荷分布范围的边界角 θ^- 进行计算，得其值为 51.48°，与实测值相比误差为 2.22%。按照以上方法，保持 BPEF 其他参数和乳液性质不变，分别对电压 500 V 和 700 V 作用下乳液中直径为 79.04×10^{-6} m 和 91.77×10^{-6} m 的大油滴测量，其边界角 θ^- 分别为 37.51°和 46.04°。由公式（7-67）计算得到的边界角 θ^- 值分别为 36.46°和 45.15°，与实测值相比误差分别为 2.79%和 1.93%。由此可见，边界角的计算结果与实测油滴的边界角值相差较小，说明利用边界角计算结果可以有效衡量油滴表面电荷重新分布的范围。

由于含乳化剂的 O/W 乳液中油滴聚集后，聚集体上浮形成油滴层，没有发现乳液中出现如上所示较大的油滴吸引小油滴的现象，因此对含乳化剂 O/W 乳液中的油滴表面电荷分布不再进行验证[34]。

7.5　交变电场作用下水包油乳液破乳的机理解释

基于本研究内容提出的油滴表面电荷在 BPEF 作用下重新分布的模型，可进一步对实验过程中油滴迁移和聚集过程进行解释和分析，其原理如图 7-26 所示，其中 E 为电场方向，虚线为油滴中心连线。

当 BPEF 作用后，油滴表面的正、负电荷在双电层内发生分离，正、负电荷分别迁移至油滴表面靠近阴阳极板的两端。相邻油滴相互接触区域所带电荷始终相反，正、负电荷吸引使相邻油滴沿电场方向形成油滴链，如图 7-26（a）所示。BPEF 作用下油滴链两端的油滴表面电荷仍然处于分离状态，其不断地吸引乳液中靠近游离油滴的加入，从而使得油滴链长度不断增大。当乳液中游离油滴全部形成油滴链后，油滴链长度不再增大。油滴链形成之后，油滴链中的油滴在 BPEF 作用下其表面电荷依旧处于分离状态，相邻的油滴链中的油滴间仍然存在相互吸引力。相邻两个平行的油滴链相互靠近，其中一个油滴链中的油滴吸附于另外一个油滴链中两油滴的中间，且依然为所带电荷电性相反的两端相互吸引，形成三角形结构，如图 7-26（b）所示，最终相邻油滴链整体靠近并连接在一起形成油簇，所形成的油簇与油滴链一样均平行于电场方向。而油簇形成后，油簇中的油滴受 BPEF 作用，其表面正负电荷依然分布在油滴平行于电场方向的两端。乳液中沿垂直于电场方向的相互平行的油簇中的油滴仍然相互吸引靠近，油滴仍然接触并连接形成三角形结构，如图 7-26（c）所示，乳液中油簇不断吸引聚集、最终形成垂直电场方向的油簇链。乳液中实际形成的油滴链、油簇和油簇链分别如图 7-26（d）至（f）所示。

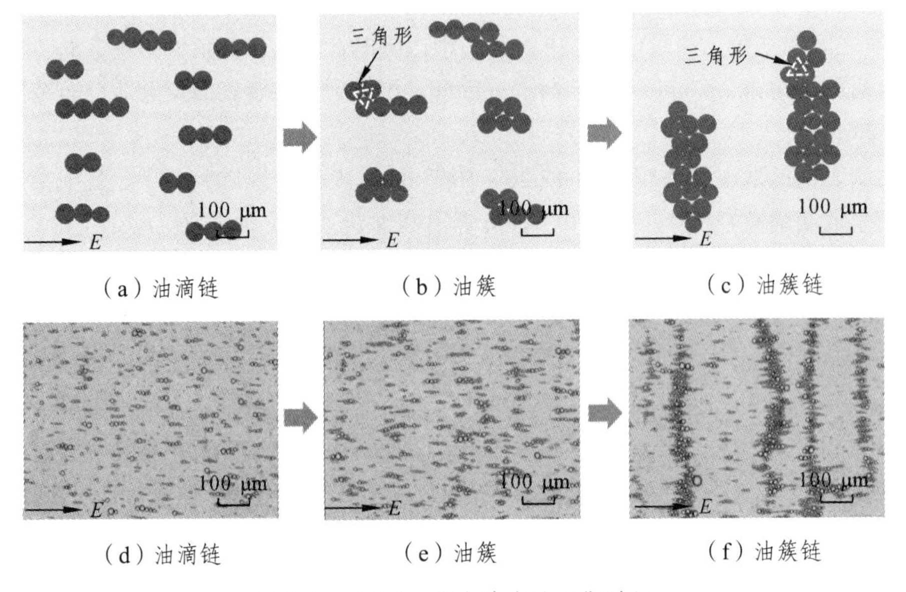

（a）油滴链　（b）油簇　（c）油簇链

（d）油滴链　（e）油簇　（f）油簇链

图 7-26　O/W 乳液中油滴的聚集过程

当 BPEF 电压升高时，油滴表面正负电荷分布范围的边界角增大，则幅角 $\Delta\theta^-$和 $\Delta\theta^+$减小，电荷聚集区域面积缩小，电荷密度升高，油滴两端电荷形成的电势增大。相邻油滴之间的静电吸引力增大，则油滴运动速度加快，油滴链形成时间缩短。油滴链中的油滴数目增加，相同时间所形成的油滴链长度随之增大，后续形成的油簇和油滴链的尺寸也相应地增大。当 BPEF 频率升高时，一个周期内电场力持续时间缩短，正负电荷在油滴两端停留时间缩短，油滴运动速度和迁移距离减小，油滴链形成过程缓慢，且形成的油滴链长度较小，则相应形成的油簇和油簇链也减小，形成过程也减缓。当 BPEF 占空比增大时，电场力作用持续时间延长，正负电荷在油滴表面停留时间也延长，油滴运动速度和迁移距离增大，所形成的油滴链长度增大。而当占空比持续增大时，电场力作用时间不断延长，油滴运动速度过大导致其碰撞弹开或破裂为小油滴。从而使得油滴链长度变小，油滴链形成过程减缓。同样，过大和过小的占空比下油簇和油簇链的形成效果也不佳。

对于不含乳化剂的 O/W 乳液，BPEF 作用时油滴仍然相互吸引形成平行于电场方向的油滴链，如图 7-27（b）所示。其中，BPEF 电压为 1000 V、频率 25 Hz 以及占空比为 50%，x 轴为水平方向、y 轴为垂直方向、E 是电场方向，E 方向与 x 轴间的夹角为 63°。乳液中油滴链进一步聚集形成油簇后，油簇的方向也与电场方向 E 相平行。BPEF 持续作用时，油簇相互吸引形成垂直于电场方向的油簇链，如图 7-27（c）所示。

随着 BPEF 继续施加，油簇链中的油滴在 BPEF 作用下发生了聚并，油簇链被破坏，乳液中出现大油滴，这说明 BPEF 驱动了乳液油滴聚集体中的油滴发生了聚结。且乳液中小油滴被直接吸进大油滴内发生合并，形成更大的油滴，如图 7-27（f）至（i）所示。在油滴聚并过程中，形成的大油滴仍然沿电场方向链接在一起，保持油滴链形态。O/W 乳液中所形成的油滴聚集体及大油滴不断上浮至乳液面，形成连续油相，最终使 O/W 乳液发生破乳。不含乳化剂的 O/W 乳液在不同电场参数和乳液性质下，其中油滴均出现以上运动过程。

而对于含乳化剂的 O/W 乳液，乳液中的油滴同样在 BPEF 作用下相互吸引形成油滴链，油滴链进一步聚集形成油簇和油簇链。但形成的油滴聚集体中的油滴并没有直接发生聚并，而是上浮形成油滴层，油滴层中油滴在 BPEF 作用下进一步发生聚并形成连续油相，最终实现 O/W 乳液的破乳。

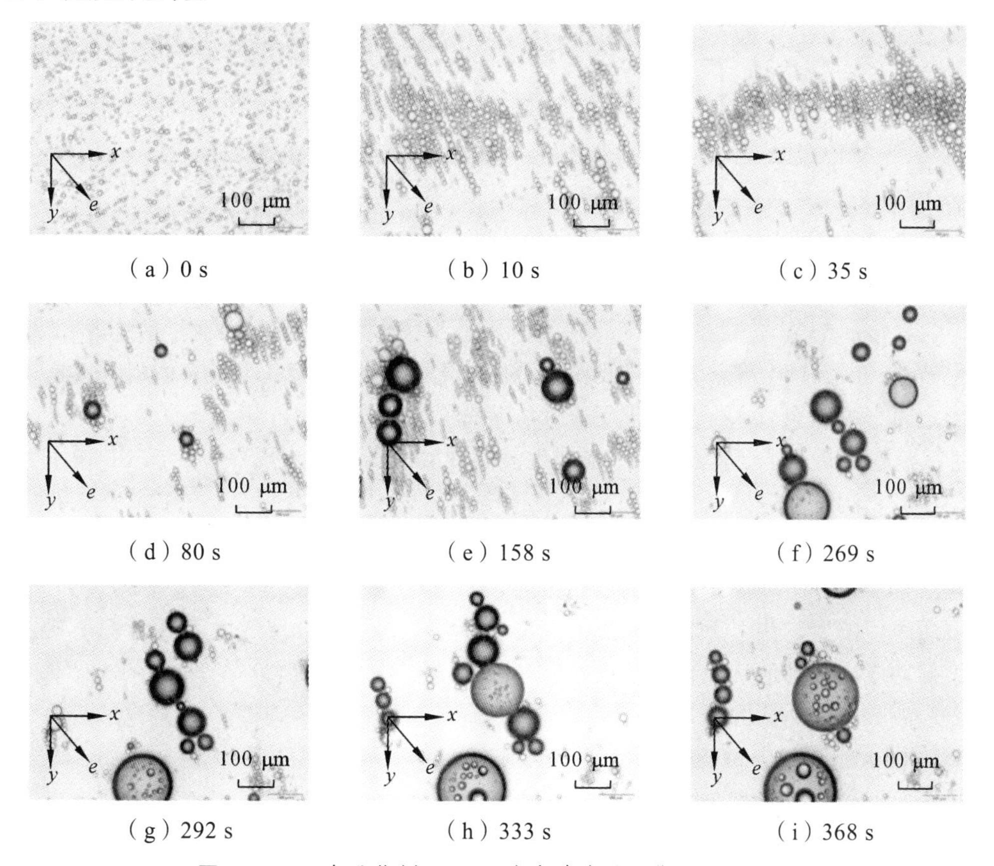

（a）0 s （b）10 s （c）35 s

（d）80 s （e）158 s （f）269 s

（g）292 s （h）333 s （i）368 s

图 7-27 不含乳化剂 O/W 乳液中油滴的聚集和聚并过程

BPEF 对不含和含乳化剂的 O/W 乳液破乳时，两者的破乳过程和原理有所不同，其区别在于不含乳化剂的 O/W 乳液在宏观破乳过程中没有明显的油滴层出现，而只出现了三种形态的油滴聚集体。油滴聚并过程发生在油滴聚集体中，形成的大油滴上浮后生成连续油相，导致乳液破乳，其破乳原理及过程如图 7-28（a）所示。而含乳化剂 O/W 乳液在 BPEF 作用过程中，油滴形成油滴链、油簇和油簇链三种聚集体后，油滴聚集体不断上浮形成油滴层，使乳液发生分层现象，油滴最终的聚并产生在油滴层中，然后形成连续油相，乳液发生破乳，其原理如图 7-28（b）所示。

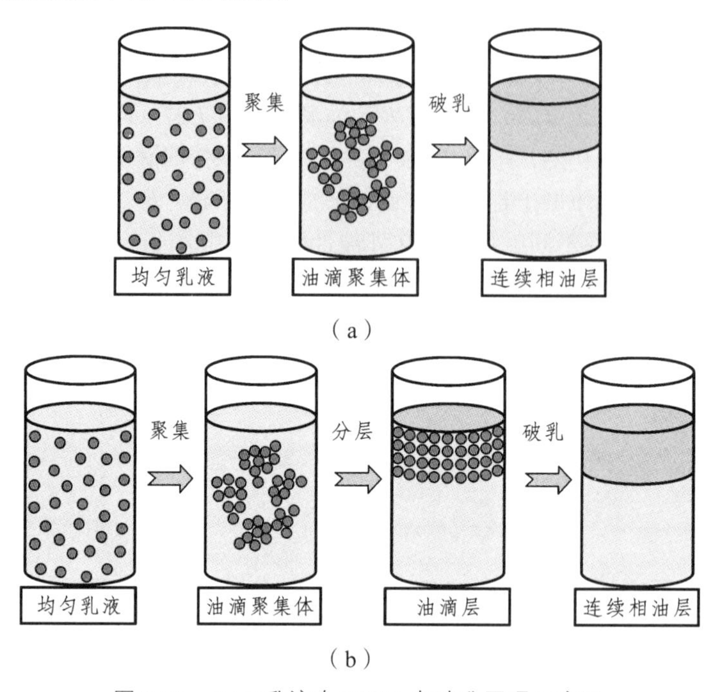

图 7-28　O/W 乳液在 BPEF 中破乳原理示意图

不含乳化剂 O/W 乳液在 BPEF 作用下，油滴聚集形成聚集体，油滴间的水膜受到排挤并发生破裂，油滴产生聚并，乳液破乳。而含乳化剂 O/W 乳液在 BPEF 作用下，聚集体中的油滴之间水膜破裂后，但依然受到表面乳化剂分子膜的阻碍作用而不能立即发生聚结合并。随聚集体不断上浮至乳液表面，形成油滴层使乳液产生分层现象。在 BPEF 作用下油滴层中的油滴之间不断碰撞、挤压直到乳化剂分子膜发生破裂，油滴才产生聚并使乳液最终发生破乳。

乳液分层是由分散油滴形成油滴聚集体后，在油水密度差的作用下，聚集体上浮形成油滴层所产生的，它使上下乳液油滴浓度变得不均匀。由于分层的乳液并未真正破乳，只要轻微摇动或施加其他扰动，分层可被破坏且乳液重新变为均匀。虽然乳液分层不代表破乳，但乳液分层为油滴的聚并提供了条件，是导致乳液破坏的关键步骤。不含乳化剂和含乳化剂的 O/W 乳液中，油滴的聚结发生在油滴聚集体和油滴层中，均为大量油滴集合在一起的情况。油滴之所以相互吸引聚集，是由于油滴表面正负电荷发生分离和再分布，相邻油滴之间正负电荷相互吸引产生聚集的效果。因此，在 BPEF 的聚结作用中，首先需要讨论的是其偶极聚结作用。由于 BPEF 作用下油滴双电层中的电荷发生迁移并重新分布，正、负电荷发生分离并聚集于油滴两端，使油滴两端产生极化的作用，促使油滴两端分别显示正、负极性，导致油滴之间产生相互吸引力，油滴之间相互接触、连接并最终发生油滴聚并。因此，偶极聚结为油滴在 BPEF 中聚结的一种作用类型。

由于 BPEF 中正负脉冲交替输出，油滴表面电荷随电场方向改变在油滴表面周期性交替分布聚集，油滴所受电场力方向也交替变化。在 BPEF 电场力和电荷交替变化作用下油滴聚集体和油滴层中的油滴自身产生震荡效应。相互接触并且不断震荡的相邻油滴会不断地排挤、压缩并破坏两者之间的界面膜和乳化剂分子膜，且油滴在 BPEF 作用下，其表面阴阳离子不断地周期性往复迁移会导致油滴之间的界面膜和乳化剂分子膜受到不断的冲击作用，油滴间膜强度下降，最终发生破裂，油滴从而聚结破乳。所以，这种由震荡效应形成的震荡聚结方式也是油滴在 BPEF 中聚结的一种作用类型。因此，说明 BPEF 对 O/W 乳液破乳过程中，油滴是在偶极聚结和震荡聚结共同作用下发生聚并，最终使 O/W 乳液破乳[35]。

7.6 小 结

本章内容主要研究了直流和交变电场（BPEF）作用下 O/W 乳液中油滴表面电荷的重新分布，利用提出的边界角对电荷分布范围进行了衡量，并对所提出的假设和模型进行了验证。该模型可以合理解释油滴在 BPEF 中相互吸引、聚集等运动过程及其规律，在此基础上归纳总结了 BPEF 对 O/W 乳液的破乳机理。

（1）BPEF 作用下 O/W 乳液中相邻油滴表面沿电场方向的两端相互吸引，油滴间产生吸引力。而吸引力来自油滴表面双电层中发生分离的正负电荷，其分别迁移、聚集至油滴表面沿电场方向的两端，相邻油滴相互靠近的表面所带电荷电性相反，正、负电荷相互吸引驱动油滴运动聚集。据此，本研究提出了 BPEF 中油滴表面电荷重新分布的假设，建立了 BPEF 作用下油滴表面双电层中负电荷向油滴表面趋向于阳极一端迁移聚集和正电荷向油滴表面趋向于阴极一端迁移聚集的电荷再分布模型。

（2）定义边界角 θ^+和 θ^-分别衡量油滴表面正负电荷的分布范围，推导 O/W 乳液中油滴表面电荷分布范围的边界角的计算公式。实验中发现小油滴沿 BPEF 方向吸附于大油滴的两端，大小油滴接触部分为电荷分布区域。实验中大油滴表面负电荷边界角 θ^-的实际测量值为 52.65°，由边界角计算公式得到的 θ^-为 51.48°，两者误差为 2.22%。通过以上验证，说明本研究所提出的油滴表面电荷在 BPEF 作用下迁移聚集至油滴表面沿电场方向两端的假设和模型是合理正确，同时边界角的计算公式能够有效地对油滴表面重新分布后的电荷范围进行衡量。

（3）由以上模型，BPEF 电压升高时，油滴表面正负电荷分布范围的边界角增大，幅角 $\Delta\theta^-$和 $\Delta\theta^+$减小，电荷聚集区域缩小，电荷密度增大，油滴间吸引增大，油滴聚集效果增强。BPEF 频率升高电场力持续时间缩短，正、负电荷在油滴两端停留时间缩短，油滴运动速度和迁移距离减小，油滴聚集效果减弱。过大或过小的 BPEF 占空比使正、负电荷在油滴两端停留时间较少或过长，导致油滴运动速度较小或过大，均不利于油滴的聚集。

（4）BPEF 作用下 O/W 乳液中油滴均形成油滴链、油簇和油簇链。不含乳化剂的 O/W 乳液中油滴形成油滴聚集体，其中的油滴进一步聚结，实现乳液破乳。而含乳化剂的 O/W 乳液中油滴形成油滴聚集体，聚集体上浮生成油滴层使乳液分层，油滴层中的油滴发生聚并导致乳液破乳。BPEF 作用下，乳液中油滴在偶极聚结和震荡聚结共同作用下发生聚并，实现 O/W 乳液的破乳。

参考文献

[1] WANG C, LI M, SONG Y, et al. Electrokinetic motion of a spherical micro particle at an oil-water interface in microchannel[J]. Electrophoresis, 2018, 39: 807-815.

[2] LI M, LI D. Electrokinetic motion of an electrically induced Janus droplet in microchannels[J]. Microfluidics and Nanofluidics, 2017, 21.

[3] LEUNISSEN M E, BLAADEREN A V, HOLLINGSWORTH A D, et al. Electrostatics at the oil-water interface, stability, and order in emulsions and colloids[J]. Proceedings of the National Academy of Sciences, 2007, 104(8): 2585-2590.

[4] LI M, LI D. Fabrication and electrokinetic motion of electrically anisotropic Janus droplets in microchannels[J]. Electrophoresis, 2017, 38: 287-295.

[5] 左继浩. 超润湿性荷电分离材料的制备及其对水包油型乳液的分离研究[D]. 广东：华南理工大学，2021.

[6] 张景源. 电场作用下 O/W 型乳状液的破乳效果及机理研究[D]. 天津：天津大学，2018.

[7] ZAFEIRI I, SMITH P, NORTON I T, et al. Fabrication, characterisation and stability of oil-in-water emulsions stabilised by solid lipid particles: the role of particle characteristics and emulsion microstructure upon Pickering functionality[J]. Food & Function, 2017, 8: 2583-2591.

[8] JOYNER H S, PERNELL C W, DAUBERT C R. Impact of oil-in-water emulsion composition and preparation method on emulsion physical properties and friction behaviors[J]. Tribology Letters, 2014, 56: 143-160.

[9] KOBASHI I, ZHANG Y, HORI Y, et al. Influence of electrolyte concentration on microchannel oil-in-water emulsification using differently charged surfactants[J]. Colloids and Surfaces A: Physicochemical and Engineering Aspects, 2014, 440: 79-86.

[10] 杨东海. 电场作用下油包水乳状液聚结特性研究[D]. 山东：中国石油大学（华东），2013.

[11] SHI C, ZHANG L, XIE L, et al. Interaction mechanism of oil-in-water emulsions with asphaltenes determined using droplet probe AFM[J]. Langmuir, 2016, 32: 2302-2310.

[12] HE L, LIN F, LI X, et al. Interfacial sciences in unconventional petroleum production: from fundamentals to applications[J]. Chemical Society Reviews, 2015, 44: 5446-5494.

[13] MA L, ZHANG C, LUO J. Investigation of the film formation mechanism of oil-in-water (O/W) emulsions[J]. Soft Matter, 2011, 7.

[14] MAIER C, ZEEB B, WEISS J. Investigations into aggregate formation with oppositely charged oil-in-water emulsions at different pH values[J]. Colloids and Surfaces B: Biointerfaces, 2014, 117: 368-375.

[15] LI M, LI D. Janus droplets and droplets with multiple heterogeneous surface strips generated with nanoparticles under applied electric field[J]. The Journal of Physical Chemistry C, 2018, 122: 8461-8472.
[16] 郑红霞，陈鸿强，高彦祥，等. 乳状液胶体颗粒界面结构设计研究进展[J]. 食品科学，2020，41（5）：246-255.
[17] 任博平. 双向脉冲电场中水包油乳状液的破乳研究[D]. 天津：天津大学，2019.
[18] AN Y P, YANG J, YANG H C, et al. Janus membranes with charged carbon nanotube coatings for deemulsification and separation of oil-in-water emulsions[J]. ACS Applied Materials & Interfaces, 2018, 10: 9832-9840.
[19] PAN M, GONG L, XIANG L, et al. Modulating surface interactions for regenerable separation of oil-in-water emulsions[J]. Journal of Membrane Science, 2021, 625.
[20] ARAB D, KANTZAS A, BRYANT S L. Nanoparticle stabilized oil in water emulsions: A critical review[J]. Journal of Petroleum Science and Engineering, 2018, 163: 217-242.
[21] XU M, JIANG J, PEI X, et al. Novel oil-in-water emulsions stabilised by ionic surfactant and similarly charged nanoparticles at very low concentrations[J]. Angewandte Chemie International Edition, 2018, 57: 7738-7742.
[22] GOTCHEV G, KOLAROV T, KHRISTOV K, et al. On the origin of electrostatic and steric repulsion in oil-in-water emulsion films from PEO-PPO-PEO triblock copolymers[J]. Colloids and Surfaces A: Physicochemical and Engineering Aspects, 2010, 354: 56-60.
[23] RIDEL L, BOLZINGER M, GILON-DELEPINE N, et al. Pickering emulsions stabilized by charged nanoparticles[J]. Soft Matter, 2016, 12: 7564-7576.
[24] 张硕. 水包油型细乳液制备过程强化及其聚合应用研究[D]. 山西：中北大学，2022.
[25] 张黎明，何利民，吕宇玲，等. 油包水乳状液电导率与电破乳研究[J]. 油田化学，2008，25（2）：158-161.
[26] BINKS B P, YIN D. Pickering emulsions stabilized by hydrophilic nanoparticles: in situ surface modification by oil[J]. Soft Matter, 2016, 12: 6858-6867.
[27] KOBAYASHI I, NAKAJIMA M, MUKATAKA S. Preparation characteristics of oil-in-water emulsions using differently charged surfactants in straight-through microchannel emulsification[J]. Colloids and Surfaces A: Physicochemical and Engineering Aspects, 2003, 229: 33-41.
[28] LIU P, ZHANG S, PEI X, et al. Recyclable and re-usable smart surfactant for stabilization of various multi-responsive emulsions alone or with nanoparticles[J]. Soft Matter, 2022, 18: 849-858.
[29] LI M, LI D. Redistribution of charged aluminum nanoparticles on oil droplets in water in response to applied electrical field[J]. Journal of Nanoparticle Research, 2016, 18.
[30] LI M, LI D. Redistribution of mobile surface charges of an oil droplet in water in applied electric field[J]. Advances in Colloid and Interface Science, 2016, 236: 142-151.

[31] LI M, LI D. Separation of Janus droplets and oil droplets in microchannels by wall-induced dielectrophoresis[J]. Journal of Chromatography A, 2017, 1501: 151-160.

[32] 李彬. 直流脉冲电场作用下的油水乳状液内液滴及液滴群行为研究[D]. 山东：中国石油大学（华东），2018.

[33] ICHIKAWA T, DOHDA T, NAKAJIMA Y. Stability of oil-in-water emulsion with mobile surface charge[J]. Colloids and Surfaces A: Physicochemical and Engineering Aspects, 2006, 279: 128-141.

[34] LI M, LI D. Vortices around Janus droplets under externally applied electrical field[J]. Microfluidics and Nanofluidics, 2016, 20.

[35] KADRI H, OVERTON T, BAKALIS S, et al. Understanding and controlling the release mechanism of Escherichia coli in double W1/O/W2emulsion globules in the presence of NaCl in the W2phase[J]. RSC Advances, 2015, 5:

8

水包油乳状液电破乳的分子动力学机理

随着三次采油技术的发展，许多油田在开采阶段产生了大量的水包油（O/W）乳状液。这种乳状液中油滴的尺寸非常小，只有几微米，这给含油废水的净化带来了巨大的挑战。许多传统方法，如重力沉降法、离心分离法等，对破乳化效果不佳。近年来，电破乳法因其效率高、成本低、处理量大而得到广泛应用。水包油（O/W）乳状液广泛存在于石油开采、食品加工、生物技术等行业。这类含油废水中油滴的大小仅为微米量级，增加了油水分离的难度。与重力沉降法、超声波强化法、膜处理法和化学药剂法相比，电乳化法具有能耗低、分离效率高、避免二次污染等优点，被广泛应用于油水分离工艺中。油包水型 W/O 乳剂中的水滴很容易极化，在电场作用下会发生偶极聚结。与水滴不同，水包油型乳液中的油滴是介电常数很小的非极性分子，不易极化。与电乳化技术在油包水型乳液中的应用相比，关于水包油型乳液的研究报道并不多。大量研究表明，油滴表面带负电荷，吸附某些阴离子表面活性剂[十二烷基硫酸钠（SDS）、十二烷基苯磺酸钠（SDBS）]后，电荷会增加，引起油滴表面电荷的重新分布，从而导致油滴在电场作用下发生电泳迁移并聚集成大油滴。Zhang 等人研究了直流电场下 O/W 型乳液的破乳化效应，结果表明乳液的破乳化过程可分为三个阶段：水层形成、横向扩散再乳化和 O/W 型乳液上浮稳定，临界电流和表面张力梯度导致不同乳液的破乳化过程和电流变化不同。Ren 等研究了双向脉冲电场（BPEF）作用下 O/W 乳液中油滴的聚集行为，结果表明油滴聚集后形成油滴链、油簇和油簇链三种形式的团聚体，BPEF 电压的增加促进了油滴的聚结，但 BPEF 频率的增加削弱了油滴的聚集效果。研究人员进行了不同电场形式下 O/W 型乳液的破乳化实验，但尚未从微观层面进一步解释电场强度和表面活性剂浓度对油滴聚结的耦合效应机理。

O/W 型乳液中的油滴在直流电场下的聚结方式一般为电泳聚结，许多小油滴在电场作用下聚结成大油滴并上浮，出现油水分层，从而实现破乳。Ichikawa 等人发现，施加低压直流电场可诱导稠化的水包油乳液快速破乳，而且破乳过程在两个电极之间的整个空间内同时发生，但稀油包水乳液（含油废水）仅在电极附近出现破乳现象。Wang 等人利用电化学工作站和光学显微镜研究了直流电场下 O/W 型乳液中油滴的迁移行为，结果表明在直流电场下油滴开始向阳极迁移。随着电场强度的增加，油滴的迁移率也随之增加。直流电场的应用破坏了油滴表面电荷结构的稳定性，造成油滴表面电荷分布不平衡，导致油滴定向迁移。由此可见，以往的实验大多是从宏观角度分析 O/W 型乳液的电破乳作用，而没有研究具体油滴在电场作用下的运动，这是目前实验手段难以解决的问题。

随着模拟技术的发展，许多研究人员将分子动力学模拟应用于油水乳液的电乳化研究。

分子动力学模拟方法近年来被广泛应用于油水乳液的电乳化研究，但大多是针对油包水型乳液的报道，缺乏对水包油型乳液在分子水平上的研究。然而，大多数学者仅从微观层面探讨了油包水（W/O）乳液的电聚结机理。Knecht 等人首次将分子动力学应用于油包水乳液，用癸烷代替油相，模拟结果表明，在没有离子的情况下，油在水中的电泳迁移率与实验中的电泳迁移率具有相同的符号和数量级。Pullanchery 等人分析了十六烷值油相-水相界面氧-氘和碳-氢伸展区的界面振动光谱，分子动力学模拟表明，水分子与烷基氢形成 C—H---O 界面氢键，导致电荷从水转移到油中，稳定油滴。可以看出，对油包水乳液电乳化的模拟研究极其缺乏，以往研究的模型都是油水界面模型，并非严格意义上的水包油乳液，模型不具有普遍适用性，单个油滴在电场作用下的微观运动行为尚未得到探讨，微纳米油滴在电场作用下的运动机理研究不足。

Knecht 等人最初用癸烷代替油相，分子动力学模拟结果表明，油在水中的电泳迁移率与实验中的数量级相同，但油滴并没有完全被体系中的水相包裹，严格来说并不是 O/W 型乳液体系。Zhang 等人利用分子动力学方法研究了含有固体颗粒的油滴在直流电场下的聚结行为，结果发现油滴聚结过程形成了液桥结构，在未施加电场的条件下可以诱导油滴聚结，但模拟结果只显示了油滴在电场中迁移过程的接触阶段，这并不是常见的油滴聚结模式，这与 Ichikawa 等人的结论不一致。Ichikawa 等人在实验中发现，稀油/水乳液只能在电极附近实现破乳。Wang 等人采用分子动力学方法研究了复杂的水包油（O/W）乳液体系中重油液滴在直流电场下的碰撞和非电场下的凝聚行为。通过改变电场强度的模拟参数，讨论了十二烷基硫酸钠（SDS）分子、二氧化硅纳米颗粒（SiO_2 NPs）、沥青质分子和树脂分子等乳化油滴的各种分子在六种电场强度下的运动以及电场激发后碰撞油滴的聚集过程。同时，利用径向分布函数和构象统计量从微观角度分析了油滴的电荷分布和不同分子相互作用力的变化，进一步探讨了油滴在电场作用下的破乳化机理。模拟结果表明，当电场强度小于 1.5 V/nm 时，由于 SDS 分子的阻挡作用，乳化油滴中的油性成分无法接触。当电场强度大于或等于 1.5 V/nm 时，SDS 分子脱离油相进入水相，乳化油滴发生接触。界面是沥青质和树脂面对面堆积形成的桥状结构。这种结构的存在是油滴进一步凝聚成一个整体的关键。在没有电场的情况下，局部油滴会自发凝聚，沥青质形成的桥梁结构会逐渐消失。SiO_2 纳米粒子会促进油滴的凝聚。由此可见，目前对油滴在电场作用下的微观运动机理研究还不够充分，尤其是在分子水平上，还没有关于电极板附近油滴聚结行为的相关报道[1]。

8.1 直流电场中水包油乳液破乳的分子动力学模拟

在石油工业快速发展的背景下，如何对含油废水进行环保处理已成为亟待解决的问题。在石油工业生产过程中，含油废水中油的形态多种多样，包括油脂、润滑油、重烃、轻烃等。油田乳化液主要是复杂稳定的液-液胶体悬浮液，包括分散相/内相、连续相/外相和乳化剂，基本存在于油水界面。而含油废水的成分非常复杂，含有许多固体颗粒、油和各种残留添加剂。近年来，由于计算机计算能力的快速增长、分子动力学相模拟软件的逐步完善以及分析方法的多样化，分子动力学模拟已成为研究沥青烯、树脂和烷烃分子的有效手段。人们在分子水平上对各种油滴和带电液滴在电场中的行为进行了大量研究。国内的研究者们通过分子动力学模拟方法研究了电场对蜡状原油黏度和石蜡微观性质的影响。结果表明，外加电场对蜡状原油的黏度有直接影响，电场强度越大，黏度降低幅度越大。He 等人利用分子动力学模拟了两个带电液滴的聚集动力学。Wang 等人认为，在分子水平上，当不同强度的电场作用于两个相邻的导电液滴时，这些液滴可能完全凝聚、部分凝聚或相互弹开。Wang 等通过分子动力学模拟研究了带电液滴在脉冲电场和恒定电压下的凝聚行为。

因此本部分内容旨在通过模拟含表面活性剂和固体颗粒（SiO_2 NPs）的油包水乳化液中油滴及其他组分的运动和聚集过程，研究复杂环境下直流电场对油滴的破乳化机理。首先，模拟了乳化油滴在六种不同电场强度下的运动和聚集过程，分别观察了表面活性剂分子、土壤颗粒、沥青质和树脂分子在直流电场下的行为，并确定了不同分子在电场下行为差异的原因。其次，我们发现沥青质分子在油滴变形接触后会形成连接两个油滴的桥状结构，并将该结构的形成视为油滴在无电场条件下能够相互凝聚的前提。最后，我们观察了油滴无电场凝聚的过程，并根据油滴形状的变形程度将其分为四个阶段，研究了四个阶段中不同分子的变化和运动。同时还考虑了 SiO_2 NPs 在油滴凝聚过程中的作用。

8.1.1 直流电场中水包油乳液的模拟方法和系统

8.1.1.1 模拟方法和力场

本研究使用 GROMACS 2019 软件包和 GROMACS 54a7 力场参数集进行分子动力学模拟和分析。SiO_2NPs 由二氧化硅晶体切割而成。通过自动拓扑生成器（Automated Topology Builder，ATB）建立了 SiO_2 NPs、SDS、沥青烯、树脂和其他碳氢化合物的拓扑文件和分子最佳几何形状，并选择水分子作为简单点电荷（SPC）模型。

在模拟箱的每个方向都设置了周期性边界条件。总能量最小化的方法是最陡共轭梯度法，收敛标准设定为小于 1000 $kJ \cdot mol^{-1} \cdot nm^{-1}$。我们选择了 300 K 和 0.1 MPa 下的 NPT 集合，NVT 集合的设定温度为 300 K。我们选择的压力耦合器是 Berendsen 压力耦合器，它适用于非平衡分子动力学研究，时间常数为 1.0 ps。速度重定标热被选作温度耦合。采用粒子网格 Ewald（PME）的总和法来调节库仑相互作用。Leonard Jones 和 Van der Waals 的截止半径为 0.9 nm。在模拟中，选择了维莱特算法。动态特性由 GROMACS 的内置程序分析，轨迹由 VMD 观察。在所有模拟中，都以 1.0 ps 的间隔收集轨迹，以便进一步分析[2]。

8.1.1.2 模拟系统

原油是一种多组分混合物，其成分非常复杂，主要包括沥青质、树脂、烷烃和多种芳香族化合物。根据质量密度和性质，我们可以将原油分为轻质原油和重质原油。其中，由沥青质和树脂组成的重质成分被认为是石油具有高黏度和高稳定性的主要原因，而轻质原油的主要成分是碳氢化合物等。由于原油成分和结构的复杂性，很难通过实验手段获得详细的分子信息。在以往的模拟中，复杂的原油成分往往被简化，大多数油滴模型由几种代表性的沥青质和树脂以及一些芳香烃和烷烃组成。Yang 等人通过分子动力学研究了界面活性沥青质（IAAs）和残余沥青质（RAs）在稳定油乳状液中的作用。Sjöblom 等人和 Greenfield 等人总结了几种代表性沥青质模型的特性[3]。

在前期学者们研究的基础上，在模拟中选择了 2 种沥青质分子（沥青质 1 和沥青质 2）和 6 种中等树脂分子（树脂 1、树脂 2、树脂 3、树脂 4、树脂 5 和树脂 6）作为油滴的重组分。轻质原油由烷烃（29 个庚烷分子、32 个己烷分子、34 个辛烷分子、40 个壬烷分子）、芳烃（13 个苯分子、35 个甲苯分子）和环烷烃（35 个环庚烷分子、22 个环己烷分子）组成。组成油滴的分子将位于水箱中。在油滴模型中，沥青质和树脂的质量分数分别为 13.68% 和 25.32%。将上述所有石油分子随机加入一个足够大的立方体盒子中，通过能量最小化消除构象重叠后，在温度为 300 K、压力为 1.01×10^5 Pa 的条件下，通过 20 ns 的 NPT 集合模拟得到合理密度。NPT 模拟结束后，将压缩后的原油立方体放入另一个空立方体模拟箱中，并以合理的密度向箱内加入水分子（SPC）。然后进行能量最小化以消除相反构象，并进行至少 50 ns 的 NVT 合集。最后得到水溶液中直径约为 8 nm 的球形油滴模型。

在分子动力学模拟过程，忽略水分子和钠离子，并考虑了原油液滴模型、乳化液滴模型、乳化液滴在电场作用下的变形以及无电场时油滴的凝聚过程。在模拟中，为了得到复杂环境下的油滴模型，我们使用直径约为 1.6 nm 的 SiO_2 NPs 代表含油废水中的固体颗粒，并选择常用的表面活性剂 SDS。将得到的油滴模型置于方框中心，并添加了过量的 SiO_2 NPs 和 SDS 分子。此外，我们还添加了 138 个钠离子以平衡电荷。能量最小化后，通过至少 50 ns 的 NVT 组合，油滴表面的表面活性剂和 SiO_2 NPs 数量达到饱和。此时，油滴表面吸附了 5 个 SiO_2 NPs 和 43 个 SDS 分子。

在 40 nm × 10 nm × 10 nm 水盒的中心并排放置两个被纳米粒子和 SDS 分子乳化的油滴分子，使两个油滴的中心距为 10 nm。之所以这样放置乳化油滴，是因为纳米粒子的加入会使乳化油滴在电场作用下更容易被破坏。如果两个油滴之间的距离太远，在油滴破裂之前就无法观察到油滴的接触。我们在模拟框 X 的正方向上施加不同强度的直流电场，电场强度范围为 0.5 ~ 3 V/nm，每 0.5 V/nm 模拟一次。在施加电场的过程中，我们发现由于加入了 SiO_2 NPs，电场下的油滴很容易破裂。在我们的模拟中，油滴破裂并不是我们想要看到的，因此我们只研究油滴破裂前的时间。如果两个油滴在断裂前可以碰撞接触，我们认为油滴在此电场强度下可以相互碰撞，反之亦然。表 8-1 列出了每个系统中使用的电场强度和油滴的破裂时间。

表 8-1　乳化油液滴系统的详细信息

系统	电场强度/$V \cdot nm^{-1}$	油滴破裂时间/ps
Ⅰ	0.5	102
Ⅱ	1.0	80
Ⅲ	1.5	62
Ⅳ	2.0	35
Ⅴ	2.5	30
Ⅵ	3.0	25

在此基础上，我们观察了两个油滴碰撞后接合处的分子分布，并对在电场作用下碰撞的油滴进行了 50 ns 的 NVT 集合，模拟了无电场时油滴的凝聚过程[4]。

8.1.2 直流电场中水包油乳液油滴的分子动力学特性

8.1.2.1 不同电场强度下油滴的运动行为分析

选择了三种代表性的电场强度分别为 1 V/nm、2 V/nm 和 3 V/nm，并研究了三种电场强度下油滴的运动。在直流电场下，乳化油滴会发生有规律的变形。首先，油滴表面的带电分子（包括沥青质分子和 SDS 分子）在表面定向移动，表面被极化。然后，在带电分子的驱动下，油滴向电场的负方向运动，由于不同分子在电场下的运动速率不同，整个油滴发生变形，结构变得更加松弛。沥青质在电场中受力，沥青质和树脂形成的稳定堆积结构可在变形过程中将油滴保持为一个整体。在电场作用下，沥青质对油滴的迁移和变形起着重要作用。油滴在沿电场方向移动的过程中会发生接触。当电场强度大于 1.5 V/nm 时，两个油滴可以在断裂前接触。

两个油滴的变形是不同的。我们认为，左端的油滴向左移动时会受到右端油滴的相互作用力，因此右端的油滴会产生较大的变形。右端的油滴逐渐拉长，最后断裂。在电场力的作用下，SDS 分子脱离油滴表面进入水相，并最终保持与电场方向平行。SiO_2 NPs 在电场中的运动速度比其他分子慢，因此 SiO_2 NPs 会阻碍两个乳化油滴的接触，进而阻碍油滴的乳化。可以看到，此时两个油滴都发生了碰撞，但在不同的电场下，碰撞后两个油滴的组合形式是不同的。当电场强度大于或等于 1.5 V/nm 时，两个油滴的油性成分会结合在一起。当电场强度小于 1.5 V/nm 时，SDS 分子会阻挡在油滴中间，阻碍油滴的结合。

8.1.2.2 不施加电场时油滴松散度的变化

乳化油滴在外加直流电场的作用下定向移动并逐渐变形。在此过程中，乳化油滴的密度逐渐降低。为了验证这一过程，我们分析了外加电场作用下油滴中沥青质和树脂、SiO_2 NPs 和树脂的径向分布函数（RDF）。沥青烯分子的芳香区位于侧链上，因此很容易与具有相同芳香区的树脂分子形成面对面的堆积结构。同时，由于沥青烯分子中含有氧原子（O）、氮原子（N）和硫原子（S）等杂原子，能与水分子形成氢键，因此在油水界面上有吸附倾向。因此，由沥青质和树脂组成的面对面堆积结构主要分布在油滴内部，这被认为是原油油滴黏度高的主要原因。同时，SiO_2 NPs 会与树脂的芳香区相互作用，形成稳定的面对面堆积结构，这种结构主要分布在表面。在一定程度上，径向分布函数可以反映参比原子 A 和被计算原子 B 之间的相互作用，并反映出相对于整个方框（计算区域）中 B 原子的平均密度而言，A 原子 R（在计算过程中代表 A 原子）与 B 原子在外壳中的密度。

A 类粒子和 B 类粒子之间的 $g_{AB}(r)$定义为

$$g_{AB}(r)=\frac{\langle\rho_B(r)\rangle}{\langle\rho_B\rangle_{local}}=\frac{1}{\langle\rho_B\rangle_{local}}\frac{1}{N_A}\sum_{i\in A}^{N_A}\sum_{j\in B}^{N_B}\frac{\sigma(r_{ij}-r)}{4\pi r^2} \quad (8\text{-}1)$$

式中 $\rho_B(r)$——A 型粒子周围距离 r 处的 B 型粒子密度；

$(\rho_B)_{local}$——以粒子为中心、半径为 r_{max} 的所有外壳中 B 型粒子的平均密度。

通过分析了上述两种结构的径向分布函数，可以看出，随着电场强度的增加，两种结构的作用形式会逐渐减弱，因此电场可以使油滴结构松散，内部相互作用减弱。我们认为，只有油滴结构变得疏松，分子间的相互作用减弱，油滴碰撞后才能更好地凝聚。

8.1.2.3 SDS 分子在电场中的运动

带负电荷的 SDS 分子极性头会受到电场力的影响。部分 SDS 分子会脱离油滴表面进入水相，并逐渐与电场方向平行。然而，其他 SDS 分子的尾链不会与油性成分完全分离，从而导致油滴在电场中移动。值得一提的是，由于两个紧密油滴之间的相互作用，位于两个油滴之间的 SDS 分子比其他位置的分子更难与油滴表面分离。当电场强度足够高时，位于两个油滴之间的 SDS 子会逐渐脱离沥青分子和 SiO_2 NPs 的结合。在极性头的带领下，分子会发生扭曲，从油滴之间的间隙中被拉出，并沿着油滴表面逐渐进入水相。SDS 分子的排出会使油相分子直接暴露于水相，而从另一个油滴中凸出的沥青质分子可以方便地与油分子接触，并与其形成稳定的堆积结构。

极性基团会吸引水中的水分子，通过与水分子的氢键结合并固定水分子，在表层形成水分子的分层结构。当 SDS 子吸附在油滴表面时，极性基团无法与水分子充分接触。当 SDS 分子从油相进入水相时，它们结合在一起，进一步增加了 SDS 分子与水分子之间的接触，导致 SDS 分子与水分子之间的配位数增加，如图 8-1 所示。脱离的 SDS 分子将包围油滴。

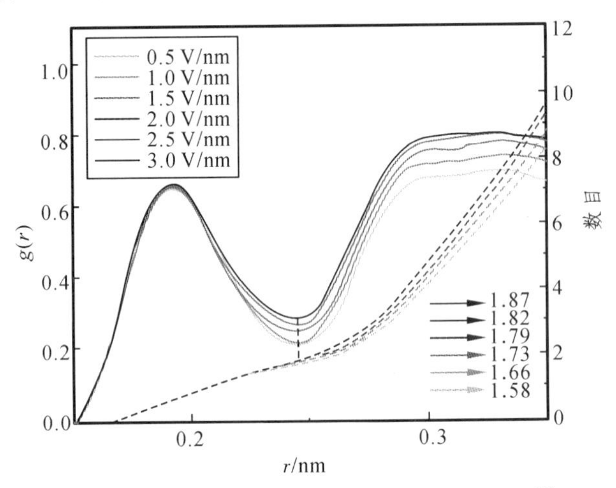

图 8-1 六种电场强度下 SDS 分子的配位数[6]

8.1.2.4 电场下的油滴组合

在 2.5 V/nm 的电场下油滴碰撞后体系中油滴外的 SiO_2 NPs 和 SDS 分子、油滴内的沥青质和树脂分子的分布情况中可以发现，位于两个油滴中间的 SDS 分子完全进入水相，包围了两个油滴的接触位置，油滴中的油性成分凝聚在一起。此时两个油滴内部沥青质和树脂的分布情况中我们可以清楚地看到，位于两个油滴碰撞处的沥青质分子似乎是连接两个油滴的桥梁，沥青质分子和树脂分子在这里形成了面对面的堆积结构。我们认为，在电场中运动较快的沥青质分子可以首先进入另一个油滴，起到连接两个油滴的桥梁作用。我们把连接两个沥青油滴形成的结称为桥结构。我们认为，正是因为构成桥式结构的沥青质和树脂能够形成稳定的相互作用，使两个油滴能够稳定地连接在一起，从而使油滴破乳成为可能。桥式结构形成的前提条件主要为以下两方面：① 位于两个油滴之间的 SDS 分子需要进入周围的水相，以免阻碍油滴的接触。② 两个油滴接触后，沥青质和树脂形成稳定的堆积结构。

为了验证另一个油滴中的沥青质分子和树脂分子是否真的形成了稳定的堆积结构，分析了三个沥青质分子和树脂分子在不同时间段内的 RDF。当电场强度为 1 V/nm 时，两个油滴之间不存在油组分凝聚，因此油滴碰撞过程中沥青质与树脂之间相互作用的减弱来自油滴整体结构的松散。当电场强度为 2.5 V/nm 时，两个油滴合并。在碰撞过程中，沥青质与树脂之间的相互作用先上升后下降，这表明沥青质进入了另一个油滴，并与其中的树脂聚集在一起。这种先减小后增大的趋势是我们判断是否形成桥结构的依据。只有当电场强度达到一定值时，才会形成桥结构，两个油滴之间才会出现稳定的连接。因此，其区别在于 SDS 分子是否位于两个油滴之间，树脂分子是否聚集在沥青烯周围。显然，SDS 分子仍然存在于两个油滴之间，沥青质分子没有与树脂形成稳定的堆积结构[5]。

8.1.2.5 无电场时油滴的凝聚过程

将施加电场时油滴即将破裂的状态称为油滴的非稳态，并在六个实验系统中模拟了非稳态下油滴的凝聚过程。模拟结果发现，只有当两个油滴中的油性成分混合在一起时，即两个油滴之间能形成由沥青烯组成的桥结构时，不稳定的油滴才能逐渐形成一个整体。1.5 V/nm 可以作为电场强度的临界值。当电场强度小于 1.5 V/nm 时，两个不稳定的油滴无法形成桥接结构，在没有电场的情况下也无法凝聚，于是两个破碎的油滴又变成了两个稳定的油滴。这就解释了在实际生产中，加入电场有时会使乳状液更加稳定，而不是破乳。当电场强度大于 1.5 V/nm 时，两个油滴之间会形成桥状结构，两个油滴会在不加电场的情况下自发合并，从而实现破乳。

在不施加电场的情况下两个油滴凝聚的过程中，游离于水相的 SDS 分子被油滴吸附。在施加电场的过程中，SiO_2 NPs 会阻碍油滴的运动和变形，但也能在不施加电场的情况下促进油滴的凝聚过程。根据凝聚过程的特点，将这一过程概括为四个阶段。第一阶段，破裂的油滴重新聚合成一个整体，在水中游动的 SDS 分子迅速被油滴吸收。此时，交界处的树脂和沥青分子形成的桥结构起到了稳定两个油滴的作用。第二阶段，桥结构逐渐变厚，中心的纳米颗粒能更好地起到连接作用。第三阶段，两个油滴的形状由椭圆形变为星形，并逐渐成为一个整体。第四阶段，两个小油滴破乳形成的大油滴中的分子随着时间的推移重新分布，破乳完成。

同时，为了探究油滴在非电场凝聚过程中分子间的相互作用，进一步分析了油滴凝聚过程中不同阶段、不同时间段油滴分子的径向分布函数。结果表明，在第一阶段，油滴从分散松弛状态重新聚集，内部分子间的相互作用随时间推移逐渐加强，这与我们能观察到的过程一致。在第二阶段，桥结构的存在使两个油滴成为一个整体，油滴的结构更加紧凑，分子间的相互作用增强。在第三阶段，两个完全凝聚的油滴在球化过程中分子间的作用力没有明显增加。在第四阶段，成为大油滴后，沥青分子和树脂分子等较大的分子会在大油滴内部重新分布，导致油滴内部分子间的相互作用减弱。

8.1.3 小　结

本节研究采用分子动力学模拟方法研究了直流电场下复杂油包水环境中乳化油滴的破乳化行为，比较了直流电场下不同电场强度下乳化油滴的行为差异。首先，在电场作用下，相邻两个乳化油滴的表面电荷首先发生重新分布。原因是带电的 SDS 分子和沥青质分子定向运动，油滴的结构变得更加疏松，SDS 分子在电场作用下会从油相进入水相。电场强度会影响两个油滴之间 SDS 的分布，从而影响两个油滴在电场作用下的接触。其次，由于二氧化硅纳米粒子在电场中的运动速度明显不同于其他分子，纳米粒子会使油滴在电场中更容易破碎，不利于油滴的碰撞破乳。那么，由于油滴的油组分凝聚，快速移动的沥青质分子将成为两个油滴之间的桥梁，能否形成桥梁结构将成为两个油滴能否凝聚的关键。最后，我们对无电场过程中两个油滴的凝聚过程进行了分类和总结，纳米颗粒在这一过程中起到了很好的作用。

8.2 直流电场中水包油乳液油滴电泳聚结行为的模拟

本部分研究内容基于分子动力学模拟研究了含有阴离子表面活性剂十二烷基硫酸钠（SDS）的油滴在直流电场下的电泳聚结行为，并定义了油滴迁移聚结的四个典型阶段。SDS 与水之间以及 SDS 与正己烷之间的弱相互作用主要是范德华相互作用，而 SDS 与水之间以及水分子内部则形成了少量氢键。随着电场强度（E）的增加，油滴聚集后的变形增大，与电极板的接触角变小。随着表面活性剂浓度的增加，油水之间的界面张力先减小后增大，当每个油滴周围的 SDS 分子数（n）为 55 时，界面张力达到 32.52 mN/m 的最小值。当 E = 1.2 V/nm 和 n = 55 时，油滴的聚结时间达到最小值 2.425 ns。远离阳极的油滴的迁移率大于靠近阳极的油滴，这是由于前者受到的合力较大。研究结果揭示了直流电场和阴离子表面活性剂耦合作用下油滴迁移和聚结的微观机理，为含油废水净化工艺的改进提供了理论指导。

8.2.1 直流电场中水包油乳液油滴电泳聚结的模型及其分析

本研究采用分子动力学方法研究了 O/W 型乳液中含有阴离子表面活性剂的油滴在直流电场下迁移和聚集的微观行为。油相为正己烷，阴离子表面活性剂为十二烷基硫酸钠，电极为由金原子组成的板。确定了两个油滴在电极板附近聚集过程的四个重要时间点，讨论了模拟系统中的弱相互作用、油滴聚结时间、油水界面张力、油滴迁移速率等参数。从分子水平上揭示了电场强度和表面活性剂浓度对电极板附近油滴电泳聚结行为的耦合效应机理，所得结果进一步发展了油滴静电聚结的微观理论，可为含油废水净化工艺的改进提供理论指导。

8.2.1.1 系统模型的建立

模拟系统的初始模型如下所示；在 30 nm × 10 nm × 10 nm 的方框中心放置了两个半径为 3 nm 的正己烷油滴，初始油滴中心距设定为 11 nm，以便两个油滴有足够的迁移时间，SDS 分子分布在油水界面之间，壳层厚度为 1 nm，以避免 SDS 在初始建模过程中分布到油或水中，钠离子被水解到水中，并在盒子边界设置了一个 1 nm × 9 nm × 9 nm 的金原子挡板，以近似水平电极板。在箱体上施加一个沿 x 轴向强度为 0.8 (0.9, 1.0, 1.1, 1.2) V/nm 的向右均匀直流电场，该电场由 GROMACS 的一个内置程序生成。在模拟中设定的电场强度通常比实验中的电场强度高 3 或 4 个数量级，因为低电场强度的影响会被分子的热运动所掩盖。下面提到的左边液滴均指液滴 1，右边液滴指液滴 2。根据系统中的温度和压力，C_6H_{14}、H_2O 和 Au 的估计数量分别为 1000、70 000 和 4623，这可以有效地保证模拟的数值稳定性。单个油滴周围的十二烷基硫酸钠数量（n）分别为 40、45、50、55、60 和 65，Na^+的作用主要是平衡模拟系统中的电荷，其浓度与 SDS 的浓度一致。

8.2.1.2 分子力场

模拟过程选择了 GROMOS54A7 全原子力场和 SPC/E 水分子模型。静电相互作用由经典库仑公式（8-2）计算得出，范德华相互作用由常用的伦纳德-琼斯（L-J）12-6[Lennard-Jones (L-J) 12-6]势函数公式（8-3）得出。

$$E_{ij}^{\mathrm{eie}}(r_{ij})=\frac{q_i q_j}{4\pi\varepsilon_0 r_{ij}} \tag{8-2}$$

$$E_{ij}^{\mathrm{udW}}(r_{ij})=\frac{C_{ij}^{(12)}}{r_{ij}^{12}}-\frac{C_{ij}^{(6)}}{r_{ij}^{6}} \tag{8-3}$$

式中 q_i, q_j——原子电荷；

ε_0——真空介电常数；

r_{ij}——原子 i 和 j 之间的距离；

$C_{ij}^{(12)}, C_{ij}^{(6)}$——原子 i 和 j 之间的相互作用参数。

GROMOS 力场中的相互作用参数由式（8-4）和式（8-5）确定。

$$C_{ij}^{(12)}=\sqrt{C_i^{(12)}C_j^{(12)}} \tag{8-4}$$

$$C_{ij}^{(6)}=\sqrt{C_i^{(6)}C_j^{(6)}} \tag{8-5}$$

式中 $C_i^{(12)}, C_j^{(12)}, C_i^{(6)}, C_j^{(6)}$——单个原子的参数以及非键相互作用参数。

8.2.1.3 模拟程序

分子动力学模拟主要分为四个步骤：建模、能量最小化、平衡相计算和生产相计算。本模拟中的建模使用 packmol 软件包，分子动力学计算选用 GROMACS 2018.8 单精度版本，模拟结果由 VMD 1.9.3 版本可视化。计算能量最小化过程时使用了最陡下降法，温度控制选择了速度-尺度法，系统温度设定为室温（298.15 K）。系统压力设定为一个大气压（100 kPa），采用精度较高的 Berendsen 方法进行压力控制，并选择 NPT 集合进行平衡相计算。当系统达到预设温度和压力时，加入电极板，并选择 NVT 系统进行生产阶段计算。具体模拟过程是在模拟系统中施加外电场后，系统中的每个带电粒子都会受到 $F = Eq$ 的电场力，电场力 F 的大小与粒子的电荷量 q 和外电场强度 E 有关。

使用常用的 Leap-frog 算法对每个原子的牛顿运动方程进行积分计算。选择了 PME 方法来更精确地计算长程静电相互作用，选择了截止法来计算范德华相互作用，两个计算半径都设置为 1.0 nm。采用 SETTLE 算法来约束水分子的化学键，其他分子则采用默认的

LINCS 方法，以尽量减少自由度。积分步长设定为 1 fs，每个生成相的模拟时间为 4 ns，平衡相的计算时间为 300 ps。此外，还在 x、y 和 z 方向设置了周期性边界条件。

8.2.1.4 模型验证

Ichikawa 等人先前通过实验观察到，O/W 型乳液仅在电极附近发生破乳，油滴在电极板附近迁移和聚集，并在电泳作用下合并。另外，其他学者等使用直流电场处理 O/W 型乳液，并用高速摄像机观察油滴的运动。实验结果显示，油滴在直流电场和表面活性剂的作用下吸附并润湿在阳极表面，但没有进一步解释微观层面的相互作用关系。

本节内容利用分子动力学方法模拟了含有 SDS 的油滴在直流电场下的运动，模拟结果与之前的实验结果有很好的相似性，系统设置和力场参数也通过正己烷-水界面张力（IFT）的检验得到了验证，所得到的结果可以从分子的角度进一步丰富油滴静电聚结的理论。

8.2.2 直流电场中水包油乳液油滴电泳聚结过程的分子动力学模拟

8.2.2.1 静电位和范德华位

为了计算单个分子的弱相互作用势，首先在 B97-3c 水平上对单个分子进行了几何优化，使每个原子都处于较低的能量，然后在 RI-wB97M-V 水平上使用 def2-TZVP 基组计算分子的单点能量，通过 ORCA 4.2.0 获得波函数信息，最后利用 Multiwfn 程序获得每个分子表面的弱相互作用信息。三种分子表面的静电位（ESP）得到了清晰的表达，其中 SDS 分子由于钠离子水解成水，氧原子和硫原子的电负性高于碳原子，导致左侧区域的静电位较低，整体呈现负电荷。正己烷分子结构高度对称，分子表面的 ESP 分布也较为分散，整体上几乎不带电。水分子 ESP 的特点是氧原子吸引电子的能力强，其周围的 ESP 为负，而氢原子则处于正 ESP 区域。将所有三种分子的范德华势等值面设为 4.18 kJ/mol，其中绿色区域代表交换互斥势，一般在靠近原子的区域占主导地位。值得关注的是蓝色区域所代表的色散吸引势，当所有负等值面都设置为−4.18 kJ/mol 时，SDS 周围的蓝色区域更大，且主要集中在碳链附近，正己烷分子周围的范德华势强于水分子周围的范德华势，水分子周围的范德华势最小值仅为−1.05 kJ/mol。

8.2.2.2 弱相互作用

分子间的弱相互作用普遍存在，一般包括范德华相互作用、氢键、配位键和空间位阻效应。本节采用基于 Hirshfeld partition（IGMH）方法的独立梯度模型来分析分子和原子间的弱相互作用，可以显示不同片段间弱相互作用的类型和稳定程度。符号$(\lambda_2)\rho$ 函数被投影到不同颜色的等值面上，而 δg^{inter} 函数代表了片段之间的相互作用，其定义为式（8-6）、式（8-7）和式（8-8）。

$$\delta g^{inter}(r)=g^{IGM,inter}(r)-g^{inter}(r) \tag{8-6}$$

$$g^{inter}(r)=\left|\sum_{A}\sum_{i\in A}\nabla\rho_i^{free}(r)\right| \tag{8-7}$$

$$g^{IGM,inter}(r)=\sum_{A}\left|\sum_{i\in A}\nabla\rho_i^{free}(r)\right| \tag{8-8}$$

式中 r——直角坐标变量；

A——循环所有片段；

i——循环对应片段中的所有原子；

ρ_i^{free}——原子 i 在自由状态下的平均球形密度。

从模拟结果中可以看出，SDS 分子与水分子之间的弱相互作用强于正己烷，正己烷与 SDS 之间存在范德华相互作用、空间位阻效应和弱氢键。水分子与 SDS 之间存在 O—H---O 型氢键，具有很强的吸引作用，但这些氢键只在 SDS 的 O 原子附近形成，其余大部分仍只是范德华相互作用。同时，计算了电极板与正己烷和 SDS 的弱相互作用，正己烷和 SDS 通过范德华相互作用吸附在电极板上，SDS 的氧原子与金原子形成配位键，这种配位键比范德华相互作用更稳定。

8.2.2.3 轨 迹

为电极板附近两个油滴的聚集过程定义了四个关键时间点：左侧油滴接触阳极的时间（t_1）、两个油滴开始接触的时间（t_2）、两个油滴合并成一个大油滴的时间（t_3）以及油滴聚合后融合并稳定的时间（t_4）。在电场强度（E）为 1.1 V/nm 和每个油滴周围加入 50 个 SDS 分子（n）的条件下油滴聚集的轨迹，为了便于显示油滴聚结的详细过程，去除了水分子和钠离子。可以看出，在直流电场的作用下，右侧的 SDS 分子迅速向左侧迁移，同时油滴发生电泳运动，最终 SDS 吸附在阳极附近，两个油滴在电极附近合并成一个大油滴，从而实现了油水分离，这一现象与 Ichikawa 等人的实验发现[O/W 乳液（含油废水）只在电极附近分解]非常吻合。从模拟结果中可以看出，随着 E 的增大，油滴聚集过程达到每个阶段所需的时间依次减少，这主要是因为油滴上的电场力变大，迁移速度变快。需要重点关注的是 t_4 时刻，当电场强度为 1.2 V/nm 时，其最小值为 2638 ps。随着 n 的增大，油滴融合和稳定所需的时间呈现先减小后增大的趋势，当 $n = 55$ 时，最短的聚集时间为 2425 ps。实际上，我们正在研究直流电场强度和阴离子表面活性剂浓度对油滴聚结的耦合效应，其中油滴主要受到四种效应的影响：电场力、油水界面张力、空间位阻效应和表面活性剂分子的马兰戈尼效应。油包水型乳液中的油滴表面带负电，这是与水滴的主要区别。当系统中加入低浓度阴离子表面活性剂 SDS 时，其在油滴表面的吸附会增加油滴本身的电荷，从而导致油滴上的电场力增加。此时，油水界面张力、表面活性剂的空间阻力效应和马兰戈尼效应均不显著，主要是电场力起主导作用，从而导致油滴聚结速度加快，我们认为这是低浓度表面活性剂加速油滴聚结的主要原因。当 SDS 浓度越来越大时，越来越多的 SDS 分子紧密地排列在油水界面上，其分子链起到了明显的空间阻力作用，在此条件下马兰戈尼效应超过了油水界面张力和电场力对油滴运动的影响，在一定程度上阻碍了静电聚结过程中油滴的迁移和靠近过程，从而延长了油滴的融合时间。

8.2.2.4 液滴与电极板的夹角

本节讨论液滴与电极板的夹角(φ)，即液滴聚集稳定后与电极板的夹角，网格尺由 VMD 设置，每个单元的长度为 1.0 nm。φ 值由式（8-9）计算得出，这是用分子动力学方法尽可能精确测量液滴角度的一种方法。

$$\varphi = \arccos\frac{a^2+b^2-c^2}{2ab} \tag{8-9}$$

模拟结果显示了 φ 随电场强度的变化，y 值为油滴聚结和稳定阶段三个不同时刻的平均值，各电场强度下 φ 的测量中，可以发现 φ 随着电场强度的增加而变小，这与 Zong 等人得到的结论相似。这主要是因为随着电场强度的增加，油滴受到的电场力变大，变形也随之增大，最终导致油滴与电极板的夹角变小。当 $E > 0.9$ V/nm 时，φ 小于 90°，油滴远离阳极的一侧开始出现明显的尖端。

为了进行更严格的考量，进一步对电极板长度进行了独立验证。在液滴大小不变的情况下，下一步的模拟将方框尺寸从 30 nm × 10 nm × 10 nm 改为 30 nm × 13 nm × 13 nm。在外加电场强度为 1.1 V/nm（$n = 50$）的两组情况下，比较液滴轨迹和与电极板的 φ，可以看出结果非常接近，因此之前的模型不会导致液滴在运动过程中与周期图像发生相互作用。

8.2.2.5 界面张力和分子极性

为了进一步研究表面活性剂浓度对油滴迁移和聚结的作用机理，在分子水平上建立了不同 SDS 浓度下的水-SDS-油-SDS-水界面体系，将水层、油层和表面活性剂层填充到一个尺寸为 50 nm × 50 nm × 130 nm 的盒子中。为确保界面张力计算的一致性，建模时参考前述研究中表面活性剂的数量密度。初始时刻，正己烷、水和 SDS 分子加入预设空间，模拟过程中分子发生扩散运动，尤其是 SDS 分子从之前的无序状态变得有序，长烃链面向油相，只有硫酸基团亲水，这部分作用较弱，表面活性剂浓度梯度产生的马兰戈尼效应抑制了油滴的团聚。界面张力（γ）可用公式（8-10）计算。为比较三种分子的极性，引入了分子极性指数（MPI），可由式（8-11）求得。C_6H_{14}、H_2O 和 SDS 的分子极性指数以及分子极性表面积的增加比例，表明三种分子的极性依次为 SDS>H_2O>C_6H_{14}。从模拟结果可以看出，随着表面活性剂浓度的增加，油水界面张力先减小后增大，在 $n = 55$ 浓度时达到最小值 32.52 mN/m。正己烷和水的极性差异很大，表面活性剂能有效降低它们之间的界面张力。在乳液中加入低浓度的表面活性剂可降低界面张力，减小油水之间的相位差，增强水与正己烷的互溶性，同时表面活性剂之间的吸引力作用可促使油滴汇聚融合，加速和促进电聚结过程。当 SDS 浓度较高时，表面活性剂层厚度逐渐增大，大量 SDS 分子聚集在油水界面，开始阻碍两油滴的表面接触，空间位阻效应和马兰戈尼效应变得明显，两相的混合程度降低，油水工频随表面活性剂数量的增加呈上升趋势，这与一些研究者在模拟计算中发现的规律相似[6]。

$$\gamma = \frac{L_z}{n}\left[p_{zz} - \frac{1}{2}(p_{xx} + p_{yy})\right] \tag{8-10}$$

式中 L_z——系统在 z 方向上的尺寸；
n——界面的数量；
p_{zz}, p_{xx}, p_{yy}——z、x 和 y 方向上的压力分量。

$$\mathrm{MPI} = (1/A)\iint_S |V(r)|\mathrm{d}S \tag{8-11}$$

式中 A——范德华表面的面积；
$V(r)$——空间某点 r 处的 ESP 值。

8.2.2.6 溶剂可接触表面积

溶剂可及表面积（SASA）是通过滚动球形探针（直径通常为 140 pm）获得的目标分子表面轨迹，其中与探针直接接触的区域为接触面。在 SDS 的 SASA 随时间的变化（$E = 1.1$ V/nm，$n = 50$）过程中，在初始时刻，表面活性剂均匀分布在油水接触面积最大的壳层区域，此时 SDS 的 SASA 最大，亲油基团的原子数明显多于亲水基团，因此前者的 SASA 明显大于后者。在直流电场的作用下，表面活性剂发生了定向迁移，最终稳定地聚集在电极板上，可以看出在 $t = 2500$ ps 时 SDS 的 SASA 几乎没有变化，说明此时 SDS 已经处于稳定状态。SDS 的 SASA 随电场强度和浓度的变化。最初的上升阶段是由于 SDS 在电场条件下快速迁移，直到左侧的 SDS 接触到电极板时 SASA 达到最大值，之后越来越多的 SDS 分子聚集到电极板上并最终达到平衡，当 $E > 1.0$ V/nm 时，与其他电场强度条件相比，SASA 更早达到平衡，表明在此条件下油滴更有效地聚结。可以看出，在 $E = 1.2$ V/nm 条件下，SASA 的变化速度最快，这进一步验证了前述中提到的 $E = 1.2$ V/nm 是最佳电场强度的结论。高浓度下 SDS 分子的数量更多，因此可接触面积更大，在所有浓度条件下 SASA 的变化趋势基本相同。

最后，模拟结果显示了两个油滴的 SASA 随时间的变化（$E = 1.1$ V/nm，$n = 50$），两个油滴曲线是将两个油滴作为一个整体来分析模拟过程中的 SASA 变化。总和曲线与两液滴曲线的交点表示两液滴开始接触的点，随着两液滴开始融合成一个大液滴，后者的值开始减小。当绿色曲线基本稳定时，两个油滴达到稳定的融合状态，因此 SASA 的变化也可以从微观角度判断油滴聚结的不同阶段。

8.2.2.7 距离和速度

本节分析了两油滴的中心距和平均速度，两油滴的中心距随着外加电场时间的增加而短暂增加，然后开始减小直至稳定。当左侧油滴开始接触电极板时，两油滴的中心距和变形达到最大值，同样，在 $E = 1.2$ V/nm 条件下，两油滴的中心距变化最快。两油滴在不同电场强度条件下的平均速度，油滴的运动方向与电场方向相反，这是因为油滴表面的负电荷开始向阳极排列，油滴在直流电场下发生了负电泳迁移。同时可以发现，随着电场强度的增大，左侧油滴的速度减小，而右侧油滴的速度增大，在相同电场强度下，右侧油滴的速度大于左侧油滴的速度，油滴速度的方向和变化规律与其他学者的模拟和实验结果十分吻合。忽略液滴的重力、液滴之间的吸引力以及水对液滴的作用力，左侧液滴受到左向电场力 F_{E1} 和电极板右向支撑力 F_N 的作用，而右侧液滴只受到左向电场力 F_{E2} 的作用。随着电场强度的增加，左侧液滴到达电极板所需的时间越短，之后左侧液滴开始受到阻力 F_N 的作用，整体加速度下降。计算了所有 4 个 ns 内液滴的平均迁移速度，两个液滴的平均迁移速度呈现上述变化规律[7]。

电泳迁移率（μ）是指单位电场强度下带电粒子的迁移速度，计算公式为（8-12）。带电粒子 SDS 在不同电场强度下的电泳迁移率，由于 SDS 带负电，可以发现其电泳迁移率为负值，且绝对值随电场强度的增加而变大，这是由于 SDS 受到负电泳力的作用。

$$\mu = \frac{v}{E} \tag{8-12}$$

式中 v——迁移速度；

E——电场强度。

8.2.2.8 能 量

SDS 与油滴之间以及两个油滴之间的相互作用能随电场强度的变化情况显示，随着电场强度的增加，SDS 与油滴的范德华相互作用能和静电相互作用能都有所下降，其中范德华相互作用能起主导作用，因为正己烷的静电位势特征并不明显。随着电场强度的增大，分子间距减小，分散吸引效应不明显，因此范德华势的绝对值越来越小。油滴之间的总体相互作用能也为负值，表明两个油滴不断相互吸引靠近，在 $E = 1.2$ V/nm 时油滴之间的能量变化最快。SDS、C_6H_{14} 和 H_2O 之间的平均相互作用能（$E = 1.1$ V/nm，$n = 50$），负值表示各组分相互吸引，这也表明模拟系统是稳定的。可以看出，水分子之间的能量值远远超过其他成分之间的能量值，这是因为水分子的数量在 O/W 乳液体系中占多数。虽然 SDS 的亲水基团面积小于亲油基团，但 SDS 与水分子之间的总能量大于 SDS 与油相分子之间的总能量，这是因为 SDS 与水分子之间形成了 O—H---O 氢键，具有很强的吸引作用。

8.2.2.9 氢键和均方位移

本节讨论了含有 SDS 的模拟 O/W 乳液体系中的氢键以及 SDS 和 C_6H_{14} 的均方位移（MSD）。从以上体系中弱相互作用的结果可以看出，体系中主要存在 SDS 与水分子之间以及水分子内部形成的 O—H---O 型氢键。模拟结果均表明氢键的平均数量和氢键寿命随着电场强度的增加而减少，这是由于电场下分子运动非常剧烈，氢键形成的条件对原子间的距离和角度有非常严格的要求，因此过大的电场力不利于氢键的形成。

MSD 的计算公式如公式（8-13）所示。

$$\mathrm{MSD} = \left| r(t) - r(t_0) \right|^2 \tag{8-13}$$

式中 $r(t)$ ——粒子在 t 时刻的位置；

$r(t_0)$——粒子在初始时刻的位置。

进一步计算了 SDS 和 C_6H_{14} 在 $E = 1.0$ V/nm 时的 MSD。可以看出，在同一时刻，SDS 的 MSD 大于 C_6H_{14} 的 MSD，即 SDS 的位移大于 C_6H_{14} 的位移，这可以用来解释油滴和 SDS 在电场作用下的运动。SDS 的 MSD 随电场强度的增加而增大，这也说明 SDS 的运动越来越剧烈，导致 SDS 与水分子之间的角度和距离不断变化，使氢键的形成更加困难，因此氢键的平均数量和寿命随电场强度的增加而减少[8]。

8.2.3 小 结

本节内容通过分子动力学模拟研究了含有 SDS 的 O/W 型乳液中油滴在直流电场下的电泳聚结行为，揭示了油滴在直流电场和阴离子表面活性剂耦合作用下迁移聚结的微观机理，并得出以下结论：

（1）模拟体系中油、水和 SDS 之间的弱相互作用主要是范德华相互作用，SDS 与水分子之间以及水分子内部存在 O—H---O 氢键，随着电场强度的增加，氢键的平均数量和寿命都在减少。

（2）随着电场强度的增加，油滴聚结的时间缩短。最佳聚结条件为 E=1.2 V/nm，n=55。

（3）稳定后的油滴与电极板的接触角随电场强度的增加而变小，这主要与油滴的变形程度有关。油水界面张力随表面活性剂浓度的增加先减小后增大，当 n = 55 时达到最小值 32.52 mN/m。

（4）在电场和表面活性剂的共同作用下，两种油滴均表现出负电泳迁移现象，且远离阳极的油滴的平均迁移率大于靠近阳极的油滴，这主要是由于合力对两种油滴的作用效果不同。

（5）在采取安全保护措施的情况下，应适当增加电场强度以提高破乳效果，表面活性剂浓度不宜过高，以免抑制油滴的聚结。

8.3 交变电场中水包油乳液破乳的分子动力学模拟

电场破乳法具有无须额外化学品、设备简单、工艺流程短等实际优势。它可以实现油水混合物的物理分离，并在一定程度上回收油性物质，而不会造成添加化学品的污染。电场对 W/O 型乳化液的破乳化机理也得到了广泛研究。破乳化的原因是液滴在电场作用下极化和伸长，从而引起偶极子之间的相互作用，导致聚集。然而，利用电场分离油包水型乳液中的油和水的研究却很少。一般认为，电场破乳化对油/水乳液不起作用，因为水是导电的，电能在水溶液中很容易消散。Ichikawa 等人研究了低压直流电场中致密 O/W 型乳液的破乳化过程，发现在破乳化过程中乳液中会产生大量气泡并涌动。此外，Hosseini 等人应用非均匀电场对水包苯乳液进行破乳。引入电场后，乳液中也产生了气泡。出现这些现象的原因是乳液中的电流过大，导致了水的电解。

为了解决这个问题，国外的 Bails 等人将脉冲电场（PEF）应用于油包水型乳液，发现脉冲电场在高电压下产生的电流很小。之后，国内科研人员应用双向脉冲电场（BPEF）分离 O/W 型乳液；该乳液由 0#柴油和 SDS 溶液混合制备而成。他们发现双向脉冲电场会诱发油滴的聚集，并且双向脉冲电场对含有表面活性剂的油包水型乳液具有明显的破乳化效果。通过评估破乳后清液的含油量和浊度，研究了不同 BPEF 电压、频率和占空比下的破乳效果。此外，他们还提出了一个假设，即在 BPEF 作用下，油滴表面的电荷会重新分布，从而促进油滴的相互吸引和凝聚。然而，人们对 BPEF 作用下油/水乳液中油滴在分子水平上的移动和聚集机理的研究还不够深入，对表面活性剂对破乳化作用的研究也较少。分子动力学模拟被认为是基于经典力学基本规律对纳米液滴的动态行为进行微观分析的有用工具。Chen 等人利用分子动力学模拟研究了直流电场对含蜡原油黏度和石蜡微观性质的影响。他们发现电场强度会影响油分子的分布。He 等人通过分子动力学模拟了带电液滴在不同脉冲电场波形下的聚集过程和行为。他们发现液滴的变形受波形的影响很大。此外，乳液中的添加剂对其乳化稳定性也有重要影响。例如，一项实验研究发现，BPEF 对含有 SDS 表面活性剂的 O/W 型乳液具有明显的破乳化效果。然而，据我们所知，目前还没有关于含 SDS 表面活性剂的 O/W 系统在 BPEF 电场作用下破乳化的微观层面的报告。此外，之前模拟原油在电场中的行为时，原油成分也相对不同。因此，有必要通过分子动力学模拟研究油包水型乳液中油滴在 BPEF 下的运动和凝聚行为。我们相信，这将为 BPEF 在 O/W 型乳液破乳化中的应用提供理论依据[9]。

作为交变电场代表的双向脉冲电场（BPEF）法被认为是破乳化油/水乳液的一种简单而新颖的技术。本部分内容利用分子动力学模拟研究了双向脉冲电场下油包水性乳液中油滴的转化和聚集行为。然后，研究了表面活性剂十二烷基硫酸钠（SDS）对 O/W 型乳液破乳的影响。模拟结果表明，油滴沿着电场方向转化和移动。SDS 分子能缩短油包水型乳液中油滴的聚集时间。通过计算油滴表面的静电势分布、油滴的伸长长度以及 SDS 和沥青质分子在电场下的均方位移，解释了油滴在模拟脉冲电场下的聚集现象。模拟结果还表明，带相反电荷的两个油滴对油滴的聚集没有明显影响。然而，油滴之间的范德华相互作用是导致聚集的主要因素。

因此，本节内容研究在交变电场 BPEF 的作用条件下，不同 SDS 含量的原油液滴在 O/W 型乳液中的运动和聚集行为。首先，分析了各体系中油滴的结构变化及其碰撞时间，以确定含 SDS 和不含 SDS 油滴的行为差异。其次，计算了油滴之间的中心距、油滴的平均伸长长度以及油滴中 SDS 和沥青分子的 MSD，以解释 SDS 为何能缩短破乳时间。最后，研究了 BPEF 关闭后油滴的聚集行为，并探讨了 BPEF 下油滴的聚集机理。

8.3.1 交变电场中水包油乳液油滴运动行为的分子动力学模拟

8.3.1.1 乳化液滴在 BPEF 下的动态行为

一般认为，SDS 通过增加油滴的亲水表面积来提高油滴的亲水性。为了研究每个体系中 SDS 含量不同的油滴的表面状况，计算了溶剂可及表面积（SASA）。通过计算注意到，随着 SDS 分子数量的增加，原油液滴的亲水表面和疏水表面都有所增加。同时，亲水面积与疏水面积之比也显著增加。因此，添加 SDS 分子可以更明显地增加油滴的亲水表面积。此外，SDS 分子的数量越多，亲水表面积就越大。

为了研究油滴在电场下的行为，在所有系统的 z 方向上都施加了 E= 0.50 V/nm 的 BPEF。不同 SDS 含量的油滴在电场输出阶段的构象变化中可以看出，所有油滴都在电场作用下逐渐变形，在 z 方向上拉长，并向电场的反方向迁移。此外，SDS 和沥青质分子集中在油滴的末端。多余的 SDS 分子沿着变形油滴的整个表面分布（系统Ⅳ、Ⅴ）。为了清楚地看到 SDS 和沥青质的分布，对系统Ⅱ的油滴进行了部分放大。可以看到，SDS 和沥青质分子聚集在油滴移动方向的头部，SDS 分子的负磺酸基和沥青质分子的羧基朝向电场的相反方向。因此，我们认为是极性 SDS 和沥青分子在电场作用下引导了油滴的运动。

模拟中还注意到 5 个系统中的两个油滴在 400 ps 时的状态不同。在系统Ⅱ和Ⅴ中，两个油滴在 400 ps 时发生碰撞。而在系统Ⅰ、Ⅲ和Ⅳ中，这种情况没有发生。为了研究 SDS 浓度对电场驱动下油滴凝聚的影响，观测了当两个油滴之间的最小距离小于 0.35 nm 时，碰撞发生。模拟研究发现，添加 SDS 分子可以缩短油滴的碰撞时间，尤其是在 SDS 浓度为 6.2%的条件下。

8.3.1.2 表面电荷分布

油滴的静电位面可以反映其在电场作用下的电荷再分布。考虑到每个系统中的两个油滴是相同的，因此只计算了一个油滴的静电位。在模拟过程中，得到了不同系统在初始和特定时间的静电位图。可以发现，在表面亲水且带负电荷的沥青分子的影响下，油滴的某些区域在电场作用前呈现负电性。电负区域随着 SDS 含量的增加而增大。然而，在电场作用下，变形油滴表面的静电势发生了明显变化，表现为椭圆形油滴的一端朝向电场的反方向呈负电性，另一端呈正电性，如体系Ⅰ和体系Ⅱ。这表明油滴在电场作用下电荷的重新分布导致了油滴的极化。这一现象与实验观察结果一致，即电场下油滴的电荷在电场方向为正，在相反方向为负。同时，模拟发现在系统Ⅲ、Ⅳ和Ⅴ中，油滴的极化并不明显。为了解释这一点，同时分析了电场下油滴中 SDS 的数量密度。我们将油滴中间定义为 0，移动方向为正方向。可以看出，随着 SDS 的增加，它倾向于分布在整个变形油滴的表面，这也进一步解释了为什么变形油滴的电负性面积会随着 SDS 的增加而增大。

油滴中 SDS 和沥青质分子的动态行为以及油滴表面的静电势分布表明，油滴上的移动负电荷朝着外加电场的相反方向移动。然而，是什么原因导致两个同方向移动的油滴发生碰撞，及其与 SDS 含量的关系尚不清楚。每个系统中从施加电场到油滴碰撞时两个油滴之间的中心距和两个油滴沿 z 方向的平均伸长长度。我们可以发现，即使两个油滴在电场作用下发生变形，两个油滴之间的中心距在所有系统中都保持在 10 nm 左右。这说明，由于每个系统中的油滴成分相同，它们以几乎相同的速度沿电场的相反方向运动，因此保持了几乎相同的初始中心距。然而，在所研究的五个体系中，两个油滴的平均伸长长度存在显著差异。研究发现，在所有体系中，油滴的起始长度直径约为 6 nm，其长度随着时间的推移而增加；在接近碰撞时间点时，油滴的平均伸长长度超过了 10 nm。这说明，当油滴的长度被拉伸到足够长时，两个油滴就会首尾相连，即发生碰撞。同时，我们注意到，平均伸长长度的增长率从大到小的顺序依次为系统Ⅱ>系统Ⅴ>系统Ⅲ≈系统Ⅳ>系统Ⅰ，这与本研究所研究系统的碰撞时间变化趋势相似。因此，对于油滴分布均匀的 O/W 型乳液体系，认为电场中的破乳化碰撞时间受 SDS 的影响较大。在 O/W 系统中添加适当的 SDS 表面活性剂可有效降低功耗。

如上所述，SDS 和沥青分子会引导整个油滴沿电场的相反方向移动。据预测，油滴在电场中的平均伸长长度与 SDS 和沥青分子的扩散率有关。因此，我们计算了 5 个系统中 SDS 和沥青分子的 MSD。结果发现，在所研究的 5 个体系中，SDS 和沥青质分子的扩散从大到小的顺序依次为体系Ⅱ、体系Ⅴ、体系Ⅴ、体系Ⅲ和体系Ⅳ；这与油滴在电场作用下的平均伸长长度顺序一致。一致认为，在体系Ⅰ中，由于沥青质分子结构的影响，沥青质分子与周围油分子的相互作用更为强烈，从而降低了其在电场下的流动性。然而，阴性 SDS 分子较小，在电场中表现出较强的流动性，从而增强了其整体流动性。不过，这并不意味着油滴中 SDS 含量越高，带负电的分子的流动性就越大。因此，油滴中的 SDS 含量对破乳化效果具有重要意义。同时，我们还计算了油滴在电场输出阶段的均方根波动（RMSF）。通过比较三种体系的均方根波动率，我们发现体系Ⅱ和体系Ⅳ的波动率要比体系Ⅰ大，SDS 的加入可能加速了油滴的运动，这与 MSD 的计算结果相似。

8.3.1.3 油滴的聚集行为及其机理

电场破乳的目的是聚合分散的油滴，实现油水分离。选择碰撞开始时油滴的形态作为初始结构，以模拟电场关闭后油滴的行为。可以看出，即使在没有电场的情况下，相互接触的油滴也能继续聚集。以系统Ⅱ为例，我们发现引导油滴运动的一些沥青质和 SDS 分子在两个油滴之间形成了一个接触面，然后在亲水基团的影响下迁移到油滴表面。同时，界面油滴内部的疏水成分聚集成一个整体。同时，进一步计算了五种体系中油滴聚集过程中的回旋半径（R_g）。我们发现油滴的回旋半径逐渐减小。因此，发生碰撞的油滴会逐渐聚集成一个整体。

有人提出，在 BPEF 作用下，油滴的表面电荷会重新排列。在电场作用下，两个油滴相邻区域的正负电荷相反。因此，油滴的相邻区域总是沿着 BPEF 方向相互吸引。在此，我们通过理论方法验证并解释了油滴的积聚机理。我们计算了所有 E= 0.50 V/nm 的体系中两个油滴从分散到聚集整个过程中的相互作用能。两个油滴之间的相互作用势能分为两部分。一部分区域表示油滴之间的势能从分散到碰撞的变化（即电场输出持续时间），另一部分区域表示势能从碰撞到聚集随时间的变化（即电场关闭持续时间）。同时，我们还计算了 5 个系统中粗油滴的均方根偏差（RMSD）。聚集的油滴在 4.0 ns 后基本稳定。我们发现，在整个电场应用过程中，油滴之间的静电作用势能几乎为 0 kJ/mol。在输出电场阶段，两个油滴之间从分散到碰撞的范德华相互作用势能也几乎为 0 kJ/mol。然而，在聚集过程（电场关闭阶段）中，碰撞后油滴之间的范德华相互作用势能明显下降。这说明在电场破乳过程中，电荷相反的两个油滴的相邻区域对油滴的吸引和聚集没有明显影响。油滴之间的范德华力是破乳过程中的主要作用力。

8.3.2 交变电场中水包油乳液运动行为的模拟验证

所有分子动力学模拟均在 GROMACS 2019.6 软件包中进行。使用的是 GROMOS 53a6 力场。油滴组成的力场参数由自动拓扑生成器（Automated Topology Builder，ATB）生成。水分子选择了简单点电荷（SPC）模型。中和负电荷的为钠离子（Na^+）。

模拟前，每个系统都使用最陡下降法进行了能量最小化。300 K 时的 NVT 集合使用速度重定恒温器进行。在 0.1 MPa 和 300 K 条件下进行的 NPT 组合采用贝伦森压力耦合。在模拟中，选择时间常数为 0.1 ps 的速度重定恒温器作为温度耦合方法，选择时间常数为 1.0 ps 的贝伦森压力耦合作为压力耦合方法；等温压缩系数设置为 4.5×10^{-10} Pa^{-1}。在三个维度上采用了周期性边界条件。在模拟过程中，范德华相互作用采用伦纳德-琼斯 12-6 势，截距设为 1.4 nm。库仑相互作用采用粒子-网格-埃瓦尔德（PME）求和法。初始速度根据麦克斯韦-玻尔兹曼分布进行分配。时间步长选择 2 fs。轨迹每 10 ps 保存一次。轨迹可视化使用 VMD 1.9.3[14]。

8.3.2.1 原油分子模型

由于原油（尤其是沥青质和树脂）的高复杂性，沥青质在原油水包水乳状液的稳定过程中发挥着关键作用，并对原油的流变性能产生重大影响。根据以往的研究，选择了 2 种沥青质（即每种沥青质的数量为 4 种）和 6 种树脂（即每种树脂的数量为 5 种）。除沥青质和树脂分子外，还参考 Song 和 Miranda 的研究，选择了 4 类烷烃（32 个己烷分子、29 个庚烷分子、34 个辛烷分子和 40 个壬烷分子）、2 类环烷（22 个环己烷分子和 35 个环庚烷分子）和 2 类芳烃（13 个苯分子和 35 个甲苯分子）作为轻质油成分。此外，原油中树脂和沥青质的浓度约为 38%，符合原油中重油成分的含量。

8.3.2.2 乳化油滴

（1）将原油组分（包括烷烃、环烷烃、芳烃、沥青质和树脂）随机放入一个立方体盒子（x=10 nm，y=10 nm，z=10 nm）中。为消除重叠，然后进行能量最小化。然后，进行 30 ns NPT 集合模拟，以获得合理的密度。

（2）将上述原油溶解在一个 8 nm × 8 nm × 8 nm 的模拟框中，其中有 19 230 个水分子。进行能量最小化和 20 ns NVT 集合分子动力学模拟，得到乳化油液滴。

（3）构建表面吸附了不同数量 SDS 的乳化油滴。使用 Packmol 构建了 SDS 胶束。然后将上述球形油滴置于一个新盒子（10 nm × 10 nm × 15 nm）的中心，并将 SDS 胶束置于油滴附近。然后加入 Na^+反离子和溶剂。经过能量最小化和 20 ns NVT 模拟后，得出了乳化油滴系统。

假设乳化液中分布的油滴具备以下条件：① 两个油滴的中心点大致沿 z 轴方向；② 两个油滴的中心点相距约 10.0 nm；③ 将两个相同的带有反离子的乳化油滴模型放置在一个 10 nm × 10 nm × 50 nm 的盒子中，两油滴间的距离约为 10 nm。然后，加入水分子使系统溶解。应用能量最小化和 10 ns NVT 模拟以确保乳液系统平衡。随后，对所有系统施加 BPEF 以研究两个液滴的凝聚。各乳化油液滴系统的组成如表 8-2 所示。

表 8-2 乳化油滴系统的详细信息

系统	分子数				质量分数（油滴的 SDS）
	原油液滴	SDS	Na^+	水	
Ⅰ	1	0	8	47 086	0.0%
Ⅱ	1	10	18	47 018	6.2%
Ⅲ	1	15	23	46 985	9.1%
Ⅳ	1	30	38	46 883	16.6%
Ⅴ	1	60	68	46 680	28.5%

8.3.3 小 结

本节内容通过分子动力学模拟研究了油包水型乳液中油滴的行为，比较了不同量 SDS 乳化油滴的差异，得出了三个主要结论。

（1）油滴的亲水性随着油滴中 SDS 含量的增加而增强。施加电场时，油滴向电场的相反方向移动。油滴中的分子发生了重新分布。带有负电荷官能团的 SDS 和沥青质沿移动方向转移到油滴的头部。油滴的静电位面证明，BPEF 使分子在油滴中重新分布，从而也导致了油滴表面电位的重新分布。这与本实验提出的理论假设一致。同时，由于 SDS 的质量分数不同，所有模拟系统中油滴的碰撞时间也不同，其中 SDS 含量为 6.2%的油滴碰撞时间最短。两个油滴沿 z 方向的平均伸长长度说明 SDS 分子可以改变油滴在电场中的伸长长度。SDS 和沥青烯分子在电场下的 MSD 显示，体系Ⅱ中的流动性最强。因此，体系Ⅱ中油滴的伸长长度最大，耗时最少。

（2）碰撞后的油滴在电场关闭后可以自我聚集。两个油滴接触面上的 SDS 和沥青分子在亲水基团的影响下迁移到油滴表面。

（3）带相反电荷的两个油滴的相邻区域对油滴的吸引和聚集没有明显影响，油滴之间的范德华力是破乳过程中的主要作用力[10]。

8.4 相离子浓度和类型对油滴运动影响的分子动力学模拟

水包油（O/W）废水中一般含有无机盐离子，在电破乳过程中会消耗能量。为了揭示无机盐离子对油包水乳化液中油滴微动的影响机理，基于分子动力学模拟研究了不同离子浓度下油滴的电泳迁移。结果表明，随着离子浓度的增加，Na^+吸附油滴表面的负电荷，而Cl^-则排斥负电荷，导致油滴的电泳迁移率降低和变形。三种无机盐对油滴电泳迁移的抑制作用依次为 $MgCl_2>CaCl_2>NaCl$。油、水和离子之间的弱相互作用主要是范德华相互作用。当 NaCl 浓度为 0.4 mol/L 时，油水界面张力达到最大值 85.14 mN/m，油滴变形度达到最小值 0.45。水合离子的形成降低了水分子的自由度。上述发现揭示了无机盐离子在直流电场下对油/水乳液中油滴电泳迁移的影响，可从分子层面为含油废水的净化提供理论指导。

本部分内容采用分子动力学方法评估了无机盐离子在直流电场下对油/水乳液中油滴微观运动的影响机理。用沥青、树脂和正己烷代替真实的油滴结构，水、Na^+和 Cl^-代表连续相离子溶液环境。通过分析所选油相分子表面的静电势和范德华势，研究电场作用过程中油相分子、水分子和离子之间的弱相互作用和相互作用能，阐明了直流电场下油滴与离子溶液之间的微观相互作用机理。同时比较了 NaCl、$MgCl_2$ 和 $CaCl_2$ 对油滴电泳迁移的抑制作用。最后，讨论了不同离子浓度下油滴的迁移速度、变形程度和溶剂可及表面积、油分子间径向分布函数和油水界面张力。揭示了无机盐离子对油滴负电泳迁移的影响机理，进一步发展了油滴电聚结的微观理论，为含油废水净化处理工艺的改进提供了理论指导。

8.4.1 模型的建立

模拟所用模型为一个半径为 2.5 nm 的油滴被置于 18 nm × 8 nm × 8 nm 的方框中心，连续相为 0.3 mol/L NaCl 溶液，沿 x 正方向施加 0.5 V/nm 的直流电场，系统温度设定为 298.15 K，压力为 100 kPa。众所周知，石油成分非常复杂，由烷烃、天然表面活性剂、水和其他成分组成，并含有无机盐离子等杂质。在本模拟中，选择正己烷 C_6H_{14} 代表烷烃，沥青质 $C_{40}H_{29}O_2$ 和树脂 $C_{24}H_{32}$ 代替天然表面活性剂，油滴由这三种组分形成。水、Na^+和 Cl^-被用来替代离子溶液环境，以尽可能真实地模拟含有 NaCl 的 O/W 型乳液环境。为了避免模拟中方框的剧烈震荡，结合公式（8-14）和石油中各组分的比例，系统中填充的分子数如表 8-3 所示[11]。

$$n=\frac{\rho V N_A}{M} \tag{8-14}$$

式中 ρ——密度；

V——体积；

N_A——阿伏伽德罗常数；

M——分子摩尔质量。

表 8-3 模型中使用的分子数量

类别	数量
H_2O	31 510
$C_{40}H_{29}O_2$	30
$C_{24}H_{32}$	60
C_6H_{14}	120
Na^+	260
Cl^-	230

所有模拟过程均选用 GROMOS54A7 全原子力场和 SPC/E 水分子模型。静电相互作用由经典库仑公式（8-15）得出，范德华相互作用由常用的伦纳德-琼斯（L-J）12-6 势函数公式（8-16）计算得出。

$$E_{ij}^{\text{ele}}(r_{ij}) = \frac{q_i q_j}{4\pi\varepsilon_0 \mathrm{r_{ij}}} \tag{8-15}$$

$$E_{ij}^{\text{vdW}}(rij) = \frac{C_{ij}^{(12)}}{r_{ij}^{12}} - \frac{C_{ij}^{(6)}}{r_{ij}^{6}} \tag{8-16}$$

式中 q_i, q_j——原子电荷；

ε_0——真空介电常数；

r_{ij}——原子 i 和 j 之间的距离；

$C_{ij}^{(12)}, C_{ij}^{(6)}$——原子 i 和 j 之间的相互作用 L-J 参数。

GROMOS 力场中的相互作用 L-J 参数由式（8-17）和式（8-18）确定。

$$C_{ij}^{(12)} = \sqrt{C_i^{(12)} C_j^{(12)}} \tag{8-17}$$

$$C_{ij}^{(6)} = \sqrt{C_i^{(6)} C_j^{(6)}} \tag{8-18}$$

式中 $C_i^{(12)}, C_j^{(12)}, C_i^{(6)}, C_j^{(6)}$——单个原子的 L-J 参数。

8.4.2 模拟程序及模型验证

分子动力学模拟主要通过建模、能量最小化、平衡相计算和生成相计算四个步骤进行。本次模拟中的建模使用 packmol 程序包，分子动力学模拟依靠 GROMACS 2018.8 的单精度版本完成。ORCA 软件用于优化分子结构和计算单点能量，VMD 1.9.3 版用于可视化模拟结果。

为了避免体系中某些原子因间距太近而发生碰撞，选择了计算效率较高的最陡下降（steepest descent）法进行能量最小化计算。选择常用的 Velocity-rescale 方法来控制体系的温度。选择 Berendsen 方法作为平衡过程的压力控制方法，而生产阶段计算阶段则采用

Parrinello-Rahman（PR）方法。由于含有无机盐离子的模拟 O/W 乳化液系统是一个具有流动性的液体系统，因此在所有模拟阶段都选择了 NPT 集合。采用 Leap-frog 算法对牛顿方程进行积分。使用 PME 方法更精确地计算长程静电相互作用，选择截止法计算范德华相互作用，计算半径设为 1.0 nm。使用 SETTLE 算法约束水分子的化学键，同时使用默认的 LINCS 算法减少其他分子的自由度。积分步长设定为 1 fs，每个生成阶段的模拟时间为 1 ns，平衡阶段的计算时间为 200 ps。此外，还在 x、y、z 三个方向设置了周期性边界条件。

Kim 等人利用倒置荧光显微镜观察了柴油机油在直流电场作用下在微通道中的电泳迁移现象，实验中将柴油机油置于 NaCl 缓冲液中，测得其 Zeta 电位为负。结果中可以看出，柴油向阳极迁移，随着施加电压的增加，迁移现象更加明显。此外，Tuček 等人利用自制的微通道和高速摄像机观察了 KCl 溶液中的单个煤油液滴。在表面活性剂和直流电场的作用下，油滴向高电位方向迁移。由于实验条件的限制，无法看到单个油滴的具体迁移和微观变形。令人欣慰的是，通过分子动力学方法观测到了直流电场下油滴的微观运动，实验结果中可以更清晰地观察到油滴迁移过程中的形变，这与实验情况相似，同时克服了目前条件下无法解决的一些困难[12]。

8.4.3 体相离子浓度和类型在分子水平对水包油乳液破乳的影响

8.4.3.1 单分子的表面势能

为方便起见，选取 ASP、RES、HEX 和 WAT 分别代表沥青质分子、树脂分子、正己烷分子和水分子（下同），不做特别强调，以下电场强度为 0.5 V/nm。首先，利用 ORCA 和 Multiwfn 软件计算所选油相分子的表面范德华势（VDW）和静电势（ESP）。以 Ar 原子为探针绘制了三个分子周围的 VDW 电位等值面，等值面的值为 3.35 kJ/mol。一部分的正区域表示存在交换互斥，而另一部分的负区域则表示分散吸引的效果。一般来说，分子的分散吸引力更值得关注，它代表了分子吸附周围分子的能力。与简单的 HEX 分子结构相比，ASP 和 RES 具有更多的原子和由多个碳原子组成的环状结构。可以观察到，负等面区域主要分布在苯环、六元环和某些烷基的碳原子周围，因此 ASP 和 RES 分子表面的另一部分区域更大，具有更强的分散吸引作用。模拟结果中非常清楚地显示了三种油相分子表面的静电位，静电位的最小值通常在苯环和羧基附近，而最大值基本上在 C—H 键附近。一般来说，油滴都带负电荷，为了更真实地模拟油滴表面的负电荷，本次模拟中选择的 ASP 是失去一个氢原子并带有负一价的 ASP。可以看出，ASP 作为一个整体，特别是在羧基附近，表现出很强的负电荷，导致其分子表面的静电位特性超过了范德华位所表现出的分散吸引力特性。RES 和 HEX 也有一些带负电荷的区域，主要集中在苯环对应的 π 键和一些氢原子周围，而与 C—H 键相对应的大部分区域则表现出正静电位。由于这两种分子的正负静电位区域分布相对分散，且高度对称的静电位分布特征削弱了正己烷分子的整体静电特征，因此 RES 和 HEX 的静电位特征并不十分显著。总之，从范德华势和静电势两方面来看，用于模拟油滴的三种分子可以通过静电和分散吸引力结合在一起，这有助于进一步了解分子间的静电相互作用和范德华相互作用是如何产生的。

8.4.3.2 弱相互作用

弱分子间相互作用在油水体系中很常见。为了更好地理解油滴迁移和变形的过程，采用了基于 Hirshfeld 划分的独立梯度模型（IGMH）方法来分析油相分子和水分子之间的弱相互作用。符号$(\lambda 2)\rho$ 函数被投影到等值面上，$\delta g^{\mathrm{inter}}$ 函数表示碎片之间的相互作用，定义为式（8-19）、式（8-20）和式（8-21）。

$$\delta g^{\mathrm{int}er}(r)=g^{IGM,\mathrm{int}er}(r)-g^{\mathrm{ing}er}(r) \tag{8-19}$$

$$g^{\mathrm{int}er}(r)=\left|\sum_{A}\sum_{i\in A}\nabla\rho_i^{\mathrm{free}}(r)\right| \tag{8-20}$$

$$g^{IGM,\mathrm{int}er}(r)=\sum_{A}\left|\sum_{i\in A}\nabla\rho_i^{\mathrm{free}}(r)\right| \tag{8-21}$$

式中 r——直角坐标变量；

A——循环所有片段；

i——循环相应片段中的所有原子；

ρ_i^{free}——原子 i 在自由状态下的平均球形密度。

可以得出，三个油相分子与水分子之间的弱相互作用在等值面上表现得很明显，另一部分区域表示吸引力。ASP 和 RES 具有苯环和羧基结构，容易与周围的水分子形成较强的 O—H---π 和 O—H---O 氢键，而在一些碳原子周围也会形成较弱的 C—H---O 氢键，这种氢键被推测可能会将水分子的电荷转移到油相分子上。一部分区域表示存在空间位阻效应，这种效应通常出现在环状结构（如苯环和六元环）附近。相比之下，HEX 与水分子之间几乎所有的相互作用都是范德华相互作用，这是由于高度对称的静电分布特性削弱了 HEX 本身的静电势，使其表现出更明显的范德华势特性。由此可以推断，三个油相分子与水分子之间的弱相互作用主要是范德华势相互作用，少数区域存在氢键相互作用和立体阻碍效应。油相分子与水分子之间的弱相互作用强度为 $C_{40}H_{29}O_2$–$n$$H_2O$>$C_{24}H_{32}$–$n$$H_2O$>$C_6H_{14}$–$n$$H_2O$。

8.4.3.3 相互作用能

在分析了三个油相分子与水分子之间的微弱相互作用后，使用 GROMACS 软件计算了在 1 ns 直流电场作用下各组分之间的平均相互作用能。白色表示能量为零，红色表示负值，蓝色表示正值，颜色越深表示绝对值越大。从模拟结果中可以看出，由于水分子数量巨大，油相分子之间的相互作用能明显被掩盖，水与离子成分之间的静电作用表现为吸引效应，而范德华相互作用则表现为相互排斥，总体能量仍为负值，表明模拟体系的能量更低、更稳定、更符合实际情况。模拟结果中显示了三个油相分子之间的静电相互作用能和范德华相互作用能均为负值，除 RES 分子内部存在少量静电排斥力外，油相分子之间的相互作用能以范德华相互作用能为主，说明三个分子之间主要通过分散吸引作用相互吸引，不易发生剧烈变形甚至碎裂，这也证实了油滴的非极性结构。结果显示了系统中主要带电粒子之间的相互作用能量，用条形图显示了一些能量值较低而无法显示的区域。一般来说，在直流电场的作用下，Na^+对 ASP（油滴表面的负电荷）有吸引作用，而 Cl^-对其有排斥作用，这种作用在 NaCl 浓度越高时越明显。

8.4.3.4 轨 迹

用 VMD 可视化软件导入电场强度为 0 的条件。用 VMD 可视化软件导入不同离子浓度的油滴运动轨迹，为了更清晰地观察油滴运动，去除了水分子，用范德华球（VDW）模型显示油相分子和离子，其中 ASP 显示为红色，RES 显示为黄色，HEX 显示为粉色，Na^+和Cl^-分别显示为蓝色和青色，结果中 t 表示施加电场的时间，c 表示 NaCl 浓度。各浓度下油滴运动轨迹中可以看出，随着浓度的增加，油滴的运动轨迹也在增加。可以看出，随着外加电场时间的增加，油滴出现了负电泳迁移现象，并逐渐变形，但不会像水滴在电场作用下变形那样破碎而以红色区域为代表的 ASP 大都聚集在油滴左侧的“头部”区域，这是因为 ASP 本身带有负电荷，在直流电场的作用下，油滴表面的负电荷逐渐向电位高的位置集中。ASP 主要通过范德华相互作用吸引另外两个油相分子，从而推动整个油滴向阳极迁移。显然，随着离子浓度的增加，油滴的整体迁移速度减慢，变形程度也同时减小。这是因为在直流电场的作用下，Na^+向阴极迁移，对 ASP 有吸引作用，而Cl^-则向阳极迁移，对 ASP 有排斥作用，这导致油滴在 NaCl 溶液环境中的迁移速度变慢，从而影响了去除效率。最后，分析了在直流电场作用下 500 ps 内三个油相分子沿 x 方向的浓度变化，油滴组分都分布在 NaCl 溶液箱的左半边，与电场方向相反，ASP 的整体中心更靠近箱体的左端。RES 分子内部存在静电排斥，导致 HEX 和 ASP 之间的吸引力更强，因此 HEX 比 RES 更靠近阳极。

8.4.3.5 迁移和变形

计算了Na^+和Cl^-的速度和总中心距随时间的变化，可以看出，在直流电场条件下，Na^+不断向阴极靠近，而Cl^-则向阳极迁移，两种离子的总中心距随时间不断增加。值得注意的是，当离子浓度增加时，两个离子之间的距离开始减小，因为 ASP 也分别对Na^+和Cl^-产生相同的吸引和排斥作用。同样，随着离子浓度的增加，这种效应也越来越明显。

上述结果可以定性地得出结论：在直流电场下，油滴的迁移方向是负的。为了得到更具体的解释，进一步计算了 $E = 0.5$ V/nm 的油滴在不同离子浓度下的速度分布。油滴的速度均为负值，表明油滴发生了负电泳迁移，且油滴速度分布平均值的绝对值随离子浓度的增加而越来越小，当 NaCl 为 0.4 mol/L 时，整体油滴的最小速度平均值为 0.0069 nm/ps。这也证实了一种观点，即随着离子浓度的增加，Na^+对 ASP 的吸引力和Cl^-对 ASP 的排斥力变得更加明显。此外，还计算了不同电场强度和离子浓度下油滴的变形度（D_r），其定义如式（8-22）。

$$D_r = \frac{a-b}{a+b} \tag{8-22}$$

式中 a——变形椭圆的半主轴；

b——变形椭圆的半次要轴。

随着电场强度的增加，相同浓度条件下油滴的变形程度逐渐变大，这是因为电场强度越大，以 ASP 为主的油滴受到的电场力越大，迁移速度越快。同时，ASP 与其他两个油相分子沿电场方向的分子间距也相对变大，此时以范德华相互作用为主的分子间相互作用减弱，导致油滴在 x 方向上整体拉长，在其他两个方向上整体压缩。当电场强度相同时，油滴的变形随离子浓度的增加而减小，这主要与Na^+、Cl^-和 ASP 之间的相互作用增强有关。

在研究范围内，当 E= 0.7 V/nm 时，纯水条件下油滴的变形达到最大值 0.74。

溶剂可触及表面积（SASA）一般是指球形探针滚动所得到的目标分子表面轨迹，与球形探针直接接触的面积（通常直径为 140 Pm）即为 SASA。在对 5 种离子浓度下油滴 SASA 的最大值进行研究时，发现当体积相同时，球形表面积最小，也就是说，油滴的变形越大，SASA 应该越大。当 NaCl 浓度为 0.4 mol/L 时，SASA 的最大值降至 160.27 nm^2。最后，根据公式（8-23）计算了不同浓度下油分子间的径向分布函数（RDF）:

$$g_{A-B}(r)=\left(\frac{n_B}{4\pi r^2 \mathrm{d}r}\right)\Big/\left(\frac{N_\mathrm{B}}{V}\right) \tag{8-23}$$

式中　n_B——距离 A 粒子半径 r 的 dr 厚球壳中 B 粒子的数量；

$4\pi r^2 \mathrm{d}r$——球壳的体积；

N_B——模拟系统中 B 粒子的总数；

V——模拟系统的体积。

可以看出，当浓度越高时，$g_{\text{oil-oil}}$ 的值越大，表明同一外壳 r 中的油分子数量越多，油分子之间的间距越小。从微观角度看，随着离子浓度的增加，油滴的变形量越来越小[13]。

8.4.3.6　界面张力与定量验证

为了进一步研究离子浓度对油滴迁移变形的影响机理，建立了不同离子浓度的 NaCl 溶液-油相-NaCl 溶液界面体系。NaCl 溶液上下两端的界面尺寸为 4 nm × 4 nm × 1 nm，油相尺寸为 4 nm × 4 nm × 2 nm，其中油相组分比例与之前模拟的油滴比例相同。界面张力（γ）由公式（8-10）定义。

随着 NaCl 浓度的增加，油-NaCl 溶液界面张力逐渐变大，这可以从吉布斯等温线理论推导出来，导致中间油相界面不易流动和变形，当 NaCl 浓度为 0.4 mol/L 时，油水界面张力达到最大值 85.14 mN/m。同时，将计算得到的低盐浓度下的油水界面张力（IFT）与其他学者的模拟和实验结果进行了比较，结果显示两者非常吻合，这为我们所使用的力场的准确性提供了定量验证。此外，无机盐溶液中油滴与周围介质的界面张力也应随着离子浓度的增加而增大，从而导致油滴迁移速率和变形程度的减小，这也可以更本质地揭示离子浓度影响直流电场作用下油滴迁移和变形的内在机理。因此，在实际工程中，应考虑先降低溶液的离子浓度，再对油滴进行电聚结除油处理，这样可以在一定程度上提高除油效率[14]。

8.4.3.7　不同阳离子的比较

最后，比较了乳液中常见的三种无机盐 NaCl、$MgCl_2$ 和 $CaCl_2$ 对油滴电泳迁移的影响。从模拟结果中可以看出，两种二价阳离子对油滴表面负电荷（ASP）的静电吸引能均高于 Na^+，而且 $MgCl_2$ 对油滴迁移的抑制作用强于 $CaCl_2$。当所制备油滴总的双电层厚度加上半径所形成的壳体 r 相同时，油滴的变形程度数值关系为 $MgCl_2$>$CaCl_2$>NaCl，即在上述三种离子溶液下油滴变形程度依次减小。此外，可以看出，油滴在三种无机盐溶液中的电泳迁移速率依次减小，而变形程度也依次减小，这可以进一步说明三种无机盐对油滴迁移的抑制作用是 $MgCl_2$ >$CaCl_2$ >NaCl。

8.4.3.8 水合离子

通过观察钠离子和氯离子的运动轨迹，可以发现在阴阳离子周围聚集着一群笼状的水分子，它们的方向不同，这是因为水分子中的氧原子带负电荷，而氢原子带正电荷，由于静电引力的作用，导致阴阳离子周围的水分子方向不同。这种离子和水的组合被称为水合离子。为了定量分析电场下离子对液态水的影响，我们引入了偶极矩（D）的概念，如下所示。

$$D = qd \tag{8-25}$$

式中 q——电荷中心的电荷量；

d——正负电荷中心之间的距离。

通过在 $c(\text{NaCl}) = 0.3$ mol/L，$E= 0.5$ V/nm 的条件下研究（a）钠离子周围的水分子；（b）氯离子周围的水分子；（c）系统中水分子的偶极矩随离子浓度的变化而变化；（d）氯离子和钠离子的运动轨迹等。结果显示，随着 NaCl 浓度的增加，体系中水分子沿 x 方向的偶极矩减小，表明水分子运动强度减弱，这与水合离子的形成有关。随着外加电场时间的增加，Na^+和 Cl^-不断向负极和正极迁移，其间还吸引了周围的水分子。

8.4.3.9 高盐浓度

为了验证高浓度盐离子对油滴电泳迁移的影响，设置了三种较高浓度的 NaCl 环境（0.5 mol/L、1.0 mol/L、1.5 mol/L）。模拟结果中显示，高浓度 NaCl 溶液对油滴迁移速率和变形程度的阻碍作用较大，且这种作用随盐浓度的增加而增大，这与之前在低盐浓度下得到的规律是一致的。

8.4.4 小 结

本节内容通过分子动力学方法探讨了无机盐离子对油包水乳液中油滴电泳迁移的影响调控，揭示了不同离子浓度下油滴迁移变形的机理，并得出以下结论：

（1）油相分子与周围水分子之间的弱相互作用主要以范德华相互作用为主，沥青质（ASP）和树脂（RES）会与苯环和羧基附近的水分子形成氢键。除 RES 分子内部存在少量静电排斥效应外，三种油相分子间的相互作用能均表现为吸引效应，且分散吸引效应强于静电吸引效应。

（2）在直流电场作用下，油滴整体发生负电泳迁移现象，并伴有形变。Na^+对油滴表面的负电荷有吸引作用，而 Cl^-对其有排斥作用，导致油滴的迁移速率和变形程度随离子浓度的增加而降低，这一规律在高盐度时也表现出来。三种无机盐对油滴电泳迁移的抑制作用依次为 $MgCl_2>CaCl_2>NaCl$。

（3）当 NaCl 浓度为 0.4 mol/L 时，油滴的总速率最小平均值为 0.0069 nm/ps，油滴 SASA 的最大值降至 160.27 nm^2，油水界面张力的最大值为 85.14 mN/m。在研究范围内，当 $E =$ 0.7 V/nm 时，纯水条件下油滴的变形最大值为 0.74。

参考文献

[1] MIYAMOTO H, REIN D M, UEDA K, et al. Molecular dynamics simulation of cellulose-coated oil-in-water emulsions[J]. Cellulose, 2017, 24: 2699-2711.

[2] CERBELAUD M, VIDECOQ A, ALISON L, et al. Early dynamics and stabilization mechanisms of oil-in-water emulsions containing colloidal particles modified with short amphiphiles: a numerical study[J]. Langmuir, 2017, 33: 14347-14357.

[3] SUN Z, LI W, CHEN Q, et al. Effect of electric field intensity on droplet fragmentation in oil-in-water-in-oil (O/W/O) emulsions: a molecular dynamics study[J]. Separation and Purification Technology, 2023, 327.

[4] QI Z, SUN Z, LI N, et al. Effect of electric field intensity on electrophoretic migration and deformation of oil droplets in O/W emulsion under DC electric field: a molecular dynamics study[J]. Chemical Engineering Science, 2022, 262.

[5] WANG Y, LI S, ZHANG Y, et al. Effect of electric field on coalescence of an oil-in-water emulsion stabilized by surfactant: a molecular dynamics study[J]. RSC Advances, 2022, 12: 30658-30669.

[6] QI Z, SUN Z, LI N, et al. Effect of inorganic salt concentration and types on electrophoretic migration of oil droplets in oil-in-water emulsion: a molecular dynamics study[J]. Journal of Molecular Liquids, 2022, 367.

[7] QI Z, SUN Z, LI N, et al. Electrophoretic coalescence behavior of oil droplets in oil-in-water emulsions containing SDS under DC electric field: a molecular dynamics study[J]. Fuel, 2023, 338.

[8] LIANG X, WU J, YANG X, et al. Investigation of oil-in-water emulsion stability with relevant interfacial characteristics simulated by dissipative particle dynamics[J]. Colloids and Surfaces A: Physicochemical and Engineering Aspects, 2018, 546: 107-114.

[9] AHMADI M, CHEN Z. MD simulations of oil-in-water/water-in-oil emulsions during surfactant-steam co-injection in bitumen recovery[J]. Fuel, 2022, 314.

[10] MIYAMOTO H, REIN D M, UEDA K, et al. Molecular dynamics simulation of cellulose-coated oil-in-water emulsions[J]. Cellulose, 2017, 24: 2699-2711.

[11] ZHANG H, ZHOU B, ZHOU X, et al. Molecular dynamics simulation of demulsification of O/W emulsion containing soil in direct current electric field[J]. Journal of Molecular Liquids, 2022, 361.

[12] SHARMILA D J S, LAKSHMANAN A. Molecular dynamics study of plant bioactive nutraceutical Keto-Curcumin encapsulated in medium chain triglyceride oil-in-water nanoemulsion that are stabilized by globular whey proteins[J]. Journal of Molecular Liquids, 2022, 362.

[13] WEI X, JIA H, YAN H, et al. Novel insights on the graphene oxide nanosheets induced demulsification and emulsification of crude oil-in-water emulsion: a molecular simulation study[J]. Fuel, 2023, 333.

[14] CERBELAUD M, AIMABLE A, VIDECOQ A. Role of electrostatic interactions in oil-in-water emulsions stabilized by heteroaggregation: an experimental and simulation study[J]. Langmuir, 2018, 34: 15795-15803.